Führen aus eigener Kraft

Reto Zbinden

Führen aus eigener Kraft

Die Entwicklung von Führungspersonen und Managern

Springer Gabler

Dr. Reto Zbinden
Münchenstein, Schweiz

ISBN 978-3-8349-4249-4 ISBN 978-3-8349-4250-0 (eBook)
DOI 10.1007/978-3-8349-4250-0

Die Deutsche Nationalbibliothek verzeichnet diese Publikation in der Deutschen Nationalbibliografie; detaillierte bibliografische Daten sind im Internet über http://dnb.d-nb.de abrufbar.

Springer Gabler

Lektorat: Ulrike M. Vetter, Sabine Bernatz

Gedruckt auf säurefreiem und chlorfrei gebleichtem Papier

Springer Gabler ist eine Marke von Springer DE. Springer DE ist Teil der Fachverlagsgruppe Springer Science+Business Media.
www.springer-gabler.de

Inhaltsverzeichnis

Einleitung

Nach meinem betriebswirtschaftlichen Studium habe ich zunächst als Führungsperson, später als Berater immer wieder mit Staunen, Faszination und manchmal auch Irritation festgestellt, wie Personen Führung und Organisationen nachhaltig prägen. So erinnere ich mich noch gut an ein Schlüsselerlebnis anlässlich eines meiner ersten gruppendynamischen Führungsseminare. Eine Managerin erzählte, wie sie in ihrem Berufsalltag nicht nur eine Wut auf ihren Vorgesetzten entwickelt, sondern generell auf alle Männer mit Pfeil und Bogen hätte schießen können. Ich war Mitte Zwanzig und schrieb gerade an meiner Dissertation. Die Verbindung der Gefühle dieser Frau gegenüber ihrem Vorgesetzten und den Männern im Allgemeinen fühlte sich echt an. Sie passte damals jedoch überhaupt nicht in mein ökonomisches Weltbild, denn Führung und Lebensalltag haben in der heutigen Theorie kaum etwas miteinander zu tun. Später begegnete ich aber als Berater, erst recht als Organisationsaufsteller, vielen Situationen, in denen Führungs- und Organisationsdynamiken durch familiäre oder spirituelle Bezüge einzelner Personen beeinflusst wurden. Zunehmend schärfte ich meine Wahrnehmung, wie Führungs- und Teamprozesse, ja selbst strategische Entscheidungen, neue Organisationsstrukturen und -kulturen von einzelnen Personen und ihrer Geschichte geprägt und mitbestimmt werden können, sowohl im Positiven wie im Negativen.

Organisationen sind soziale Systeme. Mensch-Sein und Spiritualität machen vor ihren Türen nicht halt. Mein Staunen über diese manchmal verblüffenden Zusammenhänge ist seither geblieben, und meine Begeisterung für die Frage, wie Menschen und organisationale Prozesse sich gegenseitig beeinflussen, ist stetig gewachsen. Ich bin durch meine Arbeit als Organisationsberater zu der Überzeugung gelangt, dass wir in einer unglaublich vernetzten und viel verbundeneren Welt leben, als wir bis anhin angenommen haben. Wir leben darin als Menschen mit einem riesigen Entwicklungspotenzial, das wir alle noch lange nicht ausgeschöpft haben.

Während in der traditionellen Betriebswirtschaft dem Menschen und seiner Entwicklung eine geringe Bedeutung zukommt, liegt der Fokus in entwicklungsorientierten Führungs- und Change-Ansätzen oft nur auf Funktionen, Verhalten und Beziehungen. Nach Konzepten, die den Menschen in Organisationen ganzheitlich verstehen und die vielseitigen Verbindungen zwischen organisationaler und persönlicher Ebene verständlich machen, habe ich in der Managementliteratur lange Zeit vergeblich gesucht. Meine Überzeugung wuchs, dass wir für das Verständnis der Dynamik und die zukünftige Gestaltung von Führung und Organisationen neue Erklärungsmodelle brauchen.

Mit dem Modell zur menschlichen Entwicklung in Organisationen zeige ich auf, dass Führungskräfte bestimmte Führungsaufgaben übernehmen, aber gleichzeitig auch als Menschen mit all ihren Bezügen zu Partnerschaft und Familie, zur Herkunftsfamilie und zu ihrer Seele in Organisationen präsent sind. Es ist mir ein Anliegen, transparent und verständlich darzulegen, wie im Führungs- und Managementalltag familiäre Themen oder spirituelle Aspekte bewusst und unbewusst in Organisationsdynamiken hineinfließen. Solche Systemverbindungen existieren viel häufiger als wir uns heute bewusst sind.

In Zukunft benötigen wir Managementansätze, die sich nicht mehr allein auf organisationale Dynamiken fokussieren, sondern auch die Verbindungen zur persönlichen Ebene und Entwicklung von Managern und Mitarbeitenden aufzeigen. Führungs- und Managemententwicklung setzt persönliche Entwicklung voraus. Führungskräfte können gezielt ihre ganz individuellen, besonderen Ressourcen und Kräfte stärken, während sie belastende Themen und Blockaden zu erkennen und aufzuarbeiten haben. Dieser Prozess kann in einzelnen Situationen fordernd sein, ermöglicht aber oft große Entwicklungssprünge. Er stärkt die Führungsperson und fördert sie damit in der Ausübung ihrer spezifischen Aufgaben. Entwicklungsorientierte Organisationen möchten, dass Führungskräfte permanent wachsen – äußerlich wie innerlich – und mehr Verantwortung für ihre Führungsaufgabe, die Mitarbeitenden, die Kunden und die Organisation übernehmen. Führungs- und Managemententwicklung wird damit zu einem lebenslangen, individuellen Prozess.

Für Führungskräfte, welche in einem systemischen Sinne die vielfältigen Bezüge von Menschen und Organisationen erkennen und mit ihrer zunehmenden Kraft Organisationen bewegen möchten, stellen sich im Managementalltag viele neue Fragen. Ich möchte Führungskräfte unterstützen und ihnen aufzeigen,

- wie sie Visionen erkennen und realisieren können, selbst wenn sie dazu ganz neue Wege gehen müssen.
- wie sie immer mehr Mut zum eigenen, zu ihnen passenden und somit authentischen Profil in der Führung fassen können.
- wie sie menschlich führen können, indem sie Innovation begünstigen und Leistung einfordern, aber auch die persönliche Entwicklung von Mitarbeitenden fördern.

Das Buch richtet sich in erster Linie an Führungs- und Managementpersonen, die nach systemisch erweiterten, menschlicheren Konzepten suchen. Anhand der theoretischen Überlegungen und den zahlreichen Beispielen möchte ich ihnen sowohl viele konkrete Impulse für die Entwicklung und Stärkung der eigenen Persönlichkeit wie auch zur Führung von Teams und Organisationen mitgeben. Gleichzeitig spreche ich Kolleginnen und Kollegen aus dem Human Resources Management, der Beratung und der Lehrtätigkeit an. Natürlich freue ich mich auch über jede qualifizierte Fachkraft, die das Buch liest, selbst wenn ihre funktionsspezifischen Themen kaum berücksichtigt sind. Die grundlegenden Ideen entwicklungsorientierter Organisationen gelten für alle Menschen, unabhängig von ihrer Aufgabe und hierarchischen Position. Mit dem Buch wende ich mich darum an alle offenen visionären Menschen.

Zum Schluss möchte ich die Leser noch „warnen“. Menschen mit visionären Ideen sind von ihren Vorstellungen und Entdeckungen getrieben (Owen 2001: 65). Seien Sie nachsichtig mit mir, wenn ich für Ihr Empfinden in organisationalen Dynamiken die persönlichen Bezüge zu stark hervorhebe oder in den Führungsbeispielen komplexe Prozesse und Verbindungen so beschreibe, als wäre alles klar und verständlich. Ich ermutige Sie ausdrücklich, Ihre eigenen Schlüsse zu ziehen und diese im Führen oder Beraten von Organisationen anzuwenden. Es wäre gut zu wissen, dass in Zukunft viele Organisationen von reifen und weitsichtigen Menschen geführt werden.

Basel, im August 2012 Reto Zbinden

1. Der Weg zum Buch

1.1 Auf der Suche nach wirksameren Lösungsansätzen und neuen Erklärungsmodellen

Für die klassische, rationale Betriebswirtschaft ist die Zielorientierung das konstituierende Wesenselement von Organisationen. Organisationen werden nicht um ihrer selbst willen gegründet, sondern zum Erreichen von unternehmerischen Ideen und Zielen. Unsere heutige Gesellschaft ist ohne internationale Konzerne und große und kleine Unternehmen undenkbar. Wir vertrauen grundsätzlich Produkten, technologischen Errungenschaften und Finanzmarkttransaktionen. Sie haben uns zu einem hohen Lebensstandard geführt.

Das Modell der rationalen Betriebswirtschaft wird oft mit dem Bild einer Maschine (Morgan 1997:23) verglichen. Wie bei einer Maschine werden Arbeitsprozesse und Strukturen auf die Ziele abgestimmt und analytisch definiert, um eine hohe Produktivität und Effizienz zu erreichen. Dem Menschen und seiner Entwicklung kommt entsprechend eine geringe Bedeutung zu. Der Mensch wird in der Organisation primär als ein Funktionsträger betrachtet, das heißt, er übernimmt spezifische Aufgaben und Rollen. Die Zusammenarbeit unter den Mitarbeitenden wird in erster Linie durch eine hohe Formalisierung sichergestellt. Standardisierte Arbeitsprozesse, Formulare, Handbücher und Weisungen stellen ein einheitliches und effizientes Vorgehen sicher.

Die geringe Beachtung des Menschen im klassischen Organisationsmodell setzt sich später auch in zahlreichen entwicklungsorientierten Organisations- und Führungsansätzen fort. Statt auf einzelne Personen, die Menschen, fokussieren sie sich auf spezifische Führungs- und Beziehungsdynamiken sowie Führungssysteme. Ansätze wie die Lernende Organisation, die kulturellen Organisationsverständnisse oder systemischen Ansätze legen ihren Interessenschwerpunkt primär auf die organisationale, kollektive Ebene.

Im Gegensatz zu diesen theoretischen Grundlagen habe ich als Führungsperson wie auch als Berater bereits sehr früh die Erfahrung gemacht, dass auch der Mensch mit seiner Persönlichkeit und seinen wertvollen Ressourcen auf Führung und Organisationsdynamiken einen starken Einfluss hat. Die Anfänge bildeten für mich die Erlebnisse als Co-Moderator von Teamentwicklungsseminaren mit Studierenden am Institut für Organisation, Führung und Personal an der Universität Basel, die auf themenzentrierter Interaktion und gruppendynamischen Konzepten basierten. Nebst Führungs- und Teamdynamiken blitzten immer wieder deutlich persönliche Anteile der

Beteiligten auf. Ich begann mich zu fragen, wieso in Führungs- und Teamentwicklungsprozessen die eine Person schnell in Machtdynamiken einsteigt, eine andere sich oft in eine Opferrolle begibt oder eine weitere sich in einer Außenseiterposition wohlfühlt.

Die Faszination vom Menschen und seinen vielfältigen Bezügen führte mich bereits 1996 zum Familienaufstellen und im Jahre 2000 zu den Anfängen des Organisationsaufstellens. Seit über zehn Jahren befasse ich mich intensiv mit Organisations- und Familiendynamiken und deren Verbindungen. Als Berater schätze ich die Methode der Organisationsaufstellung, da sie sehr schnell die bewussten wie unbewussten Kerndynamiken in Systemen offenlegt und die damit verbundenen, oft unerwarteten Lösungsansätze aufzeigt. Für die Akzeptanz und Verbreitung der Organisationsaufstellung ist es jedoch von Nachteil, dass sie auch immer wieder persönliche respektive familiäre Hintergrunddynamiken von Führungspersonen sichtbar macht. Selbst wenn das Beratungsanliegen eines Kunden präzise auf ein Führungs- oder Organisationsthema ausgerichtet ist, können sich mehr oder weniger persönliche Anteile zeigen. Während in professionellen Aufstellungskreisen mit beachtlichem Erfolg versucht wurde, die persönlichen Dynamiken in Organisationsaufstellungen konzeptionell einzugrenzen, habe ich von Anfang an versucht, ihnen ein Stück weit Raum zu geben und sie nach Möglichkeit in die Beratung zu integrieren.

Die Erfahrungen mit Organisations- und Familienaufstellungen waren für mich so prägend, dass ich die spezifischen systemischen Erkenntnisse und Lösungsansätze in andere Beratungssettings übertrug. So erlaubt mir beispielsweise ein Bild einer Situation oder ein intensiv erlebter Prozess, zum Beispiel ein Konfliktlösungsprozess, in ähnlicher Form wie im Aufstellungsprozess zu arbeiten. Dazu verliess ich den engen Rahmen der Betriebswirtschaftslehre und der klassischen Führungstheorien mehr und mehr und orientierte mich sukzessive an einem ganzheitlichen Menschen- und Führungsverständnis. Ich arbeitete immer systemübergreifender, versuchte sowohl bewusste wie unbewusste Prozesse zu erfassen und nebst dem Verstand auch Emotionen und seelisch-spirituelle Aspekte einzubeziehen. Ich gewann viel Vertrauen in Entwicklungsprozesse von Führungspersonen und Organisationen. Dank der vielen, beeindruckenden Beratungserfolge stieg meine Begeisterung für meinen neuen Weg. Mit diesem integrierenden Verständnis und Vorgehen wurde ich jedoch erst recht mit den heute geltenden, recht strikten Grenzen der Betriebswirtschaftslehre konfrontiert.

Als Organisationsberater kann ich mich zwar in der Einzelarbeit, also in Kurzzeitberatungen und Coachings, noch recht frei bewegen. Ich arbeite systemübergreifend, das heißt mit allen notwendigen Verbindungen zwischen den Systemen. Für die Klienten zählt schließlich nur das, was für sie eine positive Wirkung entfaltet. Neues Wissen lässt sich somit rasch in die Beratung integrieren, erproben und weiterentwickeln. Auch andere, bekannte Organisationsberater versuchen hier, im kleinen Rahmen neue Wege zu beschreiten.[1] Die Grenzen in der Einzelberatung werden jedoch durch die mangelnde Transparenz und die fehlende, gesellschaftliche Legitimation gesetzt. Ein Teil der Klienten bewahrt Distanz, weil sie die Zusammenhänge und Dynamiken selber nicht verstehen und nachvollziehen können. Sie befürchten, dass unprofessionelle Therapien oder „esoterische“ Praktiken in die Beratung einfließen.

Auf organisationaler Ebene sind die Grenzen noch undurchlässiger, ja fast unüberwindbar. Neue Überlegungen, Konzepte und Angebote zur Förderung der menschlichen Entwicklung in Organisationen stoßen auf Kritik, weil dazu das gesellschaftliche Verständnis und ein theoretisches Fundament im Organisationskontext fehlen. Zudem ist es in vielen Führungskulturen meist ein Tabu, persönliche Entwicklungsthemen offen anzusprechen.

Aus diesem Spannungsfeld – den Beratungserfolgen und wegweisenden Erkenntnissen auf der einen und den sichtbaren Grenzen in der Anwendung und Weiterentwicklung auf der anderen Seite – wuchs meine Überzeugung darüber, dass wir für die Zukunft neue, integrierende Lösungsansätze, erweiterte Erklärungsmodelle sowie ein neues Führungs- und Managementverständnis benötigen. Die Zeit ist dazu „reif“; mehrere Signale deuten in diese Richtung.

Im Vergleich zu den Naturwissenschaften und dem technologischen Fortschritt hat auch in den Sozialwissenschaften eher unbemerkt ein großer Erkenntnissprung stattgefunden. Gerade familientherapeutische Ansätze haben vielseitige, subtile Verbindungen von Menschen in verschiedenen Lebenssystemen aufgedeckt. Selbst einem seelisch-spirituellen Kern von Menschen und deren Einbindung in spirituelle Systeme wird immer mehr Raum gegeben. Mit diesem Wissen kommen zentrale Entwicklungsdimensionen des Menschen in unser Blickfeld. Entwicklungssprünge werden möglich, die bislang oft für undenkbar gehalten wurden, aber gegenwärtig von immer mehr Menschen erfahren werden. In diesem Buch wird oft auf dieses Wissen zurückgegriffen und neue, systemübergreifende Erklärungsmodelle werden angeboten. Mit Ulsamer (2009) und Assländer & Grün (2010) versuchten bereits andere Autoren, hier erste systemübergreifende Verbindungen aufzuzeigen. Auch Röckelein (2009) betont, dass Persönlichkeitsbildung zum wesentlichen Ziel im Coaching und in der Beratung werden muss.

Wagen wir den Blick über die Organisationsdynamiken hinaus auf den Menschen und die Schnittstellen zwischen organisationaler und persönlicher Ebene, so stoßen wir auf neue Lösungs- und Gestaltungsräume. Wenn Führung nicht übernommen wird, strategische Entscheidungen nicht gefällt werden können oder subtile Konflikte Teams blockieren, ist es hilfreich, differenzieren zu können, was die organisationalen Dynamiken ausmacht und wie persönliche Dynamiken die Organisation beeinflussen.

---

[1] Ich möchte hier auf einzelne Weiterbildungsangebote hinweisen, zum Beispiel von Schulz von Thun über die Bedeutung von existenziellen Lebensthemen in der Organisationsberatung oder von Bernd Schmid über Sinn- und Berufungsfragen.

Heute suchen wir oft krampfhaft nach Lösungen im Organisationssystem, selbst wenn die wesentlichen Anteile und Entwicklungsschritte bei einzelnen Personen liegen. Die vielen Praxisbeispiele und die ermutigenden Beratungserfolge zeigen, dass mit systemübergreifendem Denken für Organisationen wie Menschen echte Entwicklungssprünge möglich sind. So hat beispielsweise Führung nach wie vor mit Technik und Sozialkompetenz zu tun, aber auch viel mit eigener Kraft und innerer Reife.

Aber nicht nur von der Theorie- oder Beraterseite wird ein Sich-Öffnen verlangt, sondern auch von der Klientenseite. Unabhängig von Hierarchien und Bildungsniveaus treffen wir zunehmend auf Führungskräfte und Mitarbeitende, die in bestimmten Situationen auf Handlungsmuster oder Blockaden stoßen, welche sie sich selber nicht ganz erklären können. Sie realisieren beispielsweise, dass sie für einen Mitarbeiter viel zu viel Verantwortung übernehmen oder im Konfliktfall Wut auftaucht, die der Sache nicht angemessen ist. Nicht nur Führungspersonen, auch Teams, fühlen sich in solchen Situationen oft ratlos und allein gelassen. Sie geben sich aber nicht mehr mit oberflächlichen Antworten zufrieden. Sie möchten hinter die Symptome blicken, weiterführende und tiefergreifende Zusammenhänge verstehen, um nachhaltige Lern- und Lösungsprozesse zu ermöglichen.

Eine weitere Überlegung kommt noch hinzu. Bei der Entwicklung von Menschen in Organisationen geht es nicht nur darum, Dysfunktionalitäten zu lösen. Menschen verfügen über ein großes Potential und enorme Fähigkeiten, die in Organisationen gerade im Hinblick auf Innovationsprozesse, strategische Initiativen oder Change-Prozesse noch viel zu wenig mobilisiert, genutzt und weiterentwickelt werden. Mitarbeitende und Teams mit visionären Ideen sind oft die zentralen Orte des Lernens und des langfristigen Erfolgs in Organisationen.

Anstatt sich weiterhin auf Organisationslogik, Rationalität und Verstand zu konzentrieren, ist ein Sich-Öffnen für ein ganzheitliches Verständnis der Welt erfolgversprechender. Es entspricht dem systemischen Leitgedanken, das „Ganze" wahrzunehmen. Die Idee, dass alle Systeme und alles Wissen miteinander verbunden sind, wird in der Systemtheorie als „Embeddedness" [Einbettung] bezeichnet (Capra 2002). Sie ist auch mit spirituellen Erfahrungen identisch, bei denen immer wieder eine ganzheitliche Wahrnehmung des Menschen und sozialer Systeme spürbar werden. Wir brauchen heute Konzepte, die versuchen, dem Menschen in Organisationen mit seinen vielseitigen Verbindungen, seiner Entwicklung und seinem großen Potential gerecht zu werden. Diese erlauben, neue zukünftige Gestaltungsmöglichkeiten von Organisationen zu erkennen.

1.2 Führen aus eigener Kraft

Ein grundlegendes Ziel dieses Buches ist, anhand von 21 Führungsbeispielen aufzuzeigen, wie sich organisationale und persönliche Dynamiken im Organisationsalltag vermischen. Ob wir es wollen oder nicht, wir sind nicht nur Funktionsträger, sondern tragen alle bewusst und unbewusst vielfältige, positive und negative Lebenserfahrungen und Empfindungen in Organisationen hinein. In Organisationen übernehmen wir alle bestimmte Aufgaben, sind aber auch als Menschen präsent. Das zu erkennen und zu verstehen ist für mich das Ziel dieses Buches.

Wenn wir wahrnehmen, wie häufig und intensiv die organisationale Welt und das organisationale Handeln von persönlichen Dynamiken beeinflusst werden, rückt der Mensch mit seinem Potential und seiner Entwicklung in den Mittelpunkt der Aufmerksamkeit. Daraus ergeben sich drei zentrale Fragen:

- Was ist das menschliche Potential und was ist menschliche Entwicklung?
- Wie kann menschliche Entwicklung in Organisationen gefördert werden?
- Was bedeutet menschlich führen und beraten?

Im Modell des Menschen und seiner Entwicklung in Organisationen werde ich ein ganzheitliches Menschenbild skizzieren, in dem Führungspersonen und Mitarbeitende mehr als nur eine Aufgabe und Rolle übernehmen. Sie bringen auch alle ihre Erfahrungen und ihr vielfältiges Wissen, ihre Bezüge und Verbindungen zu ihrer Herkunftsfamilie, aus der gegenwärtigen Partnerschaft und ihrer seelisch-spirituellen Entwicklung mit. Für das Verständnis des Menschen in Organisationen sind für mich das organisationale System, das gegenwärtige Familiensystem, das familiäre Herkunftssystem und das spirituelle System als Betrachtungsebenen besonders relevant.

Zum Erreichen von Lebenszielen, aber auch zur Entfaltung der dazu notwendigen Talente und Potentiale, kommt der permanenten Entwicklung von Menschen in und ausserhalb von Organisationen eine hohe Bedeutung zu. Organisationen haben sich in Zukunft viel mehr am Menschen und seiner Entwicklung auszurichten. Ich werde dazu ein integratives Modell der Führungs- und Managemententwicklung vorstellen, das nebst der fachlichen auch der persönlichen Professionalisierung gerecht wird. Die persönliche Entwicklung beschränkt sich dabei nicht nur auf die organisationale Ebene, sondern verläuft gleichzeitig auch auf der familiären und seelisch-spirituellen Ebene. So geht es einerseits um das Aufbauen und Entwickeln eigener Ressourcen, persönlicher Kraft und Stärke, andererseits um das Herauslösen aus persönlichen Blockaden und behindernden Lebensmustern. Dieses integrative Modell kann für die zukünftige Führungs- und Managemententwicklung in Organisationen einen wertvollen Orientierungsrahmen bilden. Der Mensch hat somit die Chance, im Laufe des

Lebens permanent zu wachsen und immer mehr Verantwortung zu übernehmen. Er reift und wir wissen, dass dadurch Organisationen in guten Händen sind.

Aber nicht nur die Modelle sind wichtig, sondern auch der Praxisteil mit den zahlreichen Führungs- und Managementbeispielen. Sie illustrieren im Einzelnen, wie ein ganzheitlich-systemisches Managementverständnis im Organisationsalltag funktioniert und wie Sie als Leser in Ihrem Denken und Handeln konsequent entwicklungsorientiert vorgehen können.

Schließlich stellt sich die Frage, wie eine Führungsperson oder ein Berater menschlich führen oder beraten kann. Bildlich sehe ich die Führungsperson als Dirigenten eines Orchesters sowie leidenschaftlich und vielseitig begnadeten Musiker. Er hat eine Vision und möchte mit jeder Inszenierung etwas gesellschaftlich Wertvolles bewegen. Mit seinem Gespür kann er der Musik in einem großen Rahmen einen Platz geben. Dazu übernimmt er klar die Führung, vertritt gegenüber Kunden eine interessierte und unternehmerische Position und sorgt bei Strukturen und Arbeitsprozessen für Klarheit und Effizienz. Andererseits fördert er mit viel Verständnis und Zuneigung die individuelle Entwicklung seiner Mitarbeitenden. Die Führungsperson hilft den Mitarbeitenden, ihr Potential zu erkennen und eigene Fähigkeiten zu entwickeln und zu entfalten. Dazu gehört aber auch das Setzen von Grenzen: Wenn die Leistung nicht erbracht wird oder persönliche und fachliche Entwicklung nur bedingt möglich sind, ist eine wertschätzende Trennung zugunsten des Unternehmens richtig. Persönliche Probleme dürfen in Organisationen nur bedingt auf Kosten anderer – Kunden und Mitarbeitender – akzeptiert werden. Ehrliche und achtsame Auseinandersetzung – anstelle von „Friedhöflichkeit" – führt zur Entwicklung.

Zur Aufgabe der Führungsperson und des Managers gehört auch, dass er Spitzenteams bilden kann. Das sind Teams, die dank gegenseitigem Vertrauen Innovation und Spitzenleistungen fördern, aber auch Lernprozesse zulassen und sich um die Entwicklung jedes Einzelnen kümmern.

Menschliche und organisationale Entwicklung befruchten sich so gegenseitig. Tiefgreifende innovative Veränderungsprozesse können sich nicht an der Vergangenheit und an alten Konzepten orientieren, sondern haben sich an einer im Entstehen begriffenen Zukunft auszurichten (Scharmer 2009: 14). Dies setzt Menschen voraus, die nicht nur den Verstand für neue Zusammenhänge und Ideen öffnen, sondern auch ihre Gefühle zulassen und aufmerksam hinsehen, was in diesem neuen Raum entsteht. Organisationen wünschen sich, ja brauchen in Zukunft eine hohe Präsenz und Aufmerksamkeit von ihren Führungskräften und Mitarbeitenden, das volle menschliche Potential.

Die Förderung und Entwicklung des Menschen und von Teams wird zum strategischen Erfolgsfaktor. Wie in einer aufwärts gerichteten Spirale ziehen sich menschliche und organisationale Entwicklung gegenseitig nach oben.

Diese Hinweise und Bilder über die zukünftige Führung und Entwicklung von Organisationen basieren letztlich auf drei Essenzen respektive zentralen Konstruktionsmustern:

- Den Menschen mit seinem ganzen Potential erkennen und fördern
- Wertvollen Ideen und Visionen folgen
- Sich für die spirituelle Dimension öffnen

Damit Führungskräfte und Mitarbeitende ihr großes, menschliches Potential in Organisationen wirksam einbringen können, setzt dies im Laufe ihrer Führungs- und Fachkarriere nicht nur fachliches, sondern insbesondere auch persönliches Wachstum voraus. Spitzenleistungen erfordern die Bereitschaft, uns unseren eigenen Entwicklungs- und Lebensthemen zu stellen und sie zu lösen. Bei Bedarf haben sich Führungskräfte auf tiefgreifende, persönliche Entwicklungen einzulassen, um mehr Führungsverantwortung übernehmen und den beabsichtigten Wandel auf einer organisationalen und gesellschaftlichen Ebene bewirken zu können. Damit wird ein zentrales Tabu vieler Managementtheorien und -ausbildungen aufgedeckt. Der Erfolg einer Führungskraft wird nicht primär durch das Fachwissen und die Führungs- und Sozialkompetenz bestimmt, sondern zu einem großen Teil auch durch die persönliche Kompetenz. Wer innerlich gereift ist, seine eigene Kraft und seinen eigenen Stil gefunden hat, dem wird oft eine hohe, natürliche Autorität zugeschrieben.

Führungs- und Managemententwicklung wird zu einem lebenslangen Prozess. Sie ist zudem auch individuell zu verstehen. Besondere Ressourcen wie auch Blockaden sind zu einem großen Teil individuell und im Kontext des eigenen familiären und spirituellen Systems zu verstehen. Entsprechend der Vielfalt von Menschen ist auch Vielfalt in der Führung wertvoll. Je nach persönlichen Ressourcen kann mit sehr unterschiedlichem Führungsverhalten großer Erfolg erzielt werden. Der eigene Stil, die eigene Handschrift, die zur jeweiligen Person und ihrer Entwicklung passt, ist zu unterstützen.

Innovation und tiefgreifender Wandel sind in der heutigen Zeit für viele Organisationen erfolgsentscheidend. Dabei möchte ich keineswegs nur die großen Würfe hervorheben. Auch in Klein- und Mittelbetrieben, in jedem Arbeitsteam, können neue Ideen, neue Produkte, neue Arbeitsprozesse oder neue Technologien zu einem echten unternehmerischen und gesellschaftlichen Mehrwert führen. Diese Erneuerungen und Innovationen sind oft der tägliche Motor in unserer Arbeit. Sie erzeugen für uns Sinn und motivieren uns.

Wie bereits angedeutet, betonen Senge, Scharmer, Jaworski und Flowers (2004) und Scharmer (2009) in ihren Konzepten, dass Innovation letztlich nur aus einer im Entstehen begriffenen Zukunft möglich wird. Diese Zukunft und die damit verbundenen, neuen Visionen und Ideen können oft nur bedingt intellektuell hergeleitet werden, sondern sind vielmehr auch zu fühlen und zu spüren. Dies setzt persönliche

Offenheit, viel Engagement und Leidenschaft für die Arbeit voraus. Nebst dieser Verbundenheit mit Produkten und Kunden sind auch echte Beziehungen innerhalb von Arbeitsteams inspirierend und unterstützend.

Nebst der persönlichen Entwicklung wird ein weiteres gesellschaftliches wie organisationales Tabu gebrochen. Der Mensch wird als spirituelles Wesen mit einer Seele, einem höheren Selbst oder einem Wesenskern verstanden. Dabei ist es sekundär, wie dieser Teil genau bezeichnet wird. Als spirituelles Wesen weiß jeder Mensch zutiefst in seiner Seele, was er jetzt und in diesem Leben verwirklichen möchte. Bei unserer Tätigkeit können wir innerlich oft genau spüren, ob wir auf unserem Weg sind oder eher davon abweichen. Sind wir auf unserem Weg, verspüren wir Freude und Leichtigkeit. Manchmal haben wir sogar das Gefühl, einem inneren „Ruf" zu folgen. Menschen, die Visionen verfolgen, spüren im Lebens- und Organisationsalltag oft eine große Unterstützung, die sich gar nicht so genau beschreiben lässt. Zufälle, unerwartete Begegnungen oder wertvolle Hinweise helfen konkret beim Realisieren von bedeutenden Projekten oder zentralen Aufgaben.

Nebst der persönlichen Ebene scheint es aber auch in Organisationen eine kollektive, spirituelle Dimension zu geben. Je nach Schule und Autor wird sie unterschiedlich bezeichnet, beispielsweise als „Spirit", als „wissendes Feld" oder als „innere Quelle". Der Spirit oder das wissende Feld verbindet alle Mitarbeitenden untereinander und verfügt über eine Intelligenz und Ausrichtung, die uns und Organisationen weiterbringen kann. Sowohl auf der individuellen wie kollektiven Ebene stehen wir in unseren Organisationen erst ganz am Anfang, wie wir dieses Wissen und diese erfahrbare Unterstützung zugunsten von Teams, Netzwerken und Organisationen positiv nutzen und integrieren können.

Mit diesem inhaltlichen Bogen ist definiert, was die zentralen Erkenntnisse des Buches sein werden. Auch strukturell folge ich weitgehend den bereits skizzierten Fäden. Bevor ich jedoch mit theoretischen Zusammenhängen und den daraus hergeleiteten Modellen beginne, werde ich in Kapitel 2 drei Führungsbeispiele beschreiben, um ein erstes, gemeinsames Praxisverständnis zu ermöglichen. In Kapitel 3 werde ich das Modell zur menschlichen Entwicklung vorstellen, das dann fast automatisch zum integrativen Modell der Führungs- und Managemententwicklung führt (Kapitel 4). Als Vertiefung wird in Kapitel 5 die Frage gestellt, ob Menschen spirituell betrachtet einer Berufung folgen. Auf diesen theoretischen Grundlagen wird dann ein zukünftiges Beratungsverständnis skizziert (Kapitel 6), welches anschließend direkt zum Verstehen und Lösen der Problematiken in den Führungsbeispielen angewandt wird. Die Illustration und Reflexion von circa zwanzig Führungsbeispielen in den Kapiteln 7 und 8 bilden einen zentralen Teil des Buches. Zum Schluss stellt sich dann die Frage nach den Voraussetzungen für das Gelingen und die Umsetzung menschlicher Führung. Dabei möchte ich mich aber nicht nur auf die Führung (Kapitel 10) beschränken, sondern Sie als Leser auch im Entwickeln und Verfolgen Ihrer Vision (Kapitel 9) und dem Bilden und Führen von Arbeitsteams unterstützen (Kapitel 11).

Kapitel 12 wirft einen Blick auf die zukünftige Personal- und Managemententwicklung.

1.3 Eine erste Kritik

Mit dem hier vertretenen menschlichen, stark entwicklungsorientierten und systemübergreifenden Ansatz wird eine neue Perspektive auf Führung und Organisationen eröffnet. Es ist wichtig zu erkennen, dass wesentliche Elemente und Dynamiken von Organisationen, die zur Herleitung des hier entwickelten Führungsverständnisses nicht oder nur wenig bedeutsam sind, kaum Beachtung finden. Entsprechend ist auch Kritik am Ansatz berechtigt.

Im Rahmen der klassischen, rationalen Organisationstheorien richtet sich das heutige Management stark am Gewinn des Unternehmens und an den globalen Märkten aus. Der Konkurrenzdruck scheint es in kürzester Zeit notwendig zu machen, dass ganze Konzerne oder einzelne Organisationen strategisch neu ausgerichtet, zusammengesetzt und strukturiert werden. Der Zwang zum raschen Erfolg und zur Gewinnmaximierung wird gerade in börsennotierten Konzernen als sehr groß erachtet. In diesen „harten“ Marktdynamiken scheint es wenig Platz für den Menschen, seine Bedürfnisse und seine Entwicklung zu geben. In Reorganisationen werden Führungskräfte und Mitarbeitende oft ohne viel Mitbeteiligung neu platziert, und auf langfristige Arbeitsbeziehungen wird kaum noch Wert gelegt. Für die Entwicklung des Einzelnen und der Organisation als Ganzes sind weder Zeit noch Ressourcen vorhanden.

Ein subtiler, entwicklungsorientierter Ansatz hat in solchen Organisationskulturen auf den ersten Blick keinen Platz. Ist jedoch ein Blick hinter die Kulissen möglich, so fallen oft die Spannungsfelder von Managementpersonen, die hohen, sozialen Kosten von Reorganisationen und auch das Scheitern von großen, strategischen Projekten auf. Unglaublich viele Ressourcen und Energien gehen so verloren. Führungskräfte und Mitarbeitende müssen mit ihrem Wissen und ihren Fähigkeiten wieder stärker miteinbezogen werden. Zudem machte ich als Berater selbst die positive Erfahrung, wie eine internationale Konzernleitung einen wichtigen Entwicklungsprozess mit viel persönlichem Engagement und Zeit zum Erfolg führte. Trotzdem muss ich die grundsätzliche Kritik stehen lassen, dass wettbewerbsbezogenen, rationalen Aspekten im hier vertretenen Entwicklungsansatz zu wenig Beachtung geschenkt und vielleicht auf diese Weise ein zu paradiesisches Bild kreiert wird.

Aus Sicht der politischen, das heißt interessen- und machtbezogenen Organisationsmodellen, könnte ein stark entwicklungsorientierter Ansatz vorschnell als „naiv“ kritisiert werden. Aus genannter Sicht stimmt das natürlich zum Teil. Im Kern von menschlichen und organisationalen Entwicklungsprozessen geht es immer um ein

Sich-Öffnen, Lernen und das Vertrauen, dass ein Prozess – wie auch immer – zu einem wertvollen Ziel und Ende führt. Dies setzt ein hohes Maß an Ehrlichkeit und Authentizität aller Beteiligten voraus. In Organisationen, in denen intransparente Prozesse und Machtdynamiken die Kultur und Organisationsdynamiken stark prägen, sind dazu die notwendigen Voraussetzungen nicht gegeben. Die zuvor beschriebenen Qualitäten vertragen sich nicht mit zu sehr auf eigene Interessen bedachten, machtvollen Interventionen. Nicht nur der einzelne Mensch, auch ganze Teams verschließen sich rasch beim Auftreten solcher „Spiele". Sie müssen sich zu Recht vor möglichen Bedrohungen und Feindseligkeiten schützen. Interessant ist dazu jedoch meine Beobachtung, dass Manager und Führungskräfte, die rücksichtslos eigene Interessen verfolgen oder Härte von sich und anderen einfordern, oft nicht wirklich im Kontakt mit sich und somit auch den Mitarbeitenden sind. Ihr Handeln ist nur auf Distanz und in einer Emotionslosigkeit möglich. Ihr In-Kontakt- und In-Verbindung-Kommen würde jedoch einen persönlichen Entwicklungsprozess voraussetzen, um die eigenen unternehmerischen Kompetenzen zugunsten der Organisation und der Mitarbeitenden einbringen zu können. Der Wandel müsste also beim Manager selbst beginnen. Der hier beschriebene Ansatz bietet dazu viele Erklärungen an und zeigt Handlungsoptionen auf.

Eine weitere, zentrale Kritik – vielleicht ist sie mehr als eine Grenze zu respektieren – kommt von entwicklungsorientierter Seite selbst. Jürg Willi (2007:185), Psychiater und bekannter Autor, stellt ernüchtert fest, dass eine Krise von Menschen selten zu einer vertieften Auseinandersetzung mit der gegenwärtig persönlichen und gesellschaftlichen Situation oder zu einer Infragestellung der bisher gelebten Werte mit der Überbetonung des beruflichen Strebens nach Erfolg und Reichtum führt. Abwehrmechanismen von Menschen verhindern, Wandlungssignale und -impulse selber aufzugreifen und sich auf persönliche Entwicklung einzulassen. Auch für Beaumont (2008: 110) besteht gerade in größeren Krisen die Angst, dass eine innere Überflutung und Überwältigung von Gefühlen und Einsichten erfolgt, sobald einmal die innere Türe geöffnet wird. Mit dieser Kritik wird die wichtige Frage aufgeworfen, wieweit Menschen bereit sind, an ihrer Entwicklung zu arbeiten und inwieweit sie herausfordernde Themen eher zu verdrängen zu versuchen.

Diese Kritik ist sehr ernst zu nehmen. Allerdings ist zu relativieren, dass Entwicklung nicht erst in der existenziellen Krise einsetzen sollte, sondern bereits viel früher aus einer Position der Stärke. Als aufmerksame Menschen begegnen wir in Organisationen wie in der Familie frühen wertvollen Wandlungsimpulsen, die aufzunehmen und zu integrieren sind. Der hier vertretene Entwicklungsansatz ist in dem Sinne auch kein Ansatz für „Softies", denn er ermutigt nicht nur, sondern verlangt, dass wir uns den eigenen Entwicklungsthemen stellen, wenn sie im organisationalen oder privaten Leben auftreten. Wann und wie dies im organisationalen Setting stattfinden kann, wird ausführlich beschrieben.

1.4 Systemaufstellungen

Da ich mich in der Theorie wie in den Führungsbeispielen häufig auf die Aufstellungsarbeit stütze, möchte ich die Beratungsmethode zu Beginn kurz einführen. Lesende mit Aufstellungserfahrung können diesen Abschnitt gerne überspringen.

Die Methode des Familienaufstellens wurde von Bert Hellinger in der Familientherapie entwickelt. Seit Anfang des letzten Jahrhunderts breitete sie sich rasant aus und erreichte dabei Menschen aller Altersstufen und sozialen Schichten. Mit dem Erfolg und der Begeisterung erfolgten nach etwa zehn Jahren die Übertragung und Anwendung dieser Beratungsmethode auf andere soziale Systeme, insbesondere Organisationen. Gunthard Weber (1998; 2000), Matthias Varga von Kibéd und Insa Sparrer (2000) haben als Erste die Methode des Aufstellens im Organisationsbereich verbreitet angewandt. Heute wird oft der Begriff der Systemaufstellungen verwendet, da die Methode alle Arten und Kombinationen von sozialen Systemen umfassen kann.

Ausgangspunkt der Beratung bildet das Anliegen, das die zu beratende Person für sich lösen möchte. Lösungsansätze werden dabei nicht primär im Gespräch, sondern aus der sogenannten Aufstellung entwickelt, in der das soziale System mit Hilfe von Stellvertretungspersonen oder Figuren räumlich dargestellt wird. Dazu legt die Aufstellungsleitung im Einstiegsinterview mit dem Klienten fest, welche Teile des Systems im Hinblick auf die Fragestellung wichtig sind, beispielsweise Führungspersonen, die Mitarbeitenden eines Teams, die Aufgabe, die Strategie, die Kunden etc. Die betroffene Person wählt dann für die einzelnen Systemelemente aus einer Workshop-Gruppe Personen als Stellvertretungen aus und stellt sie aufmerksam im Raum zueinander auf. Intuitiv werden dabei die einzelnen Systemelemente in Beziehung gesetzt. Der Impuls zur räumlichen Aufstellung entspringt dem persönlichen, inneren Bild des Systems, das die aufstellende Person damit offenlegt. Das Anfangsbild enthält damit als „äußeres" Bild alle bewussten und unbewussten Impulse, Gefühle und Energien des inneren Bildes.

Menschen, die als Stellvertretungen ausgewählt und aufgestellt werden, haben für sie neuartige Empfindungen. Sie fühlen, wie die wirklichen Personen oder die vertretene Aufgabe sich anfühlen könnten, ohne dass dies erklärbar wäre. In Aufstellungen baut sich ein sogenanntes „wissendes Feld" auf, das Mahr (1999) als einen Bewusstseinsraum beschreibt, in dem alles enthalten ist, was jemals erlebt wurde, was ist und was sein wird. Ohne ein Vorwissen über die reale Situation zu haben, nehmen Stellvertreterinnen und Stellvertreter eindrückliche Körpergefühle und oder Emotionen wahr, spüren klare Bewegungsimpulse oder spüren von Anfang an, zu wem oder was im System sie welche Art von Beziehung haben.

Anhand dieses Raumbildes und der Aussagen der Stellvertretungspersonen lassen sich wichtige, bewusste und unbewusste Beziehungen und Dynamiken dieses sozialen Systems erkennen. Mit Hilfe von Positionswechseln der Stellvertretungspersonen und mit Lösungsdialogen entsteht ein Lösungsbild, das der Person, die das Anliegen hat, neue Handlungsmöglichkeiten zeigt.

Die Methode kann bei vielfältigen Fragestellungen des Managements angewendet werden. Sie bietet beispielsweise Unterstützung bei weitreichenden Strategie- oder Managemententscheidungen, in schwierigen Veränderungsprozessen, in diffusen Führungs- oder Teamsituationen oder bei blockierenden Verhaltensmustern (Mussmann & Zbinden 2003:91).

Das Lösungspotential der Beratungsmethode ist sehr groß. Systemaufstellungen wirken,

- indem sie uns bewusste und unbewusste Dynamiken und Lösungen in Organisationssystemen rasch erkennen lassen;
- indem sie uns ermöglichen, hoch komplexe, soziale Organisationssysteme in erstaunlich ganzheitlicher und lebendiger Form zu erfassen;
- über eine tiefe, emotionale Ebene, die seelische und geistige Qualitäten aufweist (Zbinden 2003:213).

Das Vorgehen führt im Management, das sein Handeln rational begründen muss, durch die Arbeit mit „wissenden Feldern" zu vielen Fragen. Wie ist dieses Stellvertretungsphänomen erklärbar? Wie können Stellvertreter etwas wissen, was sie eigentlich nicht wissen können (Baecker 2007:23)? Hinzu kommt, dass die prozessualen, auf Wahrnehmen basierenden Verfahren gerade für analytisch geprägte Organisationskulturen fremd und entsprechend herausfordernd sind.

Für die Akzeptanz der Methode in Organisationen wiegt ein bereits angesprochener Nachteil besonders schwer: Systemaufstellungen halten sich nicht an die von uns gezogenen Grenzen zwischen Organisations- und Familiensystemen. Nicht nur zu Führungs- oder Teamthemen, auch bei strategischen Entscheidungen oder in Fusionsprozessen können familiäre Dynamiken einzelner Schlüsselpersonen sichtbar werden. In dieser systemübergreifenden Arbeit liegt aber in Zukunft auch die besondere Chance! Systemaufstellungen können somit faszinierend und sehr anziehend wirken, aber auch auf große Ablehnung stoßen. Kontrovers geführte Diskussionen gehen weit über die Methode und deren wertvollen Integration in die Organisationsberatung hinaus: Es geht um Weltbilder und Verständnis des Menschseins.

Im Folgenden werden Sie auf viele Führungsbeispiele treffen, in denen ich Systeme aufstellen liess. Manchmal erfolgt dies klassisch, das heißt in Teams und mit Menschen als Stellvertretungspersonen. Oft stelle ich jedoch in der Einzelberatung mit Figuren auf dem Tisch oder mit so genannten Bodenankern auf dem Boden auf. In dieser Form kann man den Rhythmus und die Beratungstiefe sehr gut und individuell auf den Klienten abstimmen. Indem der Klient von Anfang an in den Beratungsprozess intensiv involviert ist, entstehen die Lösungen aus ihm selbst. Im geschützten

Raum der Einzelarbeit können Systemverbindungen leichter hergestellt werden. Oft beginne ich bereits in Anfangsbildern mit wesentlichen Elementen aus Organisations- und Familiensystemen.

Das Aufstellen ist eine wirkungsvolle Methode, aber auch nur eine von mehreren Methoden. Es werden hier auch andere Formen und Instrumente vorgestellt, welche ebenfalls den Zugang zu tieferen Erkenntnisebenen ermöglichen und helfen, neue systemspezifische Zusammenhänge zu erkunden. Sie sprechen nebst dem Verstand auch unsere emotionale und intuitive Seite an. Es geht also nicht primär um Aufstellungen. Sie sind nur eine Erkenntnishilfe und ein Darstellungsmittel. Für Interessierte verweise ich gerne auf einige Bücher der Spezialliteratur: Weber (2000), Varga von Kibéd & Sparrer (2000), Rosselet, Senoner & Lingg (2007), Berreth (2009), Sparrer (2009).

2. Wie persönliche Themen Führung und Organisationen prägen: Drei Beispiele

Während für viele Leser die Entwicklungsorientierung von Organisationen leicht nachzuvollziehen ist, ist die hohe Gewichtung der menschlichen Entwicklung von Führungskräften und Mitarbeitenden vermutlich doch eine Überraschung. Bevor ich in den nachfolgenden Kapiteln die theoretischen Grundlagen erörtere, möchte ich anhand von drei ausführlich beschriebenen Beratungsbeispielen aufzeigen, wie persönliche Themen und Dynamiken Führung und Organisationen stark prägen können.

Die drei Beispiele verdeutlichen, wie im Führungsalltag bei uns allen belastende Verbindungen zwischen Organisations- und Familiensystem jederzeit möglich sind. Während im ersten Fall – einem Workshop mit einer Geschäftsleitung – das Ansprechen eines persönlichen Themas praktisch nicht möglich war, konnte dies im zweiten Fall im Rahmen eines Coachings klar erkannt und benannt werden. Eine therapeutische Intervention war aus Beratungssicht jedoch nicht notwendig, da die Führungsperson ihre Arbeit gut machte und die beiden Systeme – Organisations- und Familiensystem – sich leicht trennen ließen. Im dritten Führungsbeispiel wirkte das Herkunftsthema so stark in die Unternehmenskrise hinein, dass ein gleichzeitiges Arbeiten im Herkunfts- und Organisationssystem wichtig war. In den drei Beratungsbeispielen werden somit unterschiedliche Möglichkeiten, Bereitschaften und Dringlichkeiten sichtbar, die es ratsam erscheinen lassen, als Berater persönliche Entwicklungsthemen anzusprechen und in den organisationalen Entwicklungsprozess zu integrieren.

1. Praxisbeispiel: „Der Blick auf den Boden“

In einem von mir moderierten Workshop informiert der CEO zum Einstieg die Geschäftsleitungs-Mitglieder über die Entlassung eines langjährigen GL-Mitglieds. Ein paar Tage zuvor hatte er ihm mitgeteilt, dass er ihn von sämtlichen operativen Verantwortungen entbinde.

Während er seine Entscheidung vor der Geschäftsleitung darlegt und detailliert über die Gründe informiert, vermeidet er – für alle überraschend und irritierend – jeden Blickkontakt zu seinen GL-Mitgliedern. Er hält seinen Blick während knapp zehn Minuten auf den Parkettboden gerichtet. Erst als er über die Formalitäten des Austritts und das weitere Vorgehen berichtet, richtet er seinen Kopf wieder auf und ist im direkten Kontakt.

Im Workshop ist es für den CEO ein wichtiges Ziel, von der Geschäftsleitung ein Feedback zu seinem Entscheid zu bekommen. Bestärkt durch die positiven Rückmeldungen teilt er offen mit, dass das Mittragen des Entscheides für ihn eine große Entlastung ist. Er ist überrascht, von seinen Mitarbeitenden zu hören, dass er dies ihrer Meinung nach schon viel früher hätte tun sollen.

Direkt im Anschluss an die Präsentation des CEO stelle ich als Moderator der Geschäftsleitung meine Beobachtung vor und weise den CEO darauf hin, dass ihm dieser Entscheid vermutlich äußerst schwer gefallen sei. Der Hinweis wird jedoch weder vom CEO noch von einem anderen GL-Mitglied aufgegriffen. In einer Kaffeepause nütze ich die Gelegenheit und spreche den CEO unter vier Augen nochmals darauf an. Ich ermutige ihn, das ihn vermutlich belastende Thema für sich selbst anzugehen und zu lösen. Darauf erzählt er mir, dass er vor Jahren auf seiner letzten Stelle selbst unter großem Druck stand. Die Direktionsmitglieder des damaligen Konzerns realisierten plötzlich, wie die neue Konzernleitung alle Direktoren in fortgeschrittenem Alter entließ oder versetzte. Er habe darauf selbst die Initiative ergriffen und mit der heutigen Aufgabe eine neue, sehr interessante Herausforderung gefunden. Insgesamt aber seien das Ablösen und Loslassen für ihn damals schon schwierig gewesen. Der Konzernchef habe später seinen Wechsel bereut, was für ihn eine große Genugtuung gewesen sei. Über seine aktuellen Emotionen hält er sich jedoch bedeckt und wahrt gegenüber mir eine gewisse Distanz. Nebst der Wiederholung des Themas Unter-Druck-Kommen respektive Entlassen – dieses Mal mit vertauschten Rollen – vermute ich aufgrund des nonverbalen „Abtauchens" des CEO, dass dieses Erlebnis auch auf tieferer Ebene mit ihm und seiner Lebensgeschichte verknüpft sein könnte.

Eine solche Führungsepisode wird im Management-Alltag – selbst in einem Geschäftsleitungs-Workshop, der mehr Raum bietet – im Normalfall verdrängt. Der Entscheid des CEO war sachlich richtig, was von allen Beteiligten bestätigt wurde. Und es war gut, dass der CEO (endlich) gehandelt hatte. Wer sich jedoch die Situation nochmals konkret vor Augen führt, wie der CEO über Minuten jeden Blickkontakt vermeidet und nur auf den Boden starrt, erkennt die Bedeutung der Themen, die im Hintergrund ablaufen. Sie bestimmen unbewusst wesentliche Teile der Handlungsdynamik.

In einer entscheidenden Führungssituation vermeidet der CEO jeden direkten Kontakt mit seinem Führungsteam. Er ist mit sich und seinen Emotionen beschäftigt. Vermutlich ist er „gefangen" von seinem eigenen innerlich ablaufenden Film. Durch seine Nicht-Präsenz wirkt weder der CEO als Person noch sein Führungshandeln überzeugend. Er verpasst nicht nur die Möglichkeit, spontane Reaktionen der GL-Mitglieder zu erkennen und darauf reagieren zu können. Unausgesprochen realisieren alle GL-Mitglieder, dass dieser Entlassungsentscheid ihn emotional stark beschäftigt, ja vermutlich über lange Zeit blockiert hat. Der CEO wirkt nicht frei im Umgang mit seinem Entscheid und seinem Handeln. Zudem wurde der Entscheid zur Entlassung in diesem Fall nicht nur zu spät getroffen, er wurde auch – wie vom Leiter Human Resources Management (HRM) kritisiert – gegenüber der betroffenen Person zu wenig klar kommuniziert. Außer den geschäftlichen Folgen wird in dieser Führungssituation also auch die persönliche Blockade für alle Beteiligten offensichtlich.

Neben dem Erkennen der persönlichen „Geschichte“, die ich als zentralen Beratungs- und Entwicklungsbereich jeweils „Thema“ nenne, macht dieses Beispiel gleichzeitig bewusst, wie schwierig es heute für Berater oder Führungspersonen ist, ein persönliches Thema eines CEO, Vorgesetzten oder Mitarbeitenden in einem Workshop-Setting anzusprechen. Ein technisches Problem wird in einem IT-Projekt sofort angesprochen und in die „Task List“ (Aufgabenliste) aufgenommen. Aber ein persönliches Thema? Meistens mangelt es dazu nicht einfach nur am Mut, sondern auch am Wissen über Zusammenhänge zwischen persönlicher und organisationaler Dynamik. Zudem lassen die heutigen Organisationskulturen ein Ansprechen kaum zu, die gesellschaftliche Legitimation dazu fehlt. In unserem heutigen Organisationsverständnis stellen wir die organisationalen Dynamiken in den Vordergrund, denn für persönliche Themen und deren Verbindung fehlen uns noch die nötigen Erklärungsmodelle. Das Lösen von persönlichen Angelegenheiten wird oft als nicht möglich oder zu aufwändig erachtet. „Er ist halt so“, lautet oft eine resignierte Aussage. Das Verhalten einer Führungsperson wird als unveränderbar, quasi als genetisch gegeben hingenommen. Das ist ein großer Irrtum. Alle Beteiligten und die Organisation zahlen nicht nur kurzfristig, sondern auch langfristig einen – meist hohen – Preis für ihr Verhalten.

In diesem Fall hatte ich lange Zeit den Eindruck, dass der CEO eine für ihn zentrale Lern- und Entwicklungschance verpasst hatte. Er schien sein persönliches Thema nicht anzugehen, obwohl es heftig und deutlich hörbar an seine Türe klopfte. So ignorierte er viele Signale: seine Gefühle, die Kritik des Leiters HRM und die Hinweise des Beraters. Grundsätzlich ist aus einem systemischen Verständnis heraus die Gefahr groß, dass das ungelöste Thema sich zu einem späteren Zeitpunkt in einer anderen Konstellation wiederholen wird. Es ist sogar zu befürchten, dass die betroffene Führungskraft vielen Konfliktsituationen ausweichen wird, um ja nicht erneut in eine solche Situation zu kommen. Dadurch verliert sie an Führungsprofil und provoziert solche Situationen unbewusst erst recht.

Mit Freude habe ich später von ihm erfahren, dass er mit seinem persönlichen Berater, mit dem er schon über Jahre zusammenarbeitete, seine eigenen Anteile aufgearbeitet hatte. Er realisierte, dass er gerade in emotional schwierigen Führungssituationen dem Augenkontakt ausweicht und sich innerlich zurückzieht. Seine eigene Entwicklungsarbeit erlaubte es ihm auch, mit zeitlicher und emotionaler Distanz auf das entlassene GL-Mitglied zuzugehen. So konnten sie nicht nur die Gründe zur Entlassung nochmals in Ruhe besprechen, sondern der CEO hatte die Möglichkeit, auf der Beziehungsebene auf seine freundschaftlichen Gefühle hinzuweisen.

2. Praxisbeispiel: „Einsamkeit und Unsicherheit“

Ein Teamleiter führt erstmals seit neun Monaten ein Verkaufsteam mit zwölf Personen. Obwohl er in seiner neuen Funktion erfolgreich gestartet ist, will er in einem Coaching die Chance zur Reflexion verschiedener Erfahrungen nutzen. Zum Einstieg in die zweite Coaching-Sitzung formuliert der Klient das Anliegen, dass er explizit auch seine Schwächen kennenlernen möchte. Auf die Frage hin, welche diese sein könnten, meint er dann, dass er sich als Vorgesetzter immer wieder einsam und unsicher fühle, ja sogar sehr einsam.

In der Führungsliteratur wird häufig beschrieben, dass eine gewisse Einsamkeit zur Rolle von Führungspersonen gehört, gerade in einem männlichen Führungsverständnis, in dem der Führende primär die Richtung angeben und Dinge bewegen soll (Burla, Alioth, Frei, Müller 1994: 2). Da die Führungsperson erstmals und erst seit kurzer Zeit eine Führungsrolle einnimmt, sind solche Emotionen also umso verständlicher. Aufmerksam und hellhörig macht mich als Berater jedoch, mit welcher starken Emotion er auf das Gefühl der Einsamkeit verweist. Eine gewisse Schwere macht sich im Raum breit. Aus Sicht des Beraters stellt sich somit die Frage, wohin dieses starke Gefühl von Einsamkeit gehört. Gehört es größtenteils zur neuen Führungsaufgabe oder passt es primär ins familiäre Herkunftssystem?[2]

In der anschließenden Gesprächssequenz wird erkennbar, dass der Vorgesetzte in seiner Leitungsposition viel Anerkennung bekommt und er sich bereits wichtige Erfolge zuschreiben kann. Offensichtliche Gründe für seine große Einsamkeit werden nicht sichtbar. Wichtige Hinweise zum Gefühl von Einsamkeit kommen eher aus der Herkunftsfamilie. Als viertes von fünf Kindern bekam er in der Kindheit kaum Beachtung und fühlte sich in der Jugend durch seine Homosexualität einsam. Aktuell lebt er in einer stabilen und für ihn wertvollen Männerbeziehung.

Da das Symptom der Einsamkeit nicht klar zugeordnet werden kann, auch aus dem Gespräch im Organisationssystem wenig Sinn macht, lasse ich den Klienten gleichzeitig mit Figuren sein Organisationssystem und sein familiäres Herkunftssystem auf dem Tisch aufstellen.

In der Aufstellungsarbeit beginnt man grundsätzlich an dem Punkt, „wo der Blitz im System einschlägt“, das heißt, wo das schwerwiegendste Thema sichtbar wird und

[2] In Familiensystemen wird zwischen Gegenwartssystem und Herkunftssystem unterschieden. Das Herkunftssystem umfasst nicht nur die Eltern und eventuelle Geschwister, sondern auch alle Vorfahren früherer Generationen.

wohin die meiste Aufmerksamkeit von Klient und Berater gelenkt wird. Aufgrund meiner Erfahrung in der Aufstellungsarbeit ist es in diesem Falle das Herkunftssystem. Das Organisationssystem ist in Ordnung. Das Ist-Bild der Organisation entspricht den zuvor positiven Aussagen der Führungsperson.

Beim inneren Bild der Herkunftsfamilie (Abbildung Nr. 1) fällt auf, wie wenig die Eltern und Kinder aufeinander bezogen sind. Einzig die Eltern stehen nebeneinander, wirken aber wie ein eigenes Subsystem, abgekoppelt von ihren Kindern, die in Beziehung zu ihren Eltern kaum Zusammenhalt spüren. Ein Kind kann sich in einer solchen Position sehr einsam fühlen. Hinzu kommt die Beobachtung, dass fast alle auf einen bestimmten Punkt blicken. Aus der Aufstellungserfahrung stellt sich sofort die Frage, wer oder was dort im Herkunftssystem steht. Auf was ist unbewusst die ganze Aufmerksamkeit der Familie gerichtet? Gibt es ein schlimmes, systemprägendes, vielleicht tabuisiertes Thema respektive Ereignis?[3]

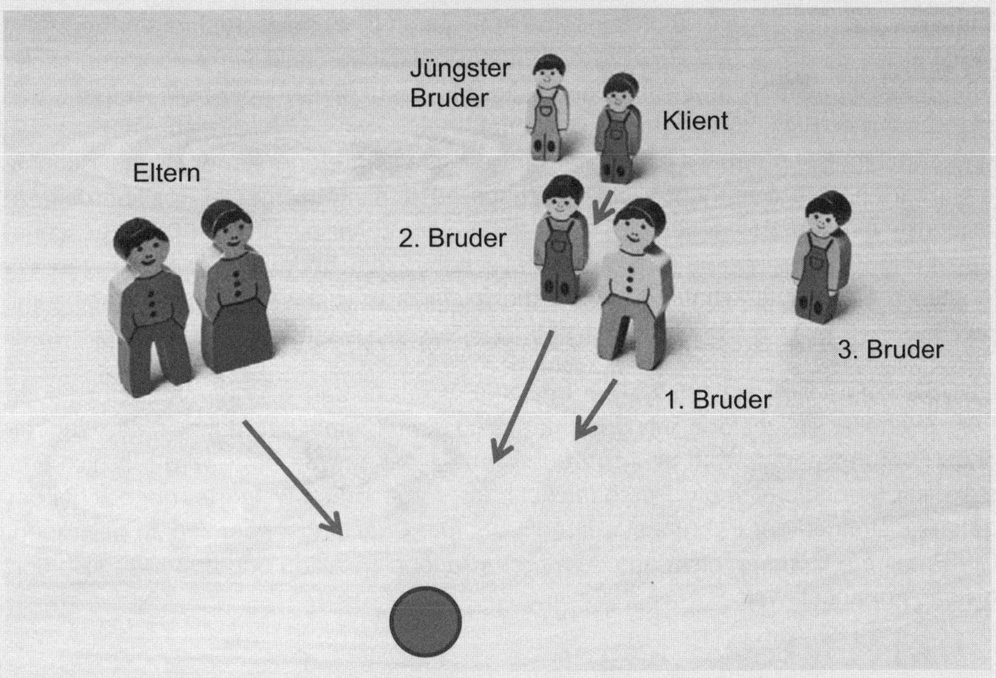

Abbildung 1: *Das Herkunftssystem*

Bei der spezifischen Position des Klienten und des jüngsten Bruders fällt auf, dass sie abseits in einer Außenposition stehen. Der Klient ist weder integriert, noch wird er

[3] Aus der Aufstellungsarbeit wissen wir, dass schlimme Familienereignisse wie tödliche Unfälle, Krieg, Flucht und Verlust von Besitz oder ungerechtfertigte Bereicherung oft verdeckt und tabuisiert werden. Auf unbewusster Ebene ziehen diese ungelösten Themen jedoch viel Aufmerksamkeit und Energie auf sich, weshalb in Aufstellungsbildern die Personen zum Ereignis hinsehen. Endlich ist es zu erkennen und zu lösen.

viel Liebe und Aufmerksamkeit von den Eltern erfahren haben. Sein starkes Gefühl von Einsamkeit macht hier Sinn und wird verständlich. Ein interessanter Aspekt ist, dass der zweite Bruder dem Klienten die Sicht auf ein mögliches, tabuisiertes Familienereignis versperrt und ihn damit vielleicht sogar schützt, aber ihm auch das Erkennen erschwert.

Dank der Aufstellung kann der Klient seine Gefühle verstehen und zuordnen. Er wird sich bewusst, dass seine Gefühle von Einsamkeit zum großen Teil aus dem Herkunftssystem kommen.[4] Dabei realisiert er selbst, dass seine aktuelle „Strategie", sich noch mehr aus der Herkunftsfamilie zurückzuziehen, keine gute Lösung sein kann. Verblüfft ist er, dass sein zweitältester Bruder ihn tatsächlich schon auf heikle Familienthemen ansprechen wollte, er selbst dies aber nicht zugelassen hatte. Was weiß der Bruder? So schwierig das Thema Herkunftsfamilie sich für den Klienten zeigt, erlebt er das bewusste Hinsehen in der Aufstellung als erleichternd.

Ein Blick auf das Organisationssystem (Abbildung Nr. 2) zeigt demgegenüber, dass hier bereits zu 80 bis 90 Prozent ein sehr gutes Gesamtbild steht. Der Teamleiter führt mit seiner Stellvertreterin an der Seite das Team. Dabei hat er die Aufgabe und die Kunden im Blick. Einzig das Team könnte noch etwas mehr eingebunden werden und damit im Kreis näher beim Leiter und der Stellvertreterin stehen. Zudem könnte das Team noch etwas mehr auf die Aufgabe ausgerichtet sein. Die Position des Abteilungsleiters, des Vorgesetzten, spiegelt die vom Leiter als unterstützend beschriebene Führungsbeziehung wider. Ebenfalls haben die anderen Teamleitungen der Abteilung einen guten Platz, ohne sich beispielsweise in das Verkaufsteam einzumischen.

Das Bild zum Organisationssystem bestätigt nicht nur den Klienten in seiner neuen Führungsrolle, es bestärkt ihn auch darin, so weiterzumachen. Über seine zahlreichen Führungserfolge darf er sich freuen. Aus Sicht des Beraters wird plötzlich verständlich, weshalb sich die Personalchefin im Vorgespräch weigerte, angesichts der guten Leistungen der Führungskraft mehr als fünf Coachingsequenzen zu bewilligen. Die Probleme kommen nicht aus dem organisationalen Alltag und äußerten sich dort bislang nur ansatzweise.

---

[4] Nebst dem Erkennen von schwierigen Themen ist natürlich deren Lösen das primäre Ziel. Mit dem Hinsehen des Klienten, dem Ansprechen der belastenden Dynamik und dem bewussten, persönlichen Ablösen wird nicht nur sachlich, sondern auch emotional und seelisch eine tiefgreifende Lösung gesucht.

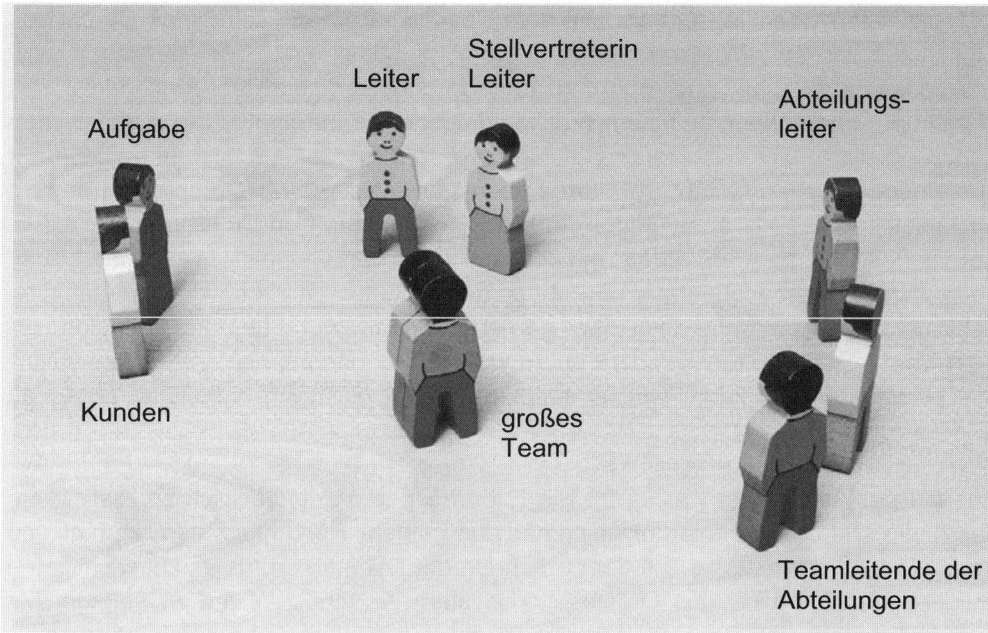

Abbildung 2: *Das Organisationssystem*

Der Klient kann für sich eindrücklich erkennen, dass sein tiefes Gefühl von Einsamkeit und sein Wunsch nach Sicherheit aus dem Herkunftssystem kommen und dort auch zu lösen sind. Diese Gefühle darf er nicht an aktuellen Führungserlebnissen festmachen. Seine Führungsaufgabe, sein Team und die Organisation sind davor zu schützen. Falls in Zukunft die Gefühle von Einsamkeit und Unsicherheit erneut auftreten – was zu erwarten ist – , hat der Klient genau zu prüfen, ob sie den aktuellen Führungsherausforderungen angemessen sind oder nicht erneut primär aus dem Herkunftssystem kommen.

Mit dem Erkennen, dass die Gefühle primär zum Herkunftssystem gehören, bieten sich für den Klienten viele neue Lösungsmöglichkeiten. Der Lösungsraum hat sich grundlegend erweitert, und die Führungsperson entscheidet selbst, ob und wann sie die persönlichen Entwicklungsimpulse aufgreifen will oder nicht. So kann sie über Literaturstudium und Gespräche mit Geschwistern, Eltern oder Verwandten selber die für sie wichtigen Familienthemen erkunden, im Coaching noch einzelne Aspekte vertiefen oder – da die Themen bedeutend und offensichtlich sind – sie in einem therapeutischen Prozess angehen.

In der zweiten Coachingsequenz mit dem Teamleiter stehen sein tiefes Gefühl von Einsamkeit und sein Wunsch nach Sicherheit im Mittelpunkt. Der Teamleiter realisiert, dass ihn dies in seiner Führungsaufgabe behindert. Für das Verständnis, was hier in der Führungsperson innerlich passiert, ist die Erfahrung aus der systemischen Familientherapie wertvoll. Starke Gefühle resp. „große“ Gefühle bestehen selten nur aus einem aktuellen Gefühl, sondern setzen sich meistens als Gruppierung mehrerer, ähnlicher Gefühle zusammen, die sich nach Herkunft und Alter unterscheiden. Bereits das Erkennen und Zuordnen der verschiedenen Gefühlsteile hat eine befreiende Wirkung. Insbesondere ermöglicht es dem Klienten, mit den aktuellen Gefühlen in Kontakt zu treten, ohne dass diese von anderen, alten und fremden Gefühlen verzerrt werden. Von dem Augenblick an, in welchem er das momentane Gefühl unvermischt wahrnehmen kann, wird er empfänglich für die darin enthaltene Botschaft (Blaser 2009: 23).

Anhand der Aufstellung war es für die Führungsperson eindrücklich zu realisieren, dass sein Gefühl von Einsamkeit primär aus seinem Herkunftssystem kommt und dort gelöst werden müsste. Mit dem Erkennen der Dynamik wurde es zur wichtigsten Aufgabe des Beraters, das Organisationssystem zu schützen und zu stärken. Mit seinem Feedback an die Führungsperson, wie gut sie ihre Führungsaufgabe wahrnimmt, wurde die Führungsperson gezielt gestärkt und in ihrer neuen Funktion bekräftigt.

Im Gegensatz zum Workshop-Setting zeigt sich hier, dass die Einzelberatung einen viel geschützteren Raum anbietet, persönlich heikle und schwierige Themen anzusprechen und zu lösen. Dazu braucht es aber immer auch die Bereitschaft des Klienten.

3. Praxisbeispiel: „Die Angst zu versagen“

Der Geschäftsführer einer Organisation in der Immobilienbranche meldet sich für ein Führungscoaching. Von Anfang an konnte er seine Organisation in einer Marktnische erfolgreich positionieren und auf fünf Mitarbeitende ausbauen. Nachdem er von zwei Mitarbeitenden betrogen worden war (Diebstahl; gefälschter Lebenslauf), kommt er selbst – und später das Unternehmen – in eine Krise.

Nach dem Vorgespräch werden bereits in der ersten Coachingsequenz seine Existenzängste zum Thema. Die „Angst zu versagen“ und die Firma aufgeben zu müssen sind groß. Seine unterschwellig spürbare Trauer spreche ich an. Als ich ihn frage, wem er im Falle des Versagens innerlich treu sein würde, meint er sofort, seinem Vater. Dieser habe sein berufliches Potential nie entfalten können und habe sich zum Schluss als Versicherungsvertreter unglücklich und minderwertig gefühlt.

Um einen Überblick zu gewinnen, lasse ich auch ihn sein Organisationssystem bildlich mit Figuren darstellen: der Geschäftsführer, das Unternehmen, die Ziele, die Mitarbeitenden und die Kunden. Dazu lasse ich ihn den Vater, Großvater und seine „Angst zu versagen“ aufstellen. Bereits vor dem Aufstellen des inneren Systembildes passiert Entscheidendes. Der Geschäftsführer teilt mir mit, dass er sich plötzlich sehr traurig fühle. Der Großvater bedrängt ihn, obwohl er die Figur gerade erst ausgewählt und in den Händen hält, jedoch noch gar nicht aufgestellt hat.

Wir unterbrechen das Aufstellen der Systemelemente und im Gespräch wird sich der Geschäftsführer erstmals bewusst, wie sehr ihn das Schicksal seines Großvaters berührt. Er hat ihn nie gekannt, da seine Großmutter die Beziehung mit dem Großvater ganz abgebrochen hatte und ihr zweiter Ehemann seinen Vater adoptierte. Über den Großvater, der einen anderen Familiennamen trägt, weiß er nur sehr wenig. Vermutlich wurde er als Deutscher bereits in der Schweiz geboren und arbeitete als Schreiner. Noch bevor der Klient sein Bild aufstellt, wird er sich im Gespräch bewusst, dass es kein Zufall sein konnte, dass er immer Schreiner werden wollte. Nach der Schule begann er eine Schreiner-Lehre, die er nach einem Jahr abbrach.

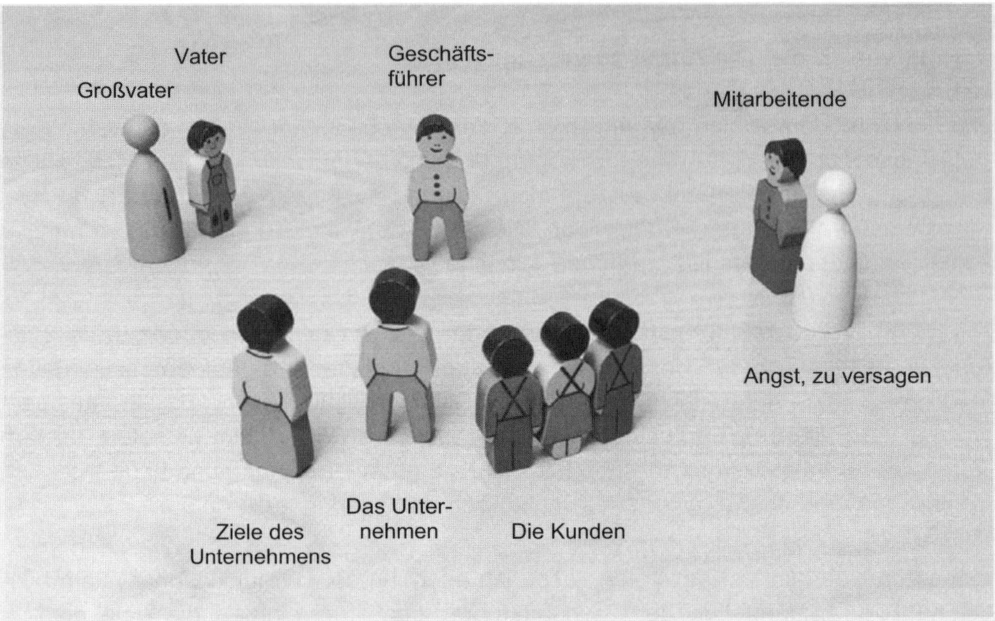

Abbildung 3: *Das Anfangsbild*

Beim inneren Systembild des Geschäftsführers (Abbildung Nr. 3) fällt auf, dass das Organisationssystem recht gut steht. Der Geschäftsführer hat das Unternehmen, die Ziele und die Kunden im Blick, lediglich die Mitarbeitenden stehen etwas abseits. Überraschend ist jedoch, dass die „Angst zu versagen" bei den Mitarbeitenden steht und von der Form her („Eile mit Weile-Figuren") mit dem Großvater korrespondiert.[5] Ich teste aus, ob sich etwas ändert, wenn ich die „Angst zu versagen" an die Seite des Großvaters stelle. Dieser Wechsel löste beim Klienten sofort starke Emotionen aus. Der Klient realisiert, dass seine Trauer und seine „Angst zu versagen" zum Großvater gehören, was immer diese für den Großvater genau beinhalten. In der systemischen Familientherapie bezeichnet man diese Gefühle als „übernommene Gefühle". Für den Klienten ist es wichtig, diese Gefühle beim Großvater zu lassen, sie ihm zuzumuten. Er kann als Enkel die sie auslösenden Ursachen weder erkennen noch für ihn lösen. Dafür erkennt er seine innere, wertvolle Verbundenheit mit dem Großvater. Der Klient beginnt, sich in der Beratungssequenz mit seinem Großvater innerlich zu versöhnen. Zum Schluss stärke ich den organisationalen Teil, indem ich ihn darauf hinweise, dass er mit seinem Unternehmen Erfolg haben dürfe, und ich stelle die Mitarbeitenden zu seiner Unterstützung näher zu ihm. Das Lösungsbild ist in Abbildung Nr. 4 dargestellt.

[5] Aufstellungserfahrene Lesende werden festgestellt haben, dass der Vater nur als Kinderfigur aufgestellt wurde. Da der Vater schon als kleiner Junge keinen Kontakt mehr zu seinem Vater (Großvater des Klienten) hatte, wurde er in seiner Entwicklung vermutlich geschwächt.

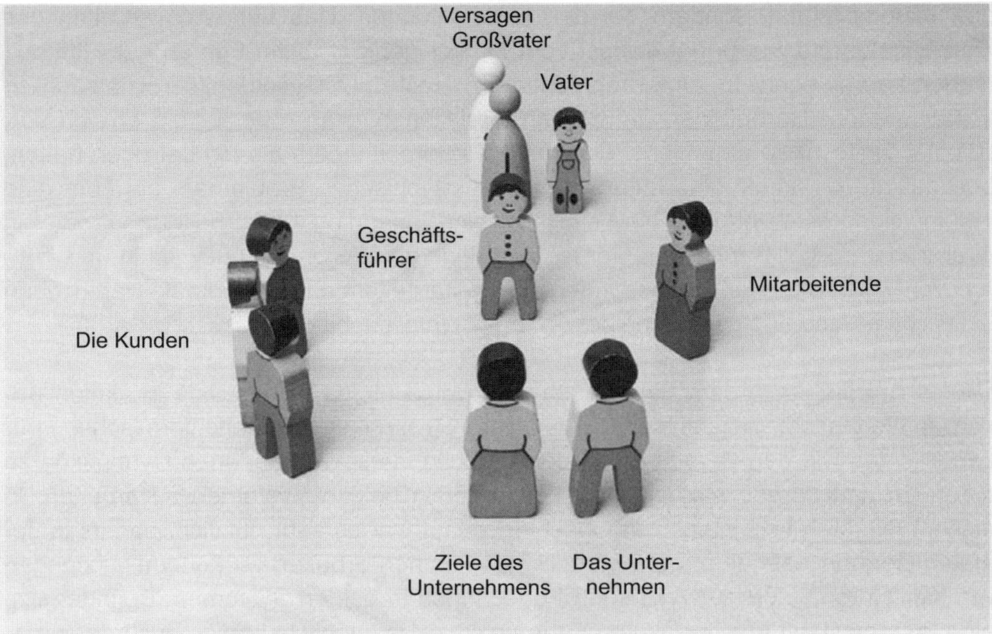

Abbildung 4: *Das Lösungsbild*

Im Unterschied zum zweiten Beispiel wird hier sichtbar, wie sich die Gefühle, Themen und unbewussten Verbindungen zwischen dem Herkunftssystem und dem Organisationssystem des Klienten bereits über Jahre vermischt und verwoben haben. Für eine organisationale Lösung reicht es nicht mehr, die Gefühle und Systeme einfach strikt zu trennen. Für den Klienten ist es wichtig zu realisieren, wie ihn das Schicksal seines Großvaters innerlich zutiefst berührt und seinen beruflichen Weg – von der abgebrochenen Schreinerlehre bis zur aktuellen Krise mit der Angst zu versagen – unbewusst mitgeprägt hat. In dieser Coachingsequenz ist es für den Klienten sehr wichtig, dass ich als Berater für eine kurze Sequenz zwischen ihm und dem Großvater therapeutisch arbeiten kann. Der Klient wird sich der Bedeutung und des besonderen Schicksals seines Großvaters bewusst sowie seiner tiefen, seelischen Verbundenheit mit ihm. Seine „Angst zu versagen" – die sich erneut als Gruppierung zusammensetzt – hat er zu einem großen Teil unbewusst als Angst des Großvaters übernommen. Hier ist es wichtig, diese Angst an den Großvater zurückzugeben und sich davon zu befreien. Auf solche Lösungsprozesse werde ich später noch ausführlich eingehen. Somit bleibt nur noch die viel kleinere Angst übrig, als Unternehmer die Krise nicht zu meistern. Dieser geschäftlichen Herausforderung kann sich der Unternehmer jetzt jedoch gut stellen.

Ein weiterer interessanter und wichtiger Aspekt an diesem Beispiel ist, dass die „Angst zu versagen" nicht direkt beim Geschäftsführer, beim Unternehmen oder bei den Klienten stand, sondern bei den Mitarbeitenden. Das Führungsverhalten des Geschäftsführers wurde unbewusst vom Muster geprägt, beim Führen der Mitarbeitenden zu versagen. Im Unternehmensalltag stellte der Geschäftsführer tatsächlich immer wieder Mitarbeitende an, die ihn direkt ausnützten oder für die er sich verpflichtet fühlte zu sorgen. Nebst den beiden Mitarbeitenden, die ihn betrogen hatten, beschäftigte er aktuell eine Mitarbeiterin mit psychischen Problemen, die über eine Teil-Invalidenrente verfügte. Neu stellte er eine Innendienst-Mitarbeiterin ein, die an ihrer früheren Stelle entlassen worden war. Das professionelle Auswählen und Führen von Mitarbeitenden, insbesondere der Mitarbeitenden im Verkauf, waren dann ein wichtiger und erfolgsentscheidender Fokus im Coachingprozess.

Dieses Beispiel ist in dem Sinne auch kein Einzelfall, da sich gerade in akuten Krisensituationen organisationale und familiäre Dynamiken oft stark vermischen. Für den Klienten wie den Berater ist es dann wichtig, diese verbundenen Dynamiken zu erkennen und gerade mit- oder nacheinander in beiden Systemen zu arbeiten. In diesem längeren und intensiven Coachingverlauf war es sehr nützlich, bereits in der ersten Beratungssequenz mit persönlichen Themen arbeiten zu können. Lösungen wie hier führen sofort zu wirksamen Fortschritten in beiden Systemen. Befindet sich eine Führungskraft in einer akuten Führungskrise, ist möglichst rasch auch das organisationale System gezielt zu stärken, um schnelle Zwischenerfolge zu erzielen. So fanden die ersten sieben Beratungssequenzen im wöchentlichen Rhythmus statt. Inhaltlichen Fokus bildeten die Steigerung des Verkaufs und die Professionalisierung des Geschäftsführers in den täglichen Führungsaufgaben. Die verschiedenen Probleme mit Mitarbeitenden konnten sukzessive gut gelöst werden. Ein Strategie- und Teamentwicklungstag mit dem ganzen Team war dazu in einer späteren Phase unterstützend. Der Unternehmer schaffte den notwendigen Turnaround recht schnell.

Ein erstes Fazit

Die drei Fallbeispiele zeigen auf, wie persönliche Themen aus anderen Systemen Führungspersonen und Organisationsdynamik entscheidend prägen können. Im ersten Beispiel war der CEO durch die eigenen, schwierigen Erfahrungen im vorherigen Arbeitssystem noch immer belastet, in die letzten beiden Beispielen spielten Gefühle und Themen aus dem familiären Herkunftssystem hinein. Bewusst habe ich Praxisbeispiele ausgewählt, die als Vorspeise nicht nur leicht verdaulich und somit „managementkompatibel“ sind, sondern solche, die im Management- oder Beratungsalltag häufig anzutreffen sind. Es sind Beispiele, die eigene Erfahrungen in Organisationen widerspiegeln können.

Obwohl neuere, systemische Ansätze Zusammenhänge und Verbindungen zwischen Systemen bereits ansatzweise beschreiben und sie in die Beratungspraxis von Coaches teilweise schon aufgenommen werden, sind sie in Erklärungsmodellen und

-theorien noch nicht integriert. Gerade die klassische Betriebswirtschaftslehre definiert strikte Grenzen zwischen dem Organisations- und Familiensystem. Zwar ist die Unterscheidung zwischen Organisations- und Familiensystem als soziale Systeme richtig, denn wesentliche Unterschiede sind offensichtlich. Das Problem liegt jedoch in der rigorosen Abgrenzung, der strikten Trennung, welche viele offensichtliche Zusammenhänge und Verbindungen nicht erkennen und berücksichtigen lässt. Der erste Fall zeigt exemplarisch die recht engen Grenzen auf, die heute der Organisationsberatung in Change-Prozessen normalerweise gesetzt sind. Entwicklungen können so nur auf der organisationalen Ebene angestoßen werden, und entsprechende Beratungsprozesse entfalten nur eine beschränkte Wirkung.

3. Ein Modell zur menschlichen Entwicklung in Organisationen

Bereits die ersten beiden Kapitel zeigen auf, dass wir komplexe Organisations- und Führungsdynamiken nicht nur auf der Organisationsebene verstehen und gestalten können, sondern auch auf der Ebene der Person. Der Mensch als Ganzes, mit all seinen Ressourcen und Möglichkeiten, hat einen großen Anteil am Erfolg als Mitarbeitender oder Führungsperson. Dieser lässt sich nicht nur aus spezifischen Verhaltensweisen wie Kommunikationsfähigkeit, Konfliktfähigkeit, Leistung oder Führung herleiten. Dem Menschen in Organisationen muss in Zukunft viel größere Bedeutung zukommen.

Ziel dieses Kapitels ist es, ein Modell vom Menschen und seiner Entwicklung in Organisationen zu entwerfen. Ein Menschenbild, das alle zentralen Annahmen, die wir über den Menschen und sein Verhalten in Organisationen treffen, verdichtet. Es gibt Auskunft auf die Fragen:

- Was macht den Menschen als Teil einer Organisation aus?
- Wie bringt sich der Mensch in Organisationen ein und wie kann er sich weiterentwickeln?

Weiterhin geht es dann um die Frage, was dieses Modell für die Entwicklung von Führungskräften und für die Gestaltung von Organisationen bedeutet. Unsere Grundvorstellungen über den Menschen beeinflussen die Art und Weise des Managementhandelns sehr stark.

Bei der Entwicklung eines neuen Menschenbildes in der Managementlehre ging es mir nicht in erster Linie um einen normativen Wurf, beispielsweise auf der Basis der humanistischen Psychologie. Ausgangspunkt bildeten auch hier die Praxisbeispiele und -erfahrungen, die ein aktuelleres, dem menschlichen Potenzial und seiner Entwicklung gerecht werdendes Erklärungsmodell erforderten. Dabei stütze ich mich stark auf die Erkenntnisse aus der systemischen Familientherapie sowie der Mystik.

In diesen Gebieten ist in den letzten zehn Jahren viel neues, nützliches Wissen entstanden, das ich im Modell integrieren konnte. Das ganzheitlich-systemische „Modell des Menschen und seiner Entwicklung in Organisationen“ wurde somit in erster Linie aus Erkenntnissen der Psychologie und von spirituellen Ansätzen abgeleitet und entwickelt und entstand nur bedingt aus der Betriebswirtschaftslehre heraus. Dies hat seine guten Gründe. Traditionellerweise kommt den einzelnen Menschen in Organisationen bislang eine geringe Bedeutung zu und ihr Handeln und Verhalten wird nur mit ihrer Rolle im Betrieb in Verbindung gebracht.

3.1 Der Mensch in der klassischen Managementlehre

Wie im ersten Kapitel einleitend dargelegt wurde, ist in der aktuellen Managementwelt das klassische Verständnis von Organisationen als rational gesteuerte, zielgerichtete Institutionen noch immer vorherrschend. Die Organisationen richten sich an definierten Zielen aus und versuchen, diese über präzise definierte Strukturen und effizient gestaltete Kernprozesse zu erreichen.

Die Aktivitäten des Managements und der Mitarbeitenden werden konsequent auf die verfolgten Ziele ausgerichtet. Im Zuge des sogenannten „Performance Managements“ wurden in den letzten Jahren die Ziel- und Bonussysteme in vielen Konzernen perfektioniert. Als Ziel- und Messgrößen stehen Gewinn, Umsatz und Kosten im Fokus, die als Kennzahlen einfach operationalisiert werden können. Kulturelle oder mitarbeiterbezogene Dimensionen sind demgegenüber schwierig oder nur mit großem Aufwand abzubilden und werden deshalb oft ignoriert.

Der Einfluss und der Wert des Menschen in Organisationen werden in der klassischen Managementliteratur unterschätzt. Die Mitarbeitenden werden nur beschränkt als Menschen gesehen, sondern primär als Ressourcen und Funktionsträger. Sie sind in Strukturen und Arbeitsprozesse eingepasst. Die Führungsaufgabe des Managements besteht darin, Mitarbeitende entsprechend den aktuellen Strategien und Kernprozessen einzusetzen und zu motivieren oder im Falle einer zu großen Lücke notfalls auch auszuwechseln. Gefühle oder Privatleben werden weitgehend als hinderlich und störend erachtet. Die heute bestehende strikte Trennung zwischen Organisations- und Familiensystem wird als richtig erachtet und nicht hinterfragt (Abbildung Nr. 5).

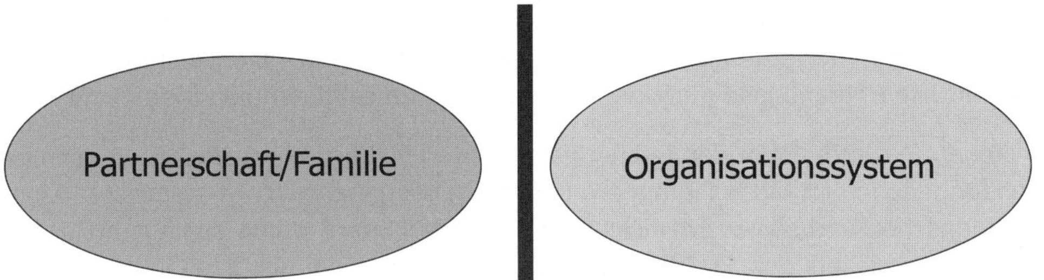

Abbildung 5: *Die strikte Trennung zwischen Organisations- und Familiensystem*

Die in der Betriebswirtschaftslehre verwendeten Menschenbilder waren deshalb lange Zeit einfacher Natur. Der Motor des menschlichen Handelns ist aus ökonomischer Sicht das Eigeninteresse des Menschen, die Gewinnmaximierung (Homo oeconomicus) oder psychologisch ausgedrückt die Befriedigung seiner Bedürfnisse (Müller 1988:40). Im Verlaufe der Zeit gingen die Motivationstheorien über die Bedürfnisorientierung und die Unterscheidung zwischen extrinsischer und intrinsischer Motivation hinaus. Der Mensch ist komplex motiviert und strebt im humanistischen Sinn nach „Reife". Mit der Übernahme dieses differenzierteren Bildes des Menschen ist die Diskussion über Menschenbilder nach meiner Einschätzung wieder stark in den Hintergrund getreten.

Auch wenn hier dieses rationale Organisationsverständnis etwas überzeichnet dargestellt wurde, so wird doch eindrücklich erkennbar, wie die bestehenden Theorien und Denkschulen dem heutigen Management enge Handlungsgrenzen setzen. Die klassische Sicht verpflichtet und verhindert in vielen Fällen neue Wahrnehmungen und die Integration neuer Erkenntnisse. Die individuellen Möglichkeiten zur Entwicklung und Entfaltung des Menschen sind heute in vielen Organisationen dementsprechend eingeschränkt. Der Einfluss des Menschen und seine Qualitäten können oft gar nicht gesehen und wertgeschätzt werden. Für die Entwicklung eines zeitgemäßen Menschenbildes ist der enge Rahmen der Betriebswirtschaftslehre deshalb zu verlassen und neues Wissen aus anderen Disziplinen zu nutzen.

Manager und Mitarbeitende lassen sich in einer Organisation nur bedingt auf ihre Funktion reduzieren. Sie sind in erster Linie Menschen. Wir bringen uns alle als „ganze Person" in Organisationen ein, das heißt körperlich, geistig und seelisch, mit unserer Herkunft, unseren erworbenen Denk- und Verhaltensmustern, unseren Gefühlen und gegenwärtigen Stimmungen sowie unseren individuellen Wertvorstellungen, unserem Potential und unseren Absichten. Organisationen, die überzeugt sind, dass zukünftige, organisationale Spitzenleistungen nur möglich sind, wenn sie die Ressource „Mensch" optimal zur Entfaltung bringen, haben ihr Bewusstsein über das Wesen des Menschen zu erweitern.

3.2. Das neue Wissen

3.2.1. Die Bedeutung des familiären Herkunfts- und Gegenwartssystems für Organisationen

Wenn wir uns die Grenzen zwischen Organisations- und Familiensystem durchlässig vorstellen und unseren Blick für das Ineinanderfließen der Systeme öffnen, können wir viele Verbindungen feststellen. Am offensichtlichsten ist dies zwischen dem Organisationssystem und dem gegenwärtigen Familiensystem. Das Leben in einer Partnerschaft und Familie hilft beispielsweise, täglich eine gesunde Distanz zur Arbeit und Organisation herzustellen. Im Dialog mit der Partnerin, dem Partner, im

Spiel mit den Kindern, in der Begeisterung für ein Hobby beginnt sich der Blick selbst bei ungelösten Managementproblemen wieder zu weiten. Neue Impulse und andere Überlegungen können aufgenommen werden. Am nächsten Tag kann die Managementaufgabe mit neuen Kräften und Ideen fortgesetzt werden.

Demgegenüber ist es heute manchmal erschreckend, wie in der Geschäftswelt Partnerschaft und Beruf als einfacher „Trade-off" betrachtet wird. Als Trade-off bezeichnet man das ökonomische Gesetz, das erklärt, dass eine Verbesserung eines Aspektes eines Unternehmens oder sozialen Systems nur unter Inkaufnahme der Verschlechterung eines anderen Aspektes erreicht werden kann. Wenn ich also mehr Zeit in Beruf und Karriere investiere, nehme ich eine entsprechende Verschlechterung in der Partnerschaft in Kauf. Die Aufgabe ist dabei, den persönlichen Nutzen zu maximieren. Partnerschaft und Beruf sind jedoch kein Trade-off, sondern setzen wertvolle Synergien frei. So ist der Entscheid, nicht allein auf Arbeit und Karriere zu setzen, sondern sich auch für eine Partnerschaft zu öffnen und diese bewusst zu leben, weise. Eine gute Partnerschaft erfüllt im Leben und befruchtet in vielen Fällen die persönliche und berufliche Entwicklung.

Organisations- und Familiensysteme sind immer auch als Gesamtsystem zu sehen. So kann beispielsweise der Entscheid eines Managers, zugunsten seiner beruflichen Entwicklung den Arbeits- und Wohnort mit seiner Familie zu wechseln, aus einer begrenzten, ökonomischen Sicht kurzfristig als dynamisch und flexibel anerkannt werden. Den Preis für diese Entwurzelung aus sozialen und familiären Strukturen zahlt aber primär die Frau mit den Kindern. Falls dies im Verlaufe der Zeit das Familiensystem schwächt, wird langfristig die Präsenz des Managers im Unternehmen reduziert. Ein gutes, die Auswirkungen in beiden Systemen berücksichtigendes Abwägen einer Entscheidung ist wichtig.

Zwischen dem familiären Gegenwartssystem und dem Organisationssystem kann es auch belastende Verbindungen geben. Konflikte und Krisen in der Partnerschaft, aber auch die schwere Krankheit eines Partners oder Kindes, können Aufmerksamkeit und Leistung in der Arbeit beeinträchtigen. Erlebte Enttäuschungen, Kränkungen oder angeschlagenes Selbstvertrauen werden in dieser Zeit oft unbewusst in Führungsbeziehungen und in die Organisation hineingetragen.

Nebst dem direkten Einfluss des aktuellen Familiensystems auf unsere Arbeit ist auch die große Bedeutung unseres Herkunfts- oder Ahnensystems zu erkennen (siehe Abbildung Nr. 6). Verschiedene Ansätze der neueren Psycho- und Familientherapie[6] kommen zu der Erkenntnis, dass unser Leben von unseren Ahnen stark geprägt wird. Sie gehen von der Überzeugung aus, dass Menschen ihre Entwicklung und ihr Beziehungsgeflecht nur dann gut verstehen können, wenn Beziehungen und

---

[6] Zum Beispiel die transgenerationale Therapie von Ivan Boszormenyi-Nagy oder Anne Ancelin Schützenberger, das Psychodrama von J. L. Moreno, die systemisch-konstruktivistischen Familientherapien (z. B. Helm Stierlin) und das Familienaufstellen von Bert Hellinger.

Bindungen in Familien über mehrere Generationen beachtet werden. Das einzelne Individuum wird in den Kontext größerer Familiensysteme gestellt.

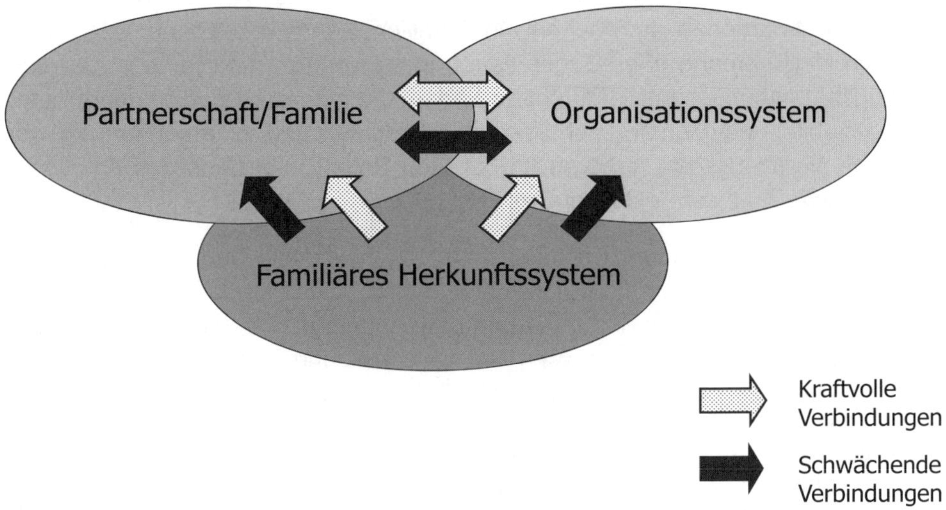

Abbildung 6: *Der Einfluss unseres familiären Herkunftssystems auf alle Gegenwartsbeziehungen*

Diese stärkenden und schwächenden Verbindungen zwischen Ahnen- und aktuellem Familiensystem bestehen meist unbewusst. Sie sind unsichtbar und doch ist deren Erkennen für die persönliche Weiterentwicklung entscheidend. Die aus der Identitätsforschung bekannte Frage „Wer bin ich?", stellt implizit auch die Fragen „Wer ist meine Mutter und wer ist mein Vater?" und „Wer sind meine Großeltern und Vorfahren?" (Beaumont 2008:127). Mit diesem Wechsel unserer Aufmerksamkeit realisieren wir, dass unser Denken und Handeln stark geprägt wird von der Herkunftsfamilie. Die gesellschaftlich postulierten Vorstellungen von hoher Autonomie und Individualität kommen ins Wanken. Wir sind Teile großer Systeme, größerer Ganzheiten.

Anne Ancelin Schützenberger, Professorin für Psychologie und Vertreterin einer generationenübergreifenden Psychotherapie, schreibt: „In einer transgenerationalen Therapie ist zu entdecken, woher man kommt, wieder zu finden, wer man ist und von wem man seine Identität geerbt hat, … Die wirklichen oder fantasierten Erinnerungen werden freigelegt, und dann, in einem zweiten Schritt, findet man befreit seinen Platz in der Ahnenreihe. Dann kann man seinen Horizont erweitern, in die eigene Zukunft sehen und Wünsche und Bedürfnisse haben, ein eigenes Lebenskonzept entwerfen. Man findet seine Identität wieder, sein ‚Ich' und sein ‚Selbst'." (2001: 135)

Um den eigenen, möglichst autonomen Platz in der Ahnenreihe zu finden, sind die belastenden Themen aus der Herkunftsfamilie, die einen selbst betreffen, zu erkennen und zu lösen. Die Methode des Familienstellens, welche die Auswirkungen von schlimmen Handlungen oder Ereignissen über mehrere Generationen hinweg verfolgen kann, hat hier eine Vielzahl von systemisch relevanten Themen aufgedeckt. Erlittene Ungerechtigkeiten, tragische Schicksale, Opfer- und Tätereereignisse durch Kriege oder Katastrophen schwächen ein Familiensystem und können sich unbewusst durch Nachahmung über Generationen fortsetzen. Im dem Falle ist der erste und wichtigste Lösungsschritt, den Mut zu haben, die inneren Verpflichtungen angesichts unbezahlter, emotionaler Schulden zu betrachten und zu erkennen, zu wem oder zu was sie im System gehören. Im zweiten Schritt folgt dann das emotionale und energetische Auflösen und Abgrenzen.

Auf der anderen Seite stärken Errungenschaften, Verdienste und Begabungen die Familie. Sie sind ein Kapital für alle Nachfolgenden. Diese Kraft aus dem eigenen Familiensystem kann erkannt und im Leben bewusst genutzt werden, beispielsweise auch in der Führung. Sie ist eine wertvolle Unterstützung, den eigenen Führungsstandort einzunehmen und unternehmerische Entscheide zu treffen.

Dass persönliche Themen Organisationsdynamiken prägen, hat die (Organisations-)Psychologie seit längerer Zeit aufgezeigt. Aber die tiefen Dimensionen der Verbindungen und deren Intensität sind noch wenig erforscht. Mit dem Verbreiten der Familienaufstellungen seit 2000 und dem Aufkommen von Organisationsaufstellungen haben sich das Bewusstsein und das Wissen über generationsübergreifende, systemische Zusammenhänge ausgeweitet. Die „ganze" Bedeutung, wie Ahnenthemen Organisationsdynamiken prägen, beginnen wir erst allmählich zu entdecken und zu begreifen. Immer deutlicher wird erkannt, wie Kraft und ungelöste Themen von verschiedensten Ahnen in die tägliche Arbeit hineinfließen können und wie sich solche Verbindungen im Organisationsalltag auswirken, re-inszeniert werden und dort – entgegen jeder Rationalität – handlungsprägend sind. Ursprungsthemen beeinflussen dabei nicht nur direkt das Arbeits- oder Führungsverhalten, sondern können über Personen aus den oberen Hierarchien auch (Teil-)Strategien und (Sub-)Kulturen stark mitgestalten.

Wenn bei Führungskräften eine berufliche Neuorientierung oder schwierige Entscheide anstehen, ist es empfehlenswert, sich auf Ressourcen aus dem Ahnensystem zu besinnen und an diesen anzuschließen. Wer als Manager beispielsweise bewusst wahrnimmt, dass bereits der Urgroßvater und Großvater mit Erfolg ein großes Industrie- oder Bauunternehmen geführt haben, kann diese unternehmerische Kraft rasch als eigene Kraftquelle mobilisieren. Dazu kann er sich täglich – beispielsweise am Morgen oder in bestimmten Situationen – mit seinen Vorfahren innerlich verbinden und ihre Stärke spüren, manchmal auch ihren Rat erbitten und entgegennehmen. Befasst der Manager sich genauer mit dem Urgroßvater und Großvater, realisiert er, dass auch diese bereits weitreichende Strategie- und Investitionsentscheide zu treffen hatten und damit erfolgreich waren. Auch dies stärkt ihn. Auf solche Ressourcen im eigenen Familiensystem zurückgreifen zu können ist ein Geschenk, und es „lohnt“ sich hier aktiv mit der Familiengeschichte auseinanderzusetzen. Dabei geht es nicht nur darum, Wiederholungen in der Familiengeschichte anzustreben, sondern besonders wertvolle Ressourcen zu erkennen, diese in einem selbst zu wecken und zu stärken.

Ein interessantes Beispiel dafür ist das Familienunternehmen Création Baumann AG in Langenthal. Die Création Baumann AG entwirft, produziert und vertreibt weltweit hochwertige Textilien für die Inneneinrichtung. Das Unternehmen behauptet sich seit vier Generationen erfolgreich auf dem Weltmarkt. Als Textilunternehmen aus der Schweiz wird dies trotz des Verfolgens einer konsequenten Nischenstrategie aufgrund des hohen Lohnniveaus als extrem schwierig erachtet. In einer Arbeit an der Fachhochschule Bern zeigt Peter Friedli (2008) auf, wie bedeutende, unternehmerische Werte von Generation zu Generation übertragen wurden. Die von Vorfahren erzählten und somit erinnerten Geschichten und die von ihnen überlieferten Wertevorstellungen bieten dem heutigen Geschäftsführer einen Orientierungsrahmen und eine Hilfestellung für Entscheidungsfindung und Zukunftsgestaltung. Auch wenn einzelne Werte dem neuen Gesellschafts- und Unternehmenskontext anzupassen waren, bestehen – wie in früheren Generationen – ein Grundvertrauen und eine Zuversicht, dass das Unternehmen mit den 200 Mitarbeitenden auch in einer härter werdenden Konkurrenz auf dem Weltmarkt erfolgreich weitergeführt werden kann.

Nebst diesen stärkenden Ressourcen werden unbewusst oft auch belastende Themen und Gefühle früherer Generationen übernommen. Eine häufige Angst, die in der Schweiz im Organisationskontext anzutreffen ist, ist die Existenzangst. Dabei stellt sich in der Organisationsberatung immer die zentrale Frage, ob diese Existenzängste im aktuellen Kontext verständlich und berechtigt sind oder ob es sich mehrheitlich um übernommene Existenzängste früherer Generationen handelt. Für Klient und Berater ist es immer wieder überraschend zu realisieren, dass der aktuelle Grund, der in die Beratung geführt hat, einen kleinen Teil der erlebten Existenzangst ausmacht. So lassen sich beispielsweise Liquiditätsprobleme leicht lösen, wenn realisiert wird, dass das erwirtschaftete Vermögen in die eigenen Geschäftsliegenschaften investiert worden ist. Bei der Suche nach den wahren Ursachen der Existenzängste stoßen wir oft auf existenzbedrohende Armut in früheren Generationen. Der Großvater, vielleicht auch der Urgroßvater, waren sich nie sicher, ob die Einkünfte für die Ernährung der Familie ausreichen würden oder nicht. Aus dem heutigen Wohlstand heraus betrachtet ist die (Nach-)Wirkung solcher Themen bis in die Gegenwart fast unvorstellbar. Dennoch erzählt ein Klient innerlich bewegt die Geschichte, wie in der Bauernfamilie das Wohl einer Kuh wichtiger war als dasjenige eines Kindes, da die Kuh – im Gegensatz zum Weiterleben eines Kindes – die familiäre Existenz der Familie sicherstellte. Anhand von solchen Geschichten wird die damalige Bedrohung sichtbar, und es wird verständlich, wie solche Ängste durch das Weiterreichen von Generation zu Generation auf unbewusste Weise übertragen werden können.

Dieses Beispiel verdeutlicht auch, dass sich die Existenzangst nur bedingt durch eigene Anstrengungen, beispielsweise durch einen aktuellen Businessplan oder mental durch autogenes Training, auflösen lässt. Denn diese Ängste stammen nicht aus den Erfahrungen des eigenen Lebens, sondern wurden von den Vorfahren übernommen. Mit dem Erkennen dieser Verbindung können die Existenzängste jedoch mit entsprechender Achtung und Dankbarkeit bei den Ahnen zurück- und damit losgelassen werden. Man ist sich bewusst, dass es einem dank des unermüdlichen Kampfes der Vorfahren heute sehr gut geht. Innerlich bekommt man so die Erlaubnis der Ahnen, im Wohlstand leben zu dürfen.

3.2.2. Die Seele und die Bedeutung der spirituellen Dimension

Wer sich als Führungskraft oder Organisationsberater für die bewussten und unbewussten Prozesse in der Führung und in Organisationen interessiert, wird unweigerlich auf die Frage stoßen, was das Wesen des Menschen als Teil einer Organisation ausmacht und was die Weiterentwicklung von sozialen Systemen vorantreibt. Hat der Mensch eine Seele respektive einen spirituellen Kern, der ihn in seinem Denken und Handeln beeinflusst? Und was bedeutet dies für Menschen in einer Führungsposition?

Die Managementliteratur und Betriebswirtschaft bietet zu diesen Fragen noch kaum Antworten, obwohl erste Publikationen von geistlichen Lehrern mit Organisationsberatern erschienen sind (Assländer & Grün 2006 und 2009, Dalai Lama & von den Muyzenberg 2008). Auch Manager sind (leider) oft noch gut beraten, in Organisationen ihren spirituellen Hintergrund nicht offenzulegen, um nicht vorschnell stigmatisiert oder zumindest als weltfremd belächelt zu werden. Selbst die Psychotherapie ist hier erst am Anfang ihres Weges. Trotz der Erkenntnisse von C. G. Jung und seiner Schüler hat diese sich lange Zeit sehr schwergetan, sich für spirituelle Erfahrungen und Dimensionen zu öffnen. Psychotherapie und Spiritualität schließen sich jedoch nicht aus, sondern können sich auf nutzbringende Weise bereichern und ergänzen. So kann beispielsweise die Religion unserer Seele viel Öffnendes und Bereicherndes erschließen, allerdings auch belastende Wirkungen haben (Beaumont 2008: 11).

Das noch geringe Wissen über die Verbindungen zwischen Organisationen und Spiritualität oder Psychotherapie und Spiritualität ist zu bedauern. Allerdings sind der Zugang zur Seele, die innere Welt des Menschen und die spirituelle Dimension primär von jedem Menschen selbst zu finden. Jung hebt hervor, dass mystische Erlebnisse nicht eine Sache des Glaubens, sondern der individuellen Erfahrung sind. Über spirituelle Erfahrungen kann man deshalb nur schwer diskutieren. Man kann nur festhalten, dass man solche bislang gemacht oder noch nicht gemacht hat. Was die Welt im Allgemeinen über spirituelle Erfahrungen denkt, ist für den Einzelnen im Grunde genommen irrelevant. Derjenige, der diesen Zugang erfahren hat, besitzt einen wertvollen Schatz und kann darin eine wichtige Quelle und den Zugang zu zentralen Lebensthemen finden (Jäger 2000:38). Auch Assländer & Grün (2010:139) betonen, dass echte Spiritualität innerer Erfahrung entspringt, einer – im christlichen Sinne – eigenen, authentischen Gotteserfahrung. Es ist dabei nicht zufällig, dass die spirituellen Wege in den verschiedenen Religionen sehr ähnlich sind.

In der Einzelberatung von Führungspersonen fällt auf, dass spätestens ab der Lebensmitte Fragen nach dem Sinn des eigenen Lebens und der Wunsch, etwas Wertvolles zu schaffen, wichtig werden. Menschen spüren, dass es nicht nur um ihren richtigen Platz in den sozialen Systemen geht, sondern auch um ihre spirituellen Wurzeln. Auf dieser persönlichen Entdeckungsreise haben wir uns jedoch von den konkreten Erfahrungen mit der Kirche, ihren Regeln und Ritualen, wie wir sie in der Kindheit oft leidvoll erfahren haben, möglichst zu verabschieden. Ohne belastende Gefühle und Erlebnisse haben wir als Erwachsene uns aufzumachen und unsere religiöse Heimat selbst (neu) zu finden (Assländer & Grün 2010: 132).

Vereinfacht möchte ich zwischen einer Seele, welche die Wesenszüge eines Menschen respektive seine Psyche beeinflusst und prägt, und der Spiritualität als umfassende Dimension unterscheiden.[7] Die Seele erinnert uns an unsere spirituelle Existenz. Sie lässt uns fragen, woher wir kommen, wohin wir gehen und was unsere Aufgabe in dieser Welt ist. Mit der Seele ist oft die Vorstellung verbunden, dass sie das menschliche Potential eines jeden Einzelnen kennt. Sie möchte sich im Leben entfalten, da sie erahnen kann, was noch nicht erfüllt oder stimmig ist beziehungsweise was sich noch entwickeln will. Spiritualität ist das Bewusstsein einer Verbundenheit mit einem größeren Ganzen, mit etwas Umfassenderem, das uns trägt und das wir in unserem Kulturkreis „Gott“ nennen. Spiritualität unterscheidet sich von Religiosität, weil sie eine Erfahrung und nicht ein Glaubenssystem ist.

Erkennen wir den seelischen Teil in einem Menschen, so eröffnet dies uns einen Einblick auf dessen Wirkung auf die Führung in Organisationen. Drei Aspekte stehen für mich dabei im Vordergrund:

- Führung ist im Kern eine spirituelle Aufgabe. Wir setzen uns ein für die Entwicklung von Menschen und der Gesellschaft. Insbesondere ist uns die Entfaltung unserer Mitarbeitenden wichtig. Zudem sind wir uns bewusst, dass Führungshandeln langfristig nur erfolgreich sein kann, wenn dieses auch mit der inneren seelischen Befindsamkeit der Mitarbeitenden im Einklang steht.

- Wir lassen uns ganz auf unsere Arbeit und auf die beteiligten Menschen ein. Echte Spiritualität wird im Alltag gelebt. Sie zeigt sich im Handeln, das authentisch und von Werten geprägt ist (Assländer & Grün 2010:139). Wir kreisen nicht um uns selber und um die Sorge für unser Image. Wir fühlen uns frei von unserem Ego.

[7] Jung unterscheidet zwischen der sogenannten Weltenseele (als kollektive Seele) und der individuellen Seele als Teil der Weltenseele.

- Im innersten Kern weiß jede Führungsperson, weshalb sie hier ist und was sie jetzt in diesem Leben verwirklichen möchte. Wir sind uns bewusst, dass wir immer mit einer geistig-religiösen Dimension verbunden sind. Eine spirituelle Kraft unterstützt uns auf unserem Weg. Wir können sie jederzeit aktivieren und nutzen. Sie umgibt uns sorgend und liebevoll, andererseits treibt sie unsere Entwicklung voran, kraftvoll und im positiven Sinne herausfordernd. Die spirituelle Kraft ist wie der Motor der Seele.

Mit der Seele und der Spiritualität kommt eine weitere, wichtige Dimension zum Modell des Menschen in Organisationen hinzu (Abbildung Nr. 7). Diese spirituelle Dimension ist immer da, auch wenn sie einer Person nicht bewusst ist. Sie kann deshalb auch nie verloren gehen, wir haben möglicherweise nur den Zugang zu ihr verloren. Gerade wenn wir uns in unserem Wesen anerkannt und verstanden fühlen, sind die Voraussetzungen vorhanden, damit sich dieser Zugang wieder öffnet (Beaumont 2008: 122).

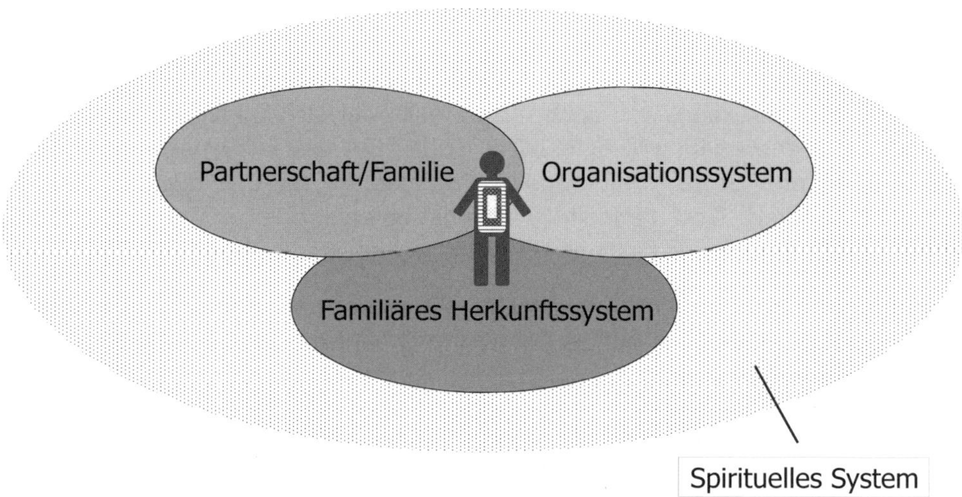

Abbildung 7: *Der Mensch als offenes soziales System*

3.3 Das Modell der menschlichen Entwicklung in Organisationen

Die Ausführungen in Kapitel 3 zeigen, dass Mitarbeitende und Führungspersonen in Organisationen mehr als nur eine Rolle übernehmen und viele Aufgaben bewältigen.

Sie bringen sich als ganze Person ein. Zwischen ihren organisationalen Funktionen und den anderen systemischen Dimensionen bestehen vielseitige Bezüge. Für ein zukünftiges, zeitgemäßes Verständnis des Menschen und seiner Entwicklung in Organisationen sind vier Dimensionen zu berücksichtigen. Der Ebene des Organisationssystems sind die Ebenen des Familiensystems, des Herkunftssystems und des spirituellen Systems hinzuzufügen (Abbildung Nr. 8).

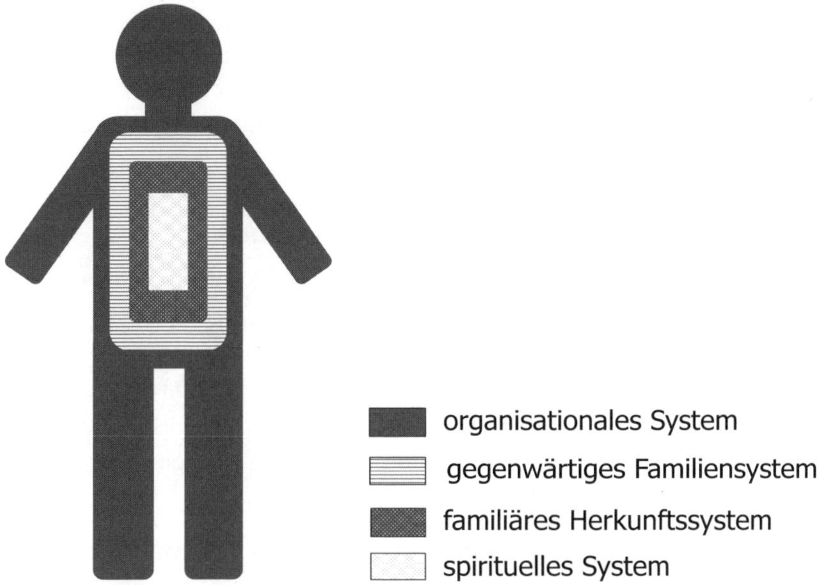

Abbildung 8: *Ein systemisch-ganzheitliches Verständnis des Menschen in Organisationen*

Diese vier Systemebenen des Menschen könnte man auch als verschiedene Dimensionen oder Identitäten bezeichnen. Ich bevorzuge jedoch den Begriff des Systems, weil er uns bewusst macht, wie sehr sich der Mensch gleichzeitig durch viele Prozesse und Elemente zu definieren hat und wie komplex die gegenseitigen Wechselwirkungen sind. Der Mensch ist in große soziale und organisationale Systeme eingebunden, die in seiner Person zusammentreffen. Für die Förderung seiner Entwicklung und die Entfaltung seines Potentials sind alle Systemebenen zu berücksichtigen.

Dieses Modell des Menschen und seiner Entwicklung ist vereinfachend und genügt den strengen Anforderungen einzelner Wissenschaftsdisziplinen vielleicht nicht ganz. Offensichtlich ist, dass in der traditionellen Unterscheidung von Körper, Seele und Geist die körperliche Systemebene fehlt. Gerade in therapeutischen Konzepten wird auf die Integration der körperlichen Dimension viel Wert gelegt. Sie fehlt jedoch in diesem Modell bewusst, da die körperliche Systemebene in Organisationen kaum eine Rolle spielt und in der Organisationsberatung selten explizit miteinbezogen wird.

Dieses Modell der menschlichen Entwicklung ermöglicht dafür ein ganzheitliches Verständnis für das Wesen des Menschen und überzeugt als integrales Modell gerade durch seine Einfachheit und Verständlichkeit. Es zeigt die verschiedenen, menschlichen Systemebenen, deren Zusammenspiel und Ineinandergreifen auf. Das Modell hat sich als nützlicher Orientierungsrahmen in meiner Organisationsberatung bewährt und ermöglicht zentrale Erkenntnisse zur menschlichen Führung und zur Gestaltung von Organisationen.

Auch wenn im Alltag die einzelnen Systemebenen stark ineinanderfließen, ist es für das Verständnis und die Erklärung des Modells wertvoll, die grundsätzlichen Ziele und Kerndynamiken in jedem System einzeln aufzuzeigen. So stellt sich die Frage, was für uns Menschen in den einzelnen Systemen zu beachten und zu erreichen ist. Gegenseitige Synergien wie auch Zielkonflikte werden dadurch offensichtlich.

3.3.1. Organisationales System: Wissen und Performance

Organisationen unterscheiden sich von anderen, sozialen Systemen, indem sie klar definierte Ziele erreichen möchten. Um die von Unternehmen gesetzten Ziele zu erreichen, möchten sich Manager, Führungs- und Fachkräfte im organisationalen System beweisen und die erwartete, hohe Leistung erbringen. Werden die Unternehmensziele erreicht, entstehen Freude und positive Energie. Das persönliche wie unternehmerische Selbstvertrauen werden gestärkt.

Wird der Begriff der Performance eng definiert, dann stehen Gewinn und finanzieller Erfolg, aber auch Status und Karriere der Führungskräfte einseitig im Vordergrund. Wird der Begriff erweitert verstanden, dann wird der sinnvolle Beitrag der Person an die Organisation und Gesellschaft mehr hervorgehoben. Mit dem Erfolg in der Arbeit kann Sinn verknüpft werden. Die äußeren, auch materiellen Werte stehen so nicht allein im Vordergrund, sondern sind mit gesellschaftlichen und inneren Werten verbunden. In dem Sinne umfasst die Arbeitsleistung nicht nur bezahlte Arbeit, sondern auch die unbezahlte, oft von Frauen und Senioren geleistete, nicht minder wertvolle Arbeit zugunsten der Gesellschaft. Ihre „Performance“ zugunsten von Kindern respektive Enkeln und sozialen Institutionen ist von großer Bedeutung.

Die Performance darf sich auch nicht einseitig auf reine Zielerreichung beschränken. Im Laufe einer Berufskarriere geht es auch darum, Wissen zu erwerben, anzuwenden und dank eigenen und neuen Erkenntnissen weiterzuentwickeln. Permanentes Lernen, eigene Beobachtungen und Forschung sowie Innovation – also geistige Entwicklung – bekommen ihren Raum. Der Mensch ist aufgefordert, neue, technische, soziale und ökologische Lösungen zu entwickeln und zu realisieren. Mit der Umsetzung und dem Nutzen für Kunden entsteht der Wert dieser Arbeit. In einer späteren Berufsphase sind dieses Wissen und die Erfahrung gezielt auch jüngeren Mitarbeitenden weiterzugeben und zur Verfügung zu stellen.

3.3.2. Gegenwärtiges Familiensystem: Das Leben leben

Nicht nur in der Organisation, auch in der Gegenwartsfamilie vollzieht sich das Leben. In der Partnerschaft und in der Familie möchten wir das Leben leben, und wir haben zu zeigen, dass wir unsere Fähigkeiten, Kraft und Potentiale optimal einbringen können. Willi (2008: 136) schreibt dazu passend: „Im [familiären] Wirken finden die Selbsterkenntnis und Selbstbewusstheit ihre Bewährungsprobe."

Auf der persönlichen Lebensbühne geht es darum, Partnerschaft zu leben und weiterzuentwickeln und vielleicht als Vater oder Mutter für Kinder präsent zu sein, sie zu erziehen und zu begleiten. Beim Handeln im Familiensystem geht es weniger um das rationale Erschaffen (Haus, Auto etc.), sondern mehr um das Leben von Beziehungen und darum, im wirklichen Kontakt mit Familienmitgliedern, Freunden und anderen Menschen zu sein. Eine echte tiefe Begegnung von Person zu Person berührt und bereichert beide Partner. Emotionale, soziale und spirituelle Aspekte sind wichtig. Dazu gehört auch, dass wir persönliche Entwicklungsthemen selber aufgreifen, annehmen und somit unsere innere Stärke und unser Selbstbewusstsein erweitern. Aus einer Erwachsenen-Position sind wir für unsere Selbstheilung verantwortlich.

Jürg Willi kommt am Ende des Buches „Wendepunkte im Lebenslauf" (2008:357) zur Erkenntnis, dass das Leben nicht am Ausmaß von Erfolgen zu messen ist, sondern an dem, was sich in Beziehungen ereignet. Das Gelingen der wichtigen, menschlichen Beziehungen steht im Mittelpunkt. Den Menschen sieht er deshalb als Beziehungswesen.

Hinzu kommt aus systemischer Sicht eine interessante Erweiterung: Was ich im Leben für mich und meine Herkunftsfamilie löse und gesellschaftlich Wertvolles realisiere, hat auch für die nächsten Generationen eine positive Wirkung. So ist beispielsweise ein Paar, das eine gute Beziehung lebt, immer auch Vorbild für die Kinder und Enkel. Die Wirkungen des Handelns auf die nachfolgenden Generationen ist mit zu berücksichtigen.

Sowohl das organisationale als auch das familiäre System sind vom Ahnensystem und spirituellen System durchdrungen. So ist jede Beziehung zwischen zwei Menschen, die auf Wertschätzung und Offenheit basiert, auch eine Begegnung auf seelischer Ebene. An einem echten Dialog ist für Martin Buber, den bekannten Religionsphilosophen, die Präsenz und Teilhabe Gottes zu spüren. Solche Begegnungen mit anderen Menschen bestärken uns und können in uns wichtige Impulse auslösen oder zu wichtigen Informationen und Rückmeldungen führen. Und so, wie wir zu wichtigen Hinweisen kommen, unterstützen wir das Lernen und die Entwicklung des Gegenübers. Spirituelle Führung und soziales Lernen erfolgen in dem Sinne in der täglichen Begegnung mit anderen Menschen.

Dieser Wert von Beziehungen, gerade auch von langfristigen, die gegenseitige Entwicklung fördernden Beziehungen, wird heute in vielen Organisationen nicht erkannt. Arbeitsbeziehungen werden als austauschbar und somit beliebig erachtet. Der Beginn und das Ende können schlicht und funktional gestaltet werden. Organisationen werden im Rahmen einer Strategieumsetzung oder Reorganisation einfach neu zusammengesetzt.

3.3.3. Familiäres Herkunftssystem: Aus der Ahnenkraft heraus

Wie zu Beginn des Kapitels bereits aufgezeigt, werden wir als Kind nicht nur in eine Familie, sondern in eine viele Generationen umfassende Ursprungsfamilie hineingeboren, welche oft unbewusst unsere Beziehungen und Lebensmuster mitbestimmt. Bildlich gesehen werden wir in ein Ahnensystem hineingestellt, das im Idealfall viel Kraft und viele Ressourcen aufweist, welche uns auf unserem Lebensweg stärken. Im schwierigsten Fall kommen wir in eine Herkunftsfamilie, in der zahlreiche, schwere Schicksale und schlimme Ereignisse unsere Entwicklung blockieren. Dieses Eingebundensein ist unabhängig von unserem freien Willen. Wir müssen uns eingestehen, dass unser Leben an vielen Fäden hängt, die wir nicht bewegen und kontrollieren können. Systembande bestimmen uns privat und beruflich oft mehr, als uns lieb und bewusst ist (Hellinger 2005: 12).

Dank der Familienaufstellung kennen wir eine Vielzahl von denkbaren, belastenden Dynamiken in Ahnensystemen, welche jeweils in ihrer ganz individuellen Dynamik zu erkennen und zu lösen sind.[8] Auf zwei Themenbereiche, die in vielen Familiensystemen vorkommen, möchte ich genauer eingehen:

- Schwere Einzelschicksale
- Schlimme, kollektive Ereignisse

Zu den schweren Einzelschicksalen gehören früh verstorbene und ausgeschlossene Personen. Stirbt ein Kind oder ein junger Erwachsener – meist auf tragische Weise – hat der Tod für die übrigen Familienmitglieder weitreichende und tiefgehende Folgen. Bei den Überlebenden entsteht oft eine Art von Schuldgefühl, weil sie noch am Leben sind, während der Bruder, die Schwester oder der Vater früh sterben musste. Tief im Innern empfinden sie es als Unrecht, weiterleben zu dürfen. Sie können das Leben nicht ganz leben und sich den beruflichen und familiären Erfolg nicht gönnen. Oft ist eine tiefe Trauer in ihnen spürbar. In der Aufstellungsarbeit wird dies als Identifizierung oder Verstrickung bezeichnet und meint eine hemmende, seelische Verbundenheit mit dem Schicksal eines anderen Menschen.

---

[8] Zur vertiefenden Einführung möchte ich auf die Bücher von Gunthard Weber (Zweierlei Glück), Bertold Ulsamer (Ohne Wurzeln keine Flügel) und Jakob Schneider (Das Familienstellen) verweisen.

Identifizierungen halten uns von unserem Wesen fern und liefern uns den schlimmen Nachwirkungen der Vergangenheit aus. Die Wirkung dieser unbewussten Dynamiken verstärkt sich in der Regel, je mehr die Ereignisse im jeweiligen Familiensystem tabuisiert werden und nicht über die Person und ihr Schicksal gesprochen werden darf. In Organisationen treffen wir so auf Menschen, die wie mit angezogener Handbremse fahren. Innerlich dürfen sie sich ihren Erfolg nicht nehmen, ihrer Berufung nicht folgen oder sie realisieren, dass sie im Führungs- und Organisationsalltag zu viel Energie verlieren.

Zur Lösung ist in diesem Fall um das schlimme Schicksal des Vorfahren angemessen zu trauern. Dieses Schicksal gehört zu ihm und muss ihm zugemutet werden. Niemand der Nachfahren kann es für ihn tragen. Über die Trauer entsteht eine liebevolle, besondere Verbindung zum Vorfahren, und die Identifizierung löst sich nicht nur auf, sondern wandelt sich oft spürbar in eine unterstützende seelische Verbindung. Diese sich daraus entwickelnde wertvolle Kraft steht im Leben und in der Führung zur Verfügung.

Auch von der Familie zu Unrecht ausgeschlossene Personen, die „Schwarzen Schafe", führen in der Regel dazu, dass Nachkommen ihr Leben unbewusst nachahmen. Beispielsweise sind dies Männer oder Frauen, die ihre Familie verließen und eine Zweitbeziehung eingegangen sind und aus diesem Grund moralisch verurteilt worden sind, oder auch Menschen, die wegen einer Krankheit in einer psychiatrischen Klinik waren und deshalb von ihrer Umgebung gemieden wurden. Nachfahren beleben also ein fremdes Schicksal wieder und stellen dessen Schuld, Unschuld und Unglück noch einmal dar, mitsamt den Gefühlen und allem, was dazu gehört. Hier handelt es sich um einen systemischen Wiederholungszwang, der Frühes noch einmal inszeniert und wiederholt, aber nicht löst. Es geht um den nachträglichen Versuch, einer ausgeklammerten Person noch einmal zu ihrem Recht zu verhelfen (Weber 1997: 152). Zur Lösung sind dieses Unrecht und dieses besondere Schicksal durch die Nachkommen nochmals zu sehen und zu würdigen. Wenn die Ausgeschlossenen ihren angemessenen Platz im Familiensystem bekommen, fliesst von ihnen Wohlwollen und Liebe zu den zuvor identifizierten Nachfahren. Eine tiefe Versöhnung hat stattgefunden.

In Europa werden viele Herkunftssysteme durch Täter-Opfer-Themen aus dem 2. Weltkrieg belastet. Auch hier wird oft nicht darüber geredet. Vorfahren als Täter und Opfer werden verdrängt. Aber bei so viel unausgesprochener Schuld und Unrecht respektive Schmerz und Trauer fällt es den nachfolgenden Generationen schwer, ihr Leben mit aller Kraft zu leben. Weigert sich ein Täter, seine Schuld anzunehmen, so übernehmen oft die Nachkommen diese Schuld (Ulsamer 1999: 44). Dies geschieht in zwei Formen, mit denen sie auf die frühere Tat und ihre Opfer aufmerksam machen. Entweder wird ein Nachkomme erneut zum Täter oder er identifiziert sich mit den Opfern. Zur Lösung ist es wichtig, dass die Folgen einer Tat bei der Person belassen werden, für die sie die Verantwortung trägt. Der Täter muss die Schuld selber tragen (Hellinger 1998: 22).

Auf der Seite der Opfer fällt es den direkten Überlebenden oft schwer, Schmerz und Trauer zuzulassen. Im Schmerz würde sich die Liebe zu den Opfern zeigen. Um dies zu vermeiden, werden die Opfer oft ausgeschlossen. Ihr Schicksal wird zu wenig geachtet und setzt sich auch hier im Familiensystem fort.

Täter- und Opferenergien werden – wenn auch in abgwschwächter Form – noch von der dritten und vierten Nachfolgegeneration übernommen. Schützenberger geht aufgrund ihrer Forschungsergebnisse sogar davon aus, dass weit zurückliegende und vor allem traumatisierende Ereignisse im familiären Unterbewussten unter Umständen über mehrere Jahrhunderte weitergegeben werden (2001: 13). Auf Täter- und Opferdynamiken treffen wir heute in vielen Organisationen. Bedrohungen durch den Markt, Konkurrenten oder Reorganisationen können solche Prozesse auslösen, finden den Nährboden jedoch meistens in den entsprechenden Herkunftsereignissen.

Die hier beschriebenen Dynamiken richten sich gegen das Leben und seine Entfaltung. Es ist wichtig, dass die schlimmen Ereignisse mit der Zeit vorbei sein dürfen (Hellinger 1998: 100). Dazu müssen die unsichtbare Loyalität und die damit verbundene Verflochtenheit erkannt und gelöst werden. Die Täter und die Opfer sind in den Blick zu nehmen, ihr Leben und Schicksal anzunehmen und zu achten. Dadurch können sie in den Hintergrund treten. Wir können endlich unser eigenes Leben leben.

Nebst der belastenden Seite verfügen Ursprungssysteme über wertvolle Ressourcen, die gezielt genutzt und eingesetzt werden können. So ist die männliche Kraft im System für die männliche Entwicklung zentral und hat beispielsweise eine direkte Auswirkung auf die Führungskompetenzen. Aus der Führungsforschung und -praxis wissen wir, wie wichtig es für Führungspersonen ist, sich hinzustellen und Führung klar zu übernehmen. Dabei hängt es nur zum Teil vom Wissen und von der Kompetenz der Führungsperson ab, entscheidend sind oft ihr Selbstbewusstsein und ihre natürliche Authentizität. Diese Aufgabe wird einem Mann leichter fallen, der dank der verfügbaren, männlichen Kraft im Familiensystem seine Männlichkeit in eigener Form gut entwickeln konnte. Wer hier hinter sich die Kraft und die Verbundenheit zum Vater, Großvater oder Urgroßvater wahrnehmen und bewusst nutzen kann, fühlt sich im Managementalltag gestärkt.

Da in heutigen Organisationen gerade die traditionell „männlichen“ Führungsqualitäten wie Zielorientierung oder das Sich-durchsetzen-Können hoch bewertet werden, könnte erwartet werden, dass auch Frauen in Führungspositionen ihre männliche Kraft aus dem Herkunftssystem gezielt zu integrieren und zu nutzen hätten. Dem steht jedoch die Erfahrung in Organisationsaufstellungen entgegen, dass die Bedeutung der weiblichen Kraft für Frauen auch in Organisationen immer wieder klar zum Ausdruck kommt. Bestätigend sind dazu neue Forschungsergebnisse, die auf anderen Methoden beruhen und zeigen, dass auch für Unternehmerinnen nicht ihre männliche Verbindung (sogenannte „Vatertöchter“)

und männlichen Führungsqualitäten zählen, sondern ihre innere Verbindung über die Mutter. Löhr-Heinemann (2005) zeigt dies exemplarisch anhand von sieben erfolgreichen und gescheiterten selbständigen Frauen mit den Mitteln des Genogramms auf.

Selbstverständlich ist weder bei Männern noch bei Frauen allein die männliche oder weibliche Kraft und Identifikation zu stärken. Das Nutzen der Frauenkraft und das Entwickeln weiblicher Führungsqualitäten sind für Männer ebenfalls wichtig. Analog dazu sind Frauen für männliche Führungsqualitäten zu sensibilisieren. Zudem gibt es immer wieder Herkunftssysteme, in denen kaum männliche oder weibliche Ressourcen vorhanden sind. Das Ablösen und den Eigenen-Weg-Gehen stehen hier klar im Fokus. Kraft und Unterstützung fließen diesen Personen aus anderen Systemen zu, beispielsweise aus dem spirituellen System.

3.3.4. Spirituelles System: Mit der Seele und ihrer Bewegung gehen

Wer versucht, auf die eigene Seele zu hören und mit ihr zu arbeiten, wird feststellen, dass diese eine Ahnung davon hat, wie sich eine volle Entfaltung ihres Potentials anfühlen würde – in diesem Sinne erinnert sich die Seele an die Zukunft (Beaumont 2008: 197). Die Seele weiß, weshalb sie hier ist. Sie möchte ihrer inneren Bewegung folgen und das zum Ausdruck bringen, was noch zum Ausdruck kommen muss. Die Seele möchte frei sein für das Wesentliche, frei für ihre natürliche Bestimmung (Kreszmeier 2008: 31). Bildlich gesprochen wird die Seele zum Motor unserer Entwicklung. Sie möchte nicht, dass wir auf Seitenarmen unseres Lebensflusses stehen bleiben, sondern dass wir dem Lebensstrom folgen und für uns wichtige „Lebensvisionen" oder „Lebensaufgaben" verwirklichen.

Wie jedoch können wir in unserem Leben die eigene Seele wahrnehmen und ihrer Berufung folgen? Lebensaufgaben, auch wenn sie vielleicht schon mehr oder weniger bei der Geburt bestimmt sind, lassen sich selten oder nie präzise erkennen. Erst im Verlaufe des Lebens, im fortgeschrittenen Alter, ergibt sich eine immer größere Klarheit. Diese mangelnde Operationalisierbarkeit ist aus ökonomischem Verständnis zu bedauern. Wer aber im Leben immer wieder auf die eigene Seele achtet und ihrer Entwicklung Raum gibt, hat oft ein recht genaues, inneres Gefühl und Wissen, ob er sich auf seinem Weg befindet und was als Nächstes ansteht. So kommen Top-Manager in die Beratung, die trotz allem Erfolg innerlich wissen, dass sie ihre berufliche Bestimmung noch immer nicht gefunden haben, oder die mit einer bewundernswerten Klarheit ihre Beförderung in eine Geschäftsleitung ablehnen.

Gerade bei wichtigen Entscheidungen im Unternehmen und im Leben ist eine Rückbesinnung auf persönliche Lebensaufgaben zur Orientierung hilfreich. Bei solchen Entscheiden sind rationale Überlegungen zwar bedeutend, ebenso wichtig ist es aber zu prüfen, ob die bevorzugte Lösung Sinn erzeugt, die Energie fliesst und sie im Einklang mit der Seele steht. Eine Lebensaufgabe ist wie ein Fixstern, der leuchtet und ruft. Auf dem Lebensweg hat der Mensch auch einen großen eigenen Handlungsspielraum, denn das Leben ist größtenteils nicht vorbestimmt, sondern bietet immer wieder viele Möglichkeiten, sich zu entscheiden.

Das Verbunden-Sein und Im-Fluss-Sein mit der eigenen Seele setzt weiter voraus, dass wir als Menschen selber unsere Mitte gefunden haben. Gerade in Konzernen müssen wir dem permanenten Druck, dem „Machen" und der Hektik entgegenhalten, so dass wir mit uns und unserer Spiritualität verbunden bleiben können. Konzepte zur Achtsamkeit bieten uns verschiedene Schulen an, beispielsweise das Mindfulness-Based Stress Reduction-Programm von Jon Kabat-Zinn. Im Kontakt mit uns selbst, den Mitarbeitenden und unserer Seele eröffnen sich viele Impulse und Chancen. Das eigene Zentriert-Sein setzt zudem voraus, dass wir für uns von früheren, persönlichen Belastungen weitgehend gelöst haben. Verstrickungen und frühere Traumatisierungen können Seelenbewegungen verhindern (Beaumont 2008: 198).

Das Gehen mit der eigenen Seele beruht nicht nur auf dem inneren Wissen und der eigenen Zentriertheit, sondern zeigt sich ganz konkret in unserem Alltag, im Verfolgen unserer Ziele und im Fortschritt unserer Arbeit. Viele – kleinere bis größere – Hinweise klopfen beim Umsetzen täglich an unsere Tür und es fragt sich, welche für uns bedeutend sind und was sie uns aufzeigen. Manchmal sind bereits die kleinen Impulse von Projektmitarbeitenden oder das eigene, belastende Gefühl, dass irgendetwas nicht stimmt, wertvoll und wegweisend. Sie führen uns zu wichtigen Lernprozessen und Änderungen. Mitunter sind es die unglaublichen Zufälle, die uns den Weg ebnen und das Vorangehen leicht machen, oder es sind die großen Enttäuschungen oder Schicksalsschläge, die uns auffordern, nach ganz neuen Lösungen zu suchen.

Willi (2007:49) stellt die wichtige Frage, ob wir im Leben ansprechbar sind für das, was sich mit uns ereignen will. Die Gelegenheiten sind aufzugreifen, um aus den Angeboten des Lebens Sinnvolles zu gestalten. Wer mit der eigenen Seele gehen will, ist aufgefordert, die Ideen und Impulse konkret umzusetzen und innovative Konzepte und Projekte zu realisieren. Nebst dem Mut und Einsatz sind auch Freude und Erfüllung groß, weil man in enger Verbindung mit seiner Bestimmung lebt.

Das Sich-Öffnen für die eigene Seele, ihre Entwicklung sowie die Spiritualität sind eine große Bereicherung. Hier steht ein riesiges Lebens- und Entwicklungspotential zur Verfügung. Über Kontemplation und Verbunden-Sein können wir zu innovativen Ideen kommen, neue Einsichten gewinnen und Zusammenhänge tiefschichtiger verstehen. Wir sind angeschlossen an der Quelle des Lebens, der Inspiration und somit an der Weiterentwicklung des Menschen.

3.3.5. Die einzelnen Systemebenen und ihre Verbindungen

Wenn wir das Wesen des Menschen in groben Zügen erfassen, so werden wir uns bewusst, dass sich der Mensch über mehr als nur die organisationale Identität zu definieren hat. Das Unternehmerische, das Gestalten und Erschaffen und der Erfolg sind sehr wichtig. Es sind die Fähigkeiten des Menschen, welche in der heutigen Gesellschaft am höchsten gewichtet und somit oft einseitig und unbalanciert verfolgt werden. Für den Menschen und seine Entwicklung ist jedoch entscheidend, auch die Bedeutung der anderen Systemebenen zu erkennen und ihnen den dafür notwendigen Raum zu geben. Sinn und Zweck des Lebens wird hier anders definiert:

- Auf der familiären Systemebene geht es um das qualitative Gestalten und Gelingen wichtiger Beziehungen sowie das Sorgen für die eigenen Kinder.

- Im Ahnensystem stehen oft das Erkennen generationenübergreifender, blockierender Themen, das individuelle Herauslösen und das Integrieren und Nutzen von verfügbarer Kraft im Zentrum.

- Im spirituellen System ist die eigene Seele und ihre innere Bewegung zu erkennen und aufzugreifen. Die Seele will ihr Potential entfalten. Der individuelle Weg macht nicht nur Sinn, sondern erfährt auch viel Fügung und Unterstützung.

In einer ersten Betrachtung fällt auf, dass sich die verschiedenen Systemebenen im Alltag nicht immer ergänzen, sondern sogar konkurrieren. So möchten wir über den Verstand beruflich oder privat wichtige Ziele um fast jeden Preis erreichen, innerlich aber wehrt sich die Seele dagegen. Sie wehrt sich vielleicht, weil das einseitige Überbetonen eines äußeren Ziels ihren Raum und ihre Entwicklung beschneidet. Oder der Sinn und Zweck der Auseinandersetzung mit der eigenen Lebensgeschichte und mit jener der Ahnen wird in den Gegenwartssystemen nicht verstanden, sondern eher als unnötige Zeitverschwendung und Ablenkung im Hier und Jetzt erachtet.

Hinzu kommt, dass die einzelnen Systemebenen nicht bei jedem Menschen in ähnlichem Ausmaß zu berücksichtigen sind. Bedeutung und Gewichtung sind individuell geprägt und fallen je nach Lebensphase auch unterschiedlich aus. So wird eine Frau, die mehrere Kinder großzieht, ihren Fokus über lange Zeit im familiären Gegenwartssystem haben. Das kann sehr wertvoll sein und darf gesellschaftlich nicht abgewertet werden.

Bei einer genaueren Betrachtung erkennen wir, dass die spirituelle Systemebene nicht nur mit den anderen Systemebenen verbunden ist, sondern alle Ebenen durchdringt, wenn dies ein Mensch zulässt. So begünstigt die spirituelle Kraft lösende und stärkende Entwicklungen im Ahnensystem oder bietet Unterstützung an, um familiäre oder berufliche Ziele zu erreichen. Auch das familiäre Herkunftssystem hat eine wesentliche Wirkung auf das familiäre Gegenwartssystem und das Organisationssystem. Die spirituelle Systemebene und diejenige des Herkunftssystems fließen also in das familiäre und organisationale Gegenwartssystem ein und können diese befruchten und unterstützen. Somit ergibt sich ein Ganzes, ein Mensch mit seinen vielfältigen Bezügen, aus denen heraus sich das Leben entwickelt und ein persönlicher Lebensweg beschritten wird, der Sinn erzeugt.

3.4. Die Illusion vom funktionalen Manager und die Gefahr, sich zum Krieger zu entwickeln

Angesichts der Internationalisierung der Märkte, des zunehmenden Konkurrenzdrucks und der einseitigen Ausrichtung auf Kapitalmärkte ist heute noch immer ein sehr einseitiges Bild vom Manager verbreitet. Der Manager ist ein Macher, ein Held (Witzer 2005). Eine extrem hohe Leistungsbereitschaft und eine quasi 24-Stunden-Verfügbarkeit werden meistens vorausgesetzt. In der Logik vieler Organisationen wird der Mensch in traditioneller Weise zum Funktionsträger, wie dies in der Abbildung Nr. 9 dargestellt wird. Die Führungsperson wird nur in der organisationalen Dimension gesehen. Die menschliche Seite und das menschliche Potential werden weitgehend ausgeschlossen, selbst wenn alle wissen, dass dies der Führungsperson nicht gerecht wird und aus menschlicher Sicht nur vorübergehend erfolgversprechend sein kann.

Gerade am Anfang einer Karriere macht das viele Arbeiten Spass. Wie bei einem Spitzensportler ist die Führungskraft von den erzielten Erfolgen begeistert und zugleich beeindruckt, was sie alles leisten kann. In dieser Lebensphase möchte sie sich beweisen.

Abbildung 9: *Der funktionale Manager als Illusion*

Dazu kommen als zusätzliche Motivatoren die Anerkennung von Vorgesetzten und der Organisation sowie der mögliche Aufstieg in der Führungshierarchie. Letzterer bietet nebst dem höheren Gehalt auch mehr Handlungsspielraum und Verantwortung, eine weitere Herausforderung. Ein durchaus auch positiver Drang nach äußeren Erfolgen und Anerkennung, welcher den eigenen Selbstwert stärkt, kann entstehen. Es besteht jedoch immer auch die Gefahr einer „süssen Verführung", deren negative Folgen nicht bedacht werden.

Zugunsten der Organisation und der eigenen Karriere steigt bei vielen Führungskräften die Bereitschaft, die anderen Seiten des Lebens zu vernachlässigen oder teilweise ganz auf sie zu verzichten. Dies ist aus organisationaler wie individueller Sicht umso bedauerlicher, da es sich oft um Führungskräfte handelt, die ursprünglich über breite und reiche Ressourcen verfügen. Durch das jahrelange organisationale Engagement und Eingebundensein vernachlässigen sie jedoch ihre private Beziehungen, ihre Hobbys und ihre persönliche Entwicklung. Die tieferen Systemebenen werden nicht mehr genährt und verkümmern zusehends. Im Vergleich zur Abbildung Nr. 8 haben sich beim „verkümmerten“ Manager in Abbildung Nr. 10 die familiären Systeme und der spirituelle Kern bereits beachtlich zurückgebildet. Im Gegenzug gewinnen der berufliche Erfolg, die Anerkennung und die finanzielle Entlohnung noch mehr an Bedeutung. In Konzernen, die hierarchisch und machtbezogen funktionieren, werden Unterordnung und ein hoher Grad an Anpassung erwartet. Fremdbestimmtes Verhalten ist an der Tagesordnung.

Abbildung 10: *Der zunehmend verkümmerte Manager*

„Kurzfristig hat mehr Erfolg, wer sich an die Verhältnisse anpasst, niemandem Schwierigkeiten bereitet, die geltenden Spielregeln rasch erkennt und zum eigenen Nutzen einzusetzen versteht. Eigene Ideen und Meinungen in die Arbeit einzubringen, ist der Anerkennung und Beliebtheit oftmals eher abträglich. Es besteht jedoch die Gefahr, dass man im Bemühen, sich anzupassen, sich selbst verliert und in der Identifikation mit dem daraus entstehenden Erfolg ein falsches Selbst entwickelt, d. h. eine Fassadenhaltung oder eine Pseudopersönlichkeit. Viele Geschäftsleute sind dermaßen gewohnt, sich ganz für die Kundenwünsche und Konventionen aufzugeben, dass sie auch im privaten Kontakt langweilig wirken“ (Willi 2007: 135). Der Manager wird sich seines Dilemmas häufig bewusst. Auf der einen Seite hat er viel Erfolg, auf der anderen Seite zwingt ihm die Organisation eine Lebens- und Arbeitsweise auf, die ihn immer mehr von seinen ursprünglichen Werten und Lebensthemen entfernt und zum zunehmend „verkümmerten“ Manager macht.

Wenn der Manager nicht frühzeitig teilweise oder ganz aus dieser Dynamik aussteigt, nimmt die Wahrscheinlichkeit zu, dass er sich immer mehr in die Rolle des Machers und des „Kriegers“ begibt (Abbildung Nr. 11). Mit dem hierarchischen Aufstieg gewinnen in vielen Organisationen Macht und Machtdynamiken – Angriff und Abwehr – an Bedeutung. Zudem werden immer rationalere und härtere, das heißt vom Menschen distanziertere Entscheide erwartet. Dazu brauchen Menschen eine verhärtete Schutzschicht, die sie vor Angriffen, Abwertungen und schlechtem Gewissen schützt. In der Grafik wird sie als schwarze Umrandung dargestellt. Diese scheinbar notwendige Verhärtung nach außen geht sukzessive auch mit einer Verhärtung nach innen einher. Mit dem Sich-Verschließen nach außen prallen die an den Manager herangetragenen Entwicklungsimpulse ab. Gleichzeitig erfolgen aber auch ein Negieren der eigenen Gefühle und ein Sich-Abschneiden von inneren Bewegungsimpulsen, dem spirituellen Kern sowie der Notwendigkeit zur grundlegenden, persönlichen Entwicklung. Der Manager wird zunehmend funktionell, hart, beziehungs- und emotionslos. Die Gefahr ist groß, dass diese Haltung und Energie – nebst der konstanten, geistigen Absorbiertheit mit dem Unternehmen – ins familiäre System überschwappen. Der Manager ist nicht mehr wirklich anschlussfähig und im Kontakt mit dem Familiensystem, er wird oder muss sich zurückziehen. Für seinen Erfolg und gesellschaftlichen Aufstieg zahlt er damit oft einen hohen Preis.

Abbildung 11: *Der Krieger*

Eine Studie des Beratungsunternehmens Choice (2009) zeigt, dass gerade Frauen in Führungspositionen hier einen enorm hohen Preis bezahlen. Der Anteil der weiblichen Deutschschweizer Führungskräfte, die ihre Beziehung als gut bezeichnen, sank von 55 Prozent im Jahr 2004 auf 47 Prozent im Jahr 2008. 2008 bezeichnen 20 Prozent der Frauen in Führungspositionen ihre Beziehung als schlecht, während ein Drittel gar keine intakte Beziehung hat, obwohl der Wunsch nach einer festen Partnerschaft besteht.

Mit einer verhärteten Schutzschicht und eingeschliffenen Abwehrmechanismen wird ein Wandel aus sich selbst heraus oft schwierig. Die Angst ist groß, dass mit dem Öffnen der inneren Türe eine Überflutung und Überwältigung von Gefühlen, Einsichten und Dynamiken erfolgt, mit denen nicht umgegangen werden kann. So lebt der Manager lieber in einer eingeschränkten Welt, in der er auf viel verzichtet, was das Menschenleben so kostbar macht. Er verzichtet auf die Gefühle, die Einsicht in die Seele, verzichtet auf lebendiges, kreatives Mitgestalten (Beaumont 2008: 110).

Für den Wandel braucht es oft den massiven Impuls von außen, die Krise im Beruf, beispielsweise ein Burnout, eine Entlassung oder eine Ehekrise. Manager realisieren dann, dass sie ihre äußeren Lebensziele wie Erfolg, gesellschaftlich anerkannte Position und Wohlstand weitgehend erreicht haben, ihr Leben jedoch unerfüllt und leer geblieben ist. „Sie merken, dass sie das, was sie zuinnerst bewegt, in ihrem Leben nicht verwirklichen, dass sie mit niemandem darüber sprechen können und zuinnerst unbefriedigt bleiben. Sie spüren, dass ihr innerster Kern sich weder in der Beziehung zur Frau noch zur Geliebten zu entfalten vermag. Sie leben in einer kalten und rücksichtslosen Welt" (Willi 2007: 321).

Diese zurzeit häufig zu beobachtende, negative Entwicklungsspirale einer Führungsperson zum einseitigen, funktionalen Manager kann durch die betroffene Person jederzeit durchbrochen werden. Sie kann aus der beschriebenen Dynamik aussteigen und wieder auf allen Ebenen des menschlichen Seins gut für sich sorgen. Partnerschaft und Familie bekommen so wieder ihre notwendige Bedeutung, und persönliche und spirituelle Entwicklung werden wieder möglich. Der Mensch und Manager wächst und ist innerlich zum nächsten Schritt bereit. Dieser Entwicklungsweg wird im kommenden Kapitel ausführlich dargelegt.

4. Ein integratives Modell der Führungs- und Management-entwicklung

4.1. Das Modell

Blicken wir auf die heutigen Führungs- und Managementausbildungen an Universitäten, Fachhochschulen oder in großen Unternehmen, so fällt auf, dass sich diese in der Regel sehr stark am Erwerb von Fachkompetenzen orientieren. Manager und Führungspersonen haben sich in ihrem Bereich durch ein hohes Fachwissen zu qualifizieren. Hinzu kommt noch eine größere oder kleinere Portion Führungs- und Sozialkompetenz. Dabei wird Führung gemäß der klassischen Theorie als eine zusätzliche Funktion verstanden, welche sich durch die Übernahme bestimmter Aufgaben ergibt. So beinhaltet Führen beispielsweise das Setzen von Zielen, das Planen und Strukturieren komplexer Projekte und Aufgaben, das Entscheiden, das Unterstützen von Mitarbeiterinnen und Mitarbeitern und Führen schwieriger Gespräche. Führen ist demnach eine Aufgabe, die jeder lernen kann. In Führungsseminaren werden Führungsinstrumente und -techniken vermittelt, welche die Managementaufgaben der Führungspersonen vereinfachen sollen. Die Ausrichtung der heutigen Führungs- und Managementausbildung ist nicht an sich falsch, Fach- und Führungswissen sind zentral und Führungsseminare über die Kunst des Delegierens oder das Lösen von Konflikten können sehr lehrreich sein. Diese Ausrichtung ist jedoch zu eng und zu begrenzt. So wird die Person des Führenden und Geführten kaum gesehen und die Zeit- und Entwicklungsdimension spielt eine untergeordnete Rolle. Führung wird von den Führungspersonen entkoppelt und aufgabenorientiert und instrumentell verstanden (Abbildung Nr. 12).

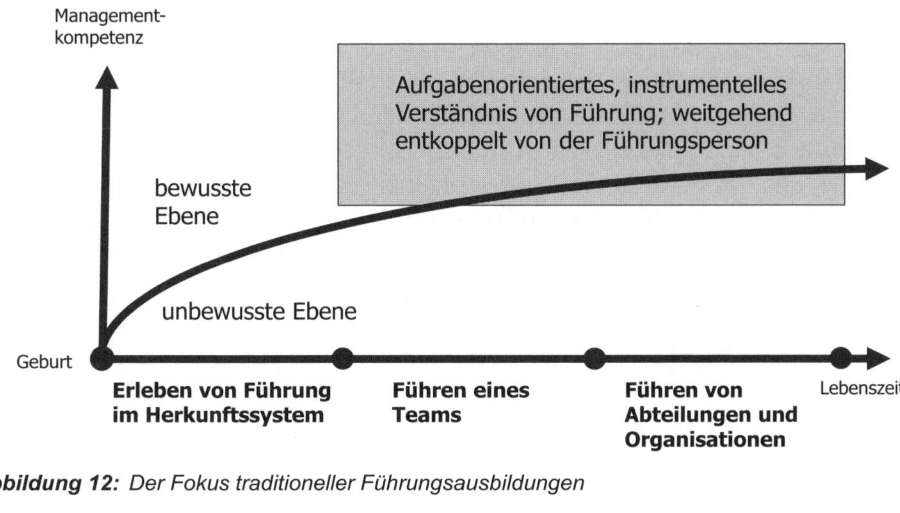

Abbildung 12: *Der Fokus traditioneller Führungsausbildungen*

Die Erfahrung aus der Praxis zeigt aber, dass der Erfolg von Führungspersonen nicht allein einzelnen Verhaltensweisen zugeschrieben werden kann, sondern dass dieser ebenso auf die Person zurückzuführen ist. In Rekrutierungsprozessen werden deshalb oft explizit Führungspersönlichkeiten gesucht. Wenn Menschen Vorgesetzten vertrauen und gerne mit ihnen zusammenarbeiten, hat dies seinen Ursprung in der Persönlichkeit des Vorgesetzten, nicht in angelernten Tricks, die – sofern sie überhaupt funktionieren – schnell durchschaut werden. Menschen folgen gerne jemandem, bei dem sie spüren, dass er ihnen ein Stück voraus ist. Ausstrahlung und Vorbildfunktion sind deshalb die wirksamsten Führungsinstrumente (Assländer & Grün 2006: 25). Die Entwicklung der eigenen Person wird dann zur inneren Dimension der Führungsentwicklung und zu einer zentralen Aufgabe im Leben.

In einem systemisch-entwicklungsorientierten Verständnis des Menschen kommt auch der zeitlichen Dimension der Führungs- und Managemententwicklung eine hohe Bedeutung zu. Sowohl der Mensch wie die Organisation entwickeln sich permanent weiter. Die fachliche und persönliche Führungsentwicklung sind eng miteinander verwoben.

Im hier vorgestellten integrativen Modell der Führungs- und Managemententwicklung unterscheide ich drei Phasen:

- Phase 1: Erleben von Führung im Herkunftssystem
- Phase 2: Führen eines Teams
- Phase 3: Führen von Bereichen und Organisationen

Die Bedeutung der Phase 1 wird durch die aktuelle Führungsforschung bestätigt. So wissen wir, dass implizites Wissen, damit meine ich unreflektiertes Alltagswissen über „gute Führung“, das Verhalten von Führungspersonen oft stärker beeinflusst als erlerntes Wissen aus Seminaren und Büchern. In der zukünftigen Führungsentwicklung müssen somit bereits die Lebensphasen mitberücksichtigt werden, die vor der Übernahme einer Führungsaufgabe liegen. In dieser Phase erwerben wir unser Vorwissen und üben unser Alltagsverhalten ein. Gerade Sozialisations- und Führungserfahrungen als Kind prägen unser späteres Verhalten stark. Aber auch im Laufe einer Führungskarriere bleibt die zeitliche Dimension bedeutend. Mit jeder Beförderung werden neue und verantwortungsvollere Aufgaben übernommen, die neues Wissen und neue Aufgabenschwerpunkte voraussetzen. Im Buch „The Leadership Pipeline“ unterscheiden Charan, Drotter & Noel (2001) sechs verschiedene Funktionen, die ein Manager in seiner Karriere bis zum Konzernchef erfolgreich zu durchlaufen hat. In jeder Funktion kommen neue Aufgaben dazu, die spezifische Förderung bedingen. Bei der Konzeption der Führungs- und Managementausbildung in Nationale Suisse habe ich drei Niveaus unterschieden: Basic Level, Advanced Level und High Level. Hier im Modell möchte ich mich auf die minimale Unterscheidung zwischen der Führung eines Teams und dem Führen von Bereichen und Organisationen beschränken (Abbildung Nr. 13).

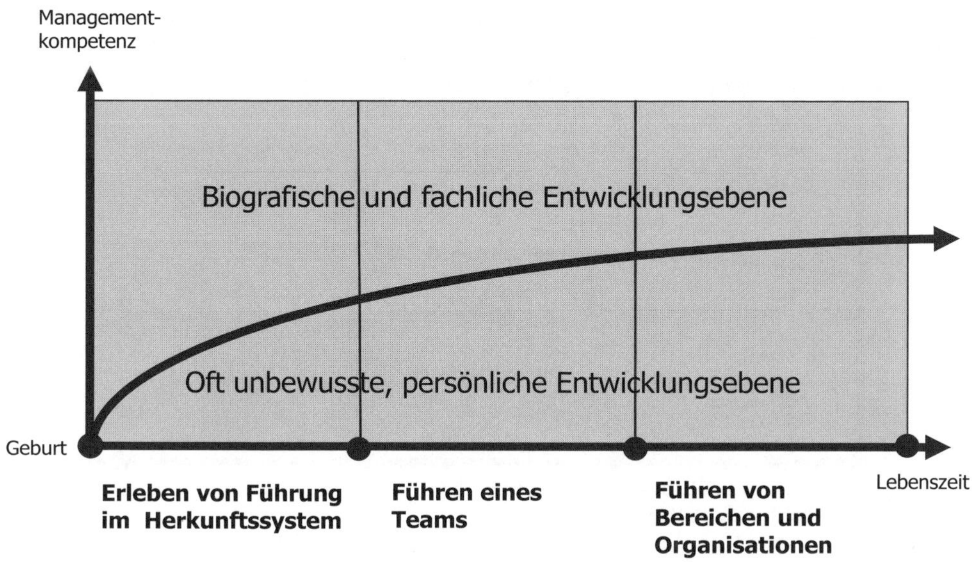

Abbildung 13: *Drei Phasen der persönlichen und fachlichen Führungsentwicklung*

Die vertikale Achse bildet die Managementkompetenz, die sich in der Literatur normalerweise aus der Fach-, Führungs-, Sozial- und Persönlichkeitskompetenz zusammensetzt (z. B. Hilb 2009: 69). Im Sinne der vorstehenden Ausführungen ist die Persönlichkeitskompetenz, die Reife einer Führungsperson, besonders hoch zu gewichten. Als weitere Fähigkeit ist neu die spirituelle Kompetenz zu beachten.

Im Modell kommt eine wichtige Unterscheidung zwischen einer bewussten und unbewussten Handlungsebene dazu, die beispielsweise Eva Madelung und Barbara Innecken (2003) in ihrem therapeutischen „Modell der wechselwirkenden Ebenen" ebenfalls verwenden. Bereits in Kapitel 3 habe ich erläutert, wie viele Entwicklungsprozesse des Menschen unbewusst erfolgen. In Führungs- und Managementprozessen verläuft ein Teil der Dynamik auf einer vordergründigen, ein Teil auf einer tieferliegenden, mehr oder weniger impliziten Ebene.

Anhand der theoretischen Überlegungen in Kapitel 3 und der prägnanten Kernthemen aus den vorgestellten Führungsbeispielen habe ich diese Phasen der Führungs- und Managemententwicklung inhaltlich weiter aufgeschlüsselt (Abbildung Nr. 14). Diese Unterteilung und Präzisierung im integrativen Modell der Führungs- und Managemententwicklung hilft, sich inhaltlich auf wesentliche Aspekte zu fokussieren. Ich werde sie im Einzelnen nachfolgend genauer erläutern.

Abbildung 14: *Ein integratives Modell der zukünftigen Führungs- und Managemententwicklung*

Führungs- und Managemententwicklung wird so viel persönlicher, inhaltlich breiter und entwicklungsorientierter verstanden.

4.2. Phase 1: Erleben von Führung im Herkunftssystem

Der erste Ort der Sozialisation ist die Herkunftsfamilie. Als Baby und Kleinkind erfahren wir in dieser ersten Lebensphase Liebe, Geborgenheit und Zuneigung. Im Idealfall bekommen wir viel physische, emotionale und seelische Unterstützung und Aufmerksamkeit von unseren Eltern und Großeltern. Wir werden „genährt". Unsere Entwicklung und Autonomie werden gefördert. Das Selbstbewusstsein und das Vertrauen in die eigenen Fähigkeiten bilden sich heraus. Manchmal werden wir jedoch schon früh mit schwierigen Lebensthemen konfrontiert. Schon als Baby oder Kleinkind spüren wir Ablehnung oder erleben Beziehungslosigkeit und Trennung.

In dieser ersten Phase formen sich auch die sozialen Kompetenzen. Wir lernen, wie Beziehungen zu gestalten sind, ob und wie Gefühle gezeigt werden dürfen und wie mit ihnen umzugehen ist, wie Konflikte gelöst oder verdrängt werden, was Macht- und Ohnmacht auslöst und welche Haltung beispielsweise gegenüber Frauen oder Männern einzunehmen ist. Diese Erfahrungen und dieses Wissen bringen wir später bewusst oder unbewusst in Führungsbeziehungen ein.

Bereits als Kleinkind erleben wir Führung und Autorität. Werden unsere physischen und emotionalen Bedürfnisse von den Eltern gesehen, gespürt und aufgegriffen? Dürfen oder können wir uns bereits zugunsten eigener Anliegen wehren oder werden wir mit Liebesentzug oder Härte bestraft, wenn wir uns nicht sofort anpassen? Auch im Kindesalter und der Pubertät erfahren wir dann verschiedenste Formen von Führung. Führung kann als partizipativ und begleitend oder eher als autoritär und machtvoll erlebt werden, aber auch als Nicht-Führung oder „überforderte" Führung. Gerade bei fehlenden, schwachen oder nicht-präsenten Eltern oder Elternteilen passiert es immer wieder, dass Kinder schon in einem frühen Alter zu viel Führung und Verantwortung im Herkunftssystem übernehmen. Das Kind kann zwar so frühzeitig Führungskompetenzen erwerben, zahlt dafür aber häufig einen hohen Preis. Das Spielerische, Leichte, Wendige, Flexible ist damit schwierig zu leben und zu erlernen. Ein Teil der kindlichen Entwicklung geht verloren. Da diese erste, prägende Phase von Führung noch wenig beschrieben ist, möchte ich zur Konkretisierung ein eindrückliches Beispiel schildern.

4. Praxisbeispiel: „Führung als Überforderung"

Die Geschäftsführerin kommt in ein Führungscoaching. Sie beklagt sich über ihre Rolle in einer sozialen Organisation, der sie neu vorsteht. Der Stiftungsrat, das Aufsichtsgremium, ist kaum präsent, was sie in ihrer Führung immer wieder verunsichert. Aufgrund von drei vorangegangenen Kündigungen besteht zudem eine breite Misstrauenskluft zwischen Stiftungsrat und Team. Im Verlaufe des Führungscoachings zeigt sich, dass sie die soziale Institution gut führt und selbst schwierige Führungsthemen anpackt. Ich kann sie hier in vielen Fragen und Handlungen bestärken.

In einer Beratungssequenz zeigt sich, dass viele ihrer aktuellen Ängste nicht zur heutigen Führungsaufgabe gehören, sondern auf ihre Kindheit und ihre erste Führungsfunktion zurückgehen. Die Mutter der Klientin war stark depressiv und ihr Vater kaum anwesend. So musste sie bereits mit zehn Jahren als älteste Tochter die Rolle der Mutter weitgehend übernehmen. Sie kaufte ein, kochte, motivierte ihre Mutter zum Aufstehen und sorgte für die ganze Familie. Sie übernahm damit viel zu viel Führung und Verantwortung. Nach ihrer Ausbildung konnte sie in jungen Jahren bald eine Führungsaufgabe übernehmen. Ihre anfängliche Freude verblasste jedoch rasch. Der damalige Geschäftsführer zog sich immer wieder zurück und war mit den Führungspersonen und Mitarbeitenden nicht wirklich im Kontakt. Er konnte ihr somit keine Unterstützung in ihrer neuen Führungsaufgabe geben. In der Führungsfunktion fühlte sie sich permanent überfordert und unter Druck. Die Klientin brauchte mehr als fünf Jahre, bis sie sich von diesem führungslosen und oft als destruktiv erlebten Organisationssystem lösen konnte. Die schwierigen Führungs- und Lebenserfahrungen ihrer Kindheit wiederholten sich in hohem Maße in der ersten Führungsaufgabe. Im

Führungscoaching konnte sie erkennen, dass sie diese Lebensthemen dank einer in der Zwischenzeit erfolgten Therapie bereits weitgehend verarbeiten konnte. Die heutige Aufgabe als Geschäftsführerin füllt sie gut und mit Freude aus.

Greifen wir die in der Führungsentwicklung oder im Coaching angesprochenen Themen und Gefühle der Klienten auf, so führen uns diese oft zu lebensbedeutsamen, ja existenziellen Erfahrungen (Röckelein 2009: 49). Im Beispiel der Geschäftsführerin geht es um den geringen Rückhalt, den sie sowohl in der Herkunftsfamilie als auch im früheren Organisationssystem erfahren hat, und um die Übernahme von zu viel Führung und Verantwortung. Dieses Erkennen, Reflektieren und Rekonstruieren von tief verwurzelten Erfahrungen festigt die Führungspersonen in ihrer Entwicklung und ermöglicht neue Handlungsräume in der Führung. Führungsentwicklung ist so auf die persönliche Entwicklung einer spezifischen Person abgestimmt.

Zu den Führungs- und Sozialisierungserfahrungen in der Familie kommen später diejenigen aus den Schulen und Vereinen hinzu. In dieser ersten Lebensphase bilden und entwickeln sich also nicht nur langfristige Lebens-, Beziehungs- und Führungsmuster heraus, sondern auch persönliche Werte, Überzeugungen und Alltagstheorien. Diese reproduzieren sich später im Führungshandeln und in den Führungsentscheidungen der Person.

Zu den biografischen Prägungen wird unsere Entwicklung auch durch unbewusste Lebensziele und Lebensthemen stark beeinflusst. Wie in Kapitel 3 bereits beschrieben, können schwere Einzelschicksale oder schlimme Ereignisse Familiensysteme stark belasten und unbewusst die Entwicklung von Nachfahren einschränken.

Im Praxisteil werden mehrere Führungsbeispiele beschrieben, in denen schwere Einzelschicksale von Vorfahren die volle Entfaltung und Kraft einer Führungsperson eingeschränkt haben. In der ersten Phase ist interessant, dass selbst die Wahl einer Ausbildung und eines Berufes – ebenso wie später die Wahl eines Vorgesetzten und einer Organisation – nicht nur bewusst und rational getroffen wird. Unbewusste, familiäre Verbindungen können bei der Wahl eine große Rolle spielen. So begann der Geschäftsführer in Praxisbeispiel Nr. 3 eine Schreinerausbildung, die er später abbrach. Er wusste nicht, dass der ihm nicht bekannte Großvater als Schreiner arbeitete. Oder eine junge Frau, die ihre Ausbildung als Krankenpflegerin abbrach, konnte sich im Coachingprozess erst wirklich neu orientieren, als sie realisierte, dass sowohl der Großvater wie auch Onkel der Mutter beim Arbeiten tödlich verunglückten. Tödliche Unfälle in der Familie können auch durch Krankenpflegerinnen nicht verhindert werden, erst recht nicht im Nachhinein.

Wir treffen so im Organisationssystem auf wichtige Themen, die uns aus der Herkunftsfamilie bereits unbewusst bekannt sind. Dank der Wiederholung geben sie uns die Chance, sie zu erkennen und sie für uns zu lösen. Natürlich kann eine Berufswahl nicht nur von unbewussten Dynamiken aus der Herkunftsfamilie geprägt sein. Sie kann auch aufgrund von Sachzwängen oder falscher Loyalität zu Eltern eine unerwünschte Richtung nehmen. Eine Neuausrichtung ist mit dem Wissen über diese Zusammenhänge später im Leben oft noch möglich.

Neben schweren Einzelschicksalen können auch Kriegsthemen mit Tätern und Opfern sowie schwere Verbrechen eine schlimme Wirkung auf die gesamte Familie haben. So werden Täter- und Opferrollen über Generationen oft unbewusst weitergelebt. Dazu bieten potentielle Bedrohungen auf Absatzmärkten oder Organisationszusammenschlüsse auch in Organisationen viele Projektionsflächen an. Für Führungskräfte mit einer Täterenergie ist es entscheidend, die effektive Tat im Familiensystem zu erkennen und die damit verbundene Schuld beim Täter zu lassen. In der Führung müssen sie somit nicht mehr unbewusst in eine Täterrolle einsteigen und können konstruktivere Durchsetzungs- und Konfliktverhaltensweisen erlernen.

Menschen mit einer Opferenergie sehen sich beruflich wie privat immer wieder in der Opferrolle. Anstatt sich durchzusetzen und zu reüssieren, verharren sie in dieser Position. Für Blaser (2008) haben Menschen in einer solchen Rolle keine klaren Grenzen um ihren persönlichen Raum gezogen oder ihre Grenze weist größere Löcher auf. Unbewusst merkt dies das Gegenüber. Dies erklärt, warum Opfer immer wieder erneut zu Opfern werden. „Von der Opferrolle loskommen, würde in diesem Zusammenhang bedeuten, die persönliche Abgrenzung zu renovieren“ (Blaser 2008: 61). Dazu ist es wichtig, dass die Opfer und ihr Schicksal einzeln gesehen und geachtet werden und um sie getrauert wird. Dies hat eine versöhnende und heilende Wirkung. In der Entwicklung von Führungs- und Managementpersonen wird es absolut zentral, dass sie sich bei Bedarf aus belastenden, einschränkenden und unbewussten Verbindungen lösen können. Führungspersonen erleben dies meist als Sprung in ihrer persönlichen und beruflichen Entwicklung.

Auf der unbewussten Ebene sind wir aber nicht nur mit schwierigen Themen und Energien verbunden. Lebensziele „rufen“ uns und ermöglichen viele wertvolle Wachstums- und Entwicklungschancen. Auf unserem Weg erfahren wir damit viel Kraft und Unterstützung, wir können unsere Ressourcen optimal nutzen. Da ich diesen Aspekt als sehr wichtig erachte und er mich auch fasziniert, möchte ich darauf vertieft in Kapitel 5 eingehen.

Blicken wir nochmals auf die erste Phase der Führungs- und Managemententwicklung als Ganzes zurück, so werden wir uns bewusst, wie die ersten 15 bis 20 Jahre der menschlichen Entwicklung durch das Herkunftssystem und das spirituelle System geprägt werden. Das familiäre Gegenwartssystem kommt erst mit dem Eingehen von ersten Partnerbeziehungen dazu. Und für Personen, die studieren, erfolgt der Eintritt in ein Unternehmen oft spät. Die organisationale Ebene ist häufig die letzte Schicht im Modell der menschlichen Entwicklung.

Der Boden zur „erfolgreichen“ Führung wird also bereits in der ersten Entwicklungsphase gelegt. Im Idealfall erleben wir als Kind viel Unterstützung und können ein gesundes Selbstvertrauen entwickeln. Führung wird positiv erlebt. Wenn später Führung gelingt, ist dies nicht primär Ausdruck von angeborenem Charisma oder Naturtalent, sondern vielmehr Ausdruck von bereits entwickelten Fähigkeiten, Potential sowie wertvoller Lebenserfahrungen. Die Person verfügt bereits über reichhaltige Ressourcen und viel Vorwissen, während persönliche Blockaden begrenzt sind. Diese individuellen Ressourcen sind für den späteren Erfolg als Führungskraft oder Manager sehr wichtig. Sie stellen jedoch keine Erfolgsgarantie dar, denn die Entwicklung geht bei jeder Person weiter und alle menschlichen Dimensionen sind zu nähren.

4.3. Phase 2: Führen eines Teams

Wer jetzt in der zweiten Phase des Modells zur Führungsentwicklung eine Führungsaufgabe übernimmt, hat im Idealfall seinen Kompetenzrucksack für die anstehende Führungsaufgabe bereits gut gefüllt. Die Führungsperson verfügt über eine innere Stärke und positive Ausstrahlung. Sie geht wertschätzend auf Mitarbeitende zu und möchte in gesunder Form reüssieren und sich beweisen. Das spezifische Führungswissen kann in einer Führungsweiterbildung erworben werden, etwa die psychologischen und betriebswirtschaftlichen Grundlagen des Führens sowie die wichtigsten Führungsaufgaben und -instrumente. Konkrete Übungen und Rollenspiele helfen, neues Wissen zu verankern und in einzelnen Führungsaufgaben, beispielsweise dem Führen eines Mitarbeitergespräches, an Sicherheit zu gewinnen.

Im Fokus dieser zweiten Phase steht jedoch weder die Theorie noch die Schulung, sondern die Führungspraxis. Die vielen Praxisbeispiele zeigen, wie wichtig es für Arbeitsteams ist, dass eine Führungsperson die Führung wirklich übernimmt. Dazu ist das Team zu leiten, die anvisierten Ziele sind zu erreichen und die Ausrichtung auf die Kunden ist sicherzustellen. Es werden Mitarbeitende eingestellt, eventuell auch entlassen, Mitarbeiter- und Kundengespräche geführt. Führungskräfte sammeln viele wertvolle Erfahrungen, um Menschen zu führen, sie individuell zu fördern und zu stärken und ihre besonderen Fähigkeiten zu nutzen. Die Führungsbeziehungen werden aktiv gestaltet, das heißt, die Führungspersonen gehen auf die Mitarbeitenden zu, erst recht in wichtigen Situationen. In der Praxis möchte sich die Führungsperson bewähren und ihr „Handwerk" professionalisieren.

In dieser Phase ist aber auch sehr bewusst auf die persönliche Entwicklung zu achten. Selbst erfolgreiche, junge Führungskräfte stoßen in ihrer Funktion immer wieder auf eigene, ganz spezifische Entwicklungsthemen. Trotz ihres Erfolgs als Teamleiter fällt es ihnen beispielsweise in Konfliktsituationen schwer, sich durchzusetzen, oder sie fühlen sich beim Führen einer bestimmten Mitarbeiterin ohnmächtig, weil vereinbarte Termine nicht eingehalten werden und Verantwortung zurückdelegiert wird. In solchen Situationen zeigen sich meist auch persönliche Entwicklungsthemen, die aufzugreifen, zu verstehen und zu verarbeiten sind. Im Rahmen von Kurzzeitberatungen oder Führungscoachings ist Führungspersonen die Chance anzubieten, ihre inneren Konflikte und Blockaden zu lösen sowie individuelle Potentiale und Ressourcen freizusetzen und zu erschließen. Beim Fördern der Führungsperson ist darauf zu achten, dass wir sie auch ermutigen, ihren individuellen, authentischen Stil zu finden und entwickeln.

Im Verlaufe der Jahre und mit zunehmender Erfahrung und Entwicklung haben sich Teamleitende etabliert. Mit dem Übernehmen von immer verantwortungsvolleren (Projekt-)Aufgaben können sich Führungskräfte auf die Übernahme von noch anspruchsvolleren Führungsaufgaben vorbereiten. Der nächste Karriereschritt – das Führen eines Bereichs – erfolgt dann aus der eigenen Kraft heraus und nicht aufgrund von günstigen, politischen Konstellationen, die sich auch jederzeit wieder ändern können. Die persönliche Entwicklung ist in dieser zweiten Phase für den späteren Erfolg als Manager sehr wichtig. Persönliche Investitionen zahlen sich später mehrfach aus.

4.4. Phase 3: Führen von Bereichen und Organisationen

In der dritten Phase des integrativen Modells der Führungs- und Managemententwicklung werden Bereiche mit zwei oder mehreren Führungsebenen oder sogar ganze Unternehmen oder Konzerne geführt. Die Komplexität und Dynamik beim Führen von großen Systemen nehmen sprunghaft zu. Trotz ihrer hohen Kompetenz stoßen Manager nun an die Grenzen der absoluten Machbarkeit und der streng rationalen Konzepte und lernen, die selbstorganisierenden und hintergründigen Dynamiken in ihrem System zu verstehen und zu gestalten. Führen wird zum Wechselspiel von Führen und Sich-Führen-Lassen. Dies verlangt eine weitere Professionalisierung auf hohem Niveau, theoretisch, praktisch und persönlich. Wie bei Alpinisten auf dem Weg zum Gipfel erfordert die Führungs- und Managementrolle jetzt größte Trittsicherheit und Erfahrung im Umgang mit schwierigen und unerwarteten Situationen.

Hinzu kommen neue Aufgaben, die neue Kenntnisse und Fähigkeiten voraussetzen. So sind Visionen, Strategien, Strukturen und Kulturen zu gestalten oder weiterzuentwickeln. In internationalen Unternehmen ist es angesichts der globalisierten Märkte unerlässlich, auch die verschiedenen Mentalitäten und kulturellen Unterschiede zu verstehen. Management wird zur Kunst, große und sehr komplexe Systeme zu führen.

Die zentralen, persönlichen Entwicklungsthemen müssen Manager in dieser dritten Phase bereits weitgehend erkannt und aufgearbeitet haben, um sich bei den neuen besonderen Herausforderungen nicht persönlich in eigene Probleme zu „verstricken“ und sich zu blockieren. Gerade durch das hohe Engagement oder den Lauf des Lebens klopfen manchmal aber persönliche Entwicklungsthemen trotzdem an die Türe, die für unser „Reifen“ und die nachhaltige Qualität unserer Arbeit aufzunehmen und zu lösen sind. Dafür sollte sich auch ein vielbeschäftigter Manager genügend Zeit nehmen. Nebst dem Beruf müssen sich Manager auch Raum und Zeit für ihr privates Leben geben und für ihre Lebensfreude und ihre innere Entwicklung sorgen. Dieser Raum darf nicht mit Nonstop-Leistung beschnitten oder zugedeckt werden, sondern ist auch in Spitzenpositionen bewusst großzügig anzusetzen, um eine offene Entwicklung zu ermöglichen. Sonst setzt das Verkümmern als Mensch ein (siehe Abbildung Nr. 10). Wer jedoch gut für sich sorgen kann, kann auch zum Wohle der anderen und großer Systeme Verantwortung übernehmen.

Der Wechsel in eine Managementposition geht bei vielen Personen mit dem Wechsel in eine neue Lebensphase einher. In der Mitte des Berufslebens, mit ca. 40 bis 45 Jahren, kommt der Mensch normalerweise in eine neue Phase, in welcher er gesellschaftlich mehr Verantwortung übernimmt und in die Rolle des Förderers und Entwicklers hineinwächst. In der zweiten Phase ist die Führungsperson noch mehr auf sich bezogen, egozentrischer. Sie möchte sich beweisen, wichtige Ziele erreichen und Projekte durchziehen. Mit der Lebensmitte gewinnen Sinnfragen jedoch an Bedeutung, und Menschen möchten aus eigener Kraft Leistungen und Energie an die nächste Generation weitergeben. Im Unternehmen sorgt ein Manager für business- und entwicklungsfördernde Strukturen, Prozesse und Kulturen, aber er versucht auch, Führungskräfte und Menschen im Unternehmen direkt zu unterstützen, ohne sich aber in deren eigene Entwicklung einzumischen. Der Manager ist nun mehr in der Rolle des „Gebenden", des Förderers und Unterstützers als in der Rolle des „Nehmenden". Diese Rolle verlangt mehr Selbstlosigkeit und Authentizität. Nicht selten verfängt aber auch in dieser Phase das Streben nach Ruhm und Anerkennung.

In hierarchischen „Macherkulturen" ist heute eine solche Weiterentwicklung einer Führungskraft oft nur zum Teil möglich, da solche Systeme ganz auf die Ziele und Kultur der Unternehmensspitze ausgerichtet sind. Die Führungskräfte haben sich vollständig nach der Geschäftsleitung, respektive dem Top-Management zu richten und müssen versuchen, sie optimal zu unterstützen. Die Mitglieder der Geschäftsleitung und Top-Manager lenken so die meiste Aufmerksamkeit – und somit Energie – der Führungskräfte und Mitarbeitenden auf sich. Die Gefahr ist groß, dass das Top-Management sich damit überfordert und es an Weitsicht, langfristiger Ausrichtung, Förderung und Unterstützung fehlt. Ein Rollenwechsel und mehr Delegation wären notwendig.

4.5. Abschließende Gedanken zur Führungsentwicklung

Zum Schluss möchte ich festhalten, dass Führungs- und Managemententwicklung zu einer permanenten Lebens- und Entwicklungsaufgabe wird. Persönliche und berufliche Entwicklung sind eng miteinander verwoben.

Im Fokus dieses Modells steht der Mensch, der im Laufe seines Lebens an Kraft und Größe gewinnt. Dies geschieht, indem er sich immer mehr von belastenden Lebensthemen löst und in ihm steckendes Potenzial und Ressourcen weiterentwickelt. Im nachstehenden Modell wird dies mit einer immer größer werdenden Figur angedeutet (Abbildung Nr. 15). Solche Persönlichkeiten werden als stark empfunden und lernen ständig dazu – in allen Dimensionen des Lebens.

Führungspersonen, die äußerlich und innerlich wachsen, übernehmen mit der Zeit immer mehr Verantwortung. Die Wirkung nimmt nach außen hin kontinuierlich zu. Doch erst wenn der Mensch innerlich gereift ist, wissen wir Organisationen in guten und verantwortungsvollen Händen.

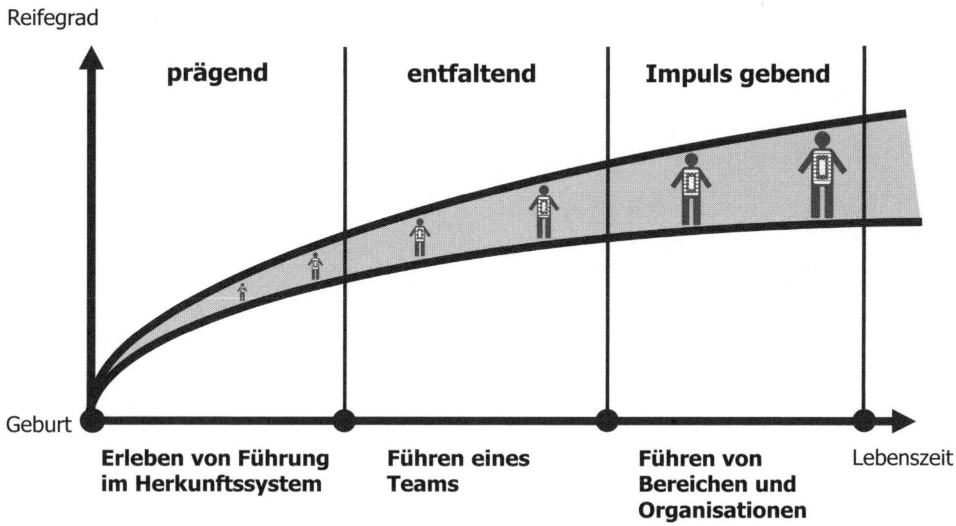

Abbildung 15: *Die äußere und innere Entwicklung des Menschen als Führungskraft*

Die Abbildung 15 hebt nochmals deutlich die drei unterschiedlichen Phasen des Entwicklungsmodells hervor. Die erste Phase steht für die Verwurzelung und Prägung der Führungskräfte, die zweite Phase für die persönliche Befreiung und Entwicklung. Das persönliche und fachliche Potential wird wesentlich erweitert und erstmals ausgeschöpft. Die Lebendigkeit und das Lebensbejahende nehmen zu. Die dritte Phase ist die initiierende und unterstützende, die befruchtende. Diese Aufgabe setzt persönliche Reife und viel Erfahrung voraus.

5. Die Berufung

In Kapitel 3 wurde über die Seele bereits die Behauptung aufgestellt, dass unsere Seele weiß, weshalb sie hier ist. Sie möchte im Leben frei sein für das Wesentliche, frei für ihre natürliche Bestimmung. Diese Aussage über den Menschen respektive seine Seele und seine Entwicklung ist essenziell und hat auch für Führungskräfte und Organisationen weitreichende Bedeutung. Im Kapitel über die Berufung möchte ich deshalb vertieft auf die folgenden zentralen Fragen eingehen:

- Sind wir in der Auswahl von Lebensaufgaben und somit in der Gestaltung unseres Lebens völlig frei? Oder sind diese Aufgaben auf der seelisch-spirituellen Ebene ein Stück weit vorgezeichnet, ja sogar vorbestimmt?
- Fokussieren sich Lebensaufgaben primär auf den beruflichen Bereich oder sind sie wesentlich breiter zu verstehen?
- Ist es denkbar und spürbar, dass wir auf unserem Weg der Berufung spirituelle Unterstützung erfahren? Wie zeigt sich diese im Arbeits- und Lebensalltag?

Bei der Suche nach Antworten stößt man rasch auf James Hillmann, Psychologe und Biografieforscher. Er zeigt auf, dass die Menschheit immer wieder versucht hat, das Wesen der Seele zu verstehen. Einfache und klare Antworten gibt es nicht, so sehr wir dies uns vielleicht wünschen. Auch ich kann in diesem Kapitel nur Erkenntnisse anbieten, die ich bei anderen Autoren wiederholt gefunden habe und die mit meinen eigenen Erfahrungen übereinstimmen oder zumindest aus meiner Sicht stimmig scheinen.

Glauben wir den alten Philosophen und den Mystikern, so beginnt unser Leben bereits weit vor der Geburt. Es wird sowohl spirituell als auch von unseren Ahnen mitgeprägt. Gemäß der Vorstellung von Platon bekommt die Seele jedes Menschen, bevor sie das Licht der Welt erblickt, eine individuelle Berufung und einen einzigartigen „Daimon" als Begleiter. Die Seele wählt ein Bild oder Muster aus, nach welchem sie auf der Erde leben möchte, und der Daimon, dieser Seelengefährte, führt uns im Leben. Wir wählen den Körper, die Eltern, den Ort und die Lebensumstände aus, die sich für die Seele und ihre Berufung am besten eignen. Bei der Geburt vergessen wir jedoch leider wieder alles. Den Begleiter oder Seelengefährten bezeichneten die Griechen als ihren Daimon, die Römer als Genius und die Christen als Schutzengel. Viele Kulturen betrachten die Berufung und Seele als Kern des Charakters oder des Menschen (Hillmann 1998: 21). Unsere gegenwärtige, naturwissenschaftlich geprägte Psychologie und Psychiatrie beginnt, sich hingegen für die seelisch-spirituelle Dimension des Menschen in ihren Konzepten und Lehrbüchern erst vorsichtig zu öffnen, selbst wenn einzelne Richtungen wie die humanistische Psychologie schon länger von einem umfassenden Menschenbild ausgehen.

Mit seiner sogenannten Eicheltheorie vertritt Hillmann die Auffassung, dass jeder Mensch eine Einzigartigkeit in sich trägt, die gelebt werden will und die bereits vorhanden ist, bevor sie gelebt werden kann. Früher oder später scheint uns im Verlaufe des Lebens irgendetwas zu einem bestimmten Weg zu rufen: „Das ist es, was ich tun muss." Aus diesem Ruf wird im Idealfall die Berufung im Leben. Jeder Mensch hat ein individuelles Seelenbild, das einmalig ist. Das Gefühl der persönlichen Berufung, die uns einen Grund dafür gibt, warum wir lebendig sind, ist gemäß Hillmann (1998: 16) in vielen Menschen verlorengegangen und muss zurückgewonnen werden. Als Biografieforscher zeigt er zahlreiche Beispiele von berühmten Persönlichkeiten auf, bei denen sich der Wink des Schicksals oder die Lebensvision bereits in der Kindheit gezeigt hat. Wie bereits die Griechen kommt Hillmann zu dem Schluss, dass der Ruf als zentrale Tatsache des menschlichen Daseins anzuerkennen und das Leben darauf hin auszurichten sei.

Bleiben wir zuerst bei der grundlegenden Frage, was eine Lebensaufgabe sein kann und wie sie erkannt und aufgegriffen werden könnte. Die Frage nach der Lebensaufgabe ist eine Frage, die im heutigen Management eigentlich nie gestellt wird. Der Erfolgsdruck ist oft so groß, dass kurzfristige, berufliche Ziele das Leben dominieren. Ja, manchmal besteht das Ziel auch einfach im Sichern der eigenen Position, was angesichts der Unsicherheiten und Machtdynamiken in Unternehmen bereits eine große Herausforderung sein kann. Was sind das jedoch für Konzerne, in denen selbst Top-Manager nicht mehr über ein halbes Jahr hinaus denken und handeln?

Die Frage nach persönlichen Visionen ist bei Führungskräften und Managern aufzugreifen: Was führt zur Überzeugung und Kraft, in einem multinationalen Konzern als Top-Manager täglich Führung zu übernehmen? Was war die ursprüngliche Gründervision eines Gewerbetreibenden, der sein eigenes Geschäft aufbaute, und welche Bedeutung hat sie für ihn heute noch nach zwanzig Jahren? Oder was „beseelt" die Arbeit eines Beraters, Anwalts oder Therapeuten? Gerade auch in erfolgreichen Managementkarrieren stellt sich die Frage, ob die innere Berufung gegenwärtig noch verfolgt wird und ob Akzente oder Schwerpunkte neu zu setzen wären.

Bei der Frage nach Lebensaufgaben fokussieren wir uns heute in der westlichen Gesellschaft zu einseitig auf den Beruf. Auch Hillmann erwähnt erst am Schluss seines Buches, dass nebst dem Beruf auch andere Lebensaufgaben zu berücksichtigen wären. „Es müsste eine neue Idee von der Berufung insgesamt geben, in der das Leben das Werk ist" (Hillmann 1998: 335). Dank des Modells zur menschlichen Entwicklung in Organisationen ist einsichtig, dass auch in den anderen Systemebenen Lebensaufgaben bestehen, die für die eigene Entwicklung und als Beitrag an die Gesellschaft eine sehr hohe Bedeutung haben können. Die Sorge für die Kinder und ihre tägliche – emotionale wie seelische – Begleitung sind ein wertvoller Beitrag für ihre positive Entwicklung und stärken auch spätere Generationen. Diesbezüglich kommen mir zahlreiche Entscheidungsaufstellungen in den Sinn, in denen den beruflichen Zielen und deren Verwirklichungen zu viel Gewicht beigemessen wurde und dabei Partnerschaft und Familie übersehen wurden. So geht es dann beispielsweise überraschenderweise nicht um den Aufbau einer neuen Filiale oder die Gründung einer neuen, größeren Beratungsfirma, sondern um mehr Zeit für die Kinder. Ein anderer Lebensauftrag aus dem familiären Gegenwartssystem kann auch das intensivere Leben einer erfüllten Partnerschaft sein. Dies kann – je nach Hintergründen – manchmal auch erst über eine zweite oder dritte Beziehung erreicht werden.

Fragen wir nach den Lebensaufgaben im Ahnenbereich oder im Bereich der Spiritualität, so verlassen wir den rationalen Boden noch mehr. Durch meine Beratungstätigkeit und die vielen Aufstellungserfahrungen habe ich den Eindruck, dass zumindest für einzelne Menschen das Lösen von generationenübergreifenden Themen im Ahnensystem eine wichtige Lebensaufgabe ist. Natürlich tun sie dies primär für sich, für ihren dadurch befreiten Lebensweg. Und doch scheint es auch für die Ahnen in einer energetischen, spirituellen Dimension eine gute Wirkung zu haben. Zum Lösen brauchen diese Menschen oft viel Arbeit und viele Schritte. Eine einzelne Aufstellung reicht, wie dies in den Anfängen der Aufstellungsarbeit geglaubt wurde, nicht aus. Es bedarf hierzu eines längeren Therapie- und Lösungsprozesses. Als Berater ist es berührend zu erleben, wenn existenzielle Themen wie Armut, Gewalt, Täter- und Opferdynamiken, Beziehungslosigkeit oder Missbrauch, die über Generationen Familien belastet haben, weitgehend gelöst werden und zur Ruhe kommen können. So ist es beispielsweise plötzlich nicht mehr notwendig, wie die Großmutter und die Mutter zugunsten des Berufs auf eine erfüllende Partnerschaft zu verzichten. Der Weg wird frei, erst recht für die nachfolgenden Generationen. Kraft kann von Generation zu Generation wieder zu fließen beginnen.

Bei den spirituellen Lebensaufträgen geht es aus meiner Erfahrung in einer ersten Phase oft um ein Sich-Öffnen und Vertrauen in die uns umgebenden und uns unterstützenden, spirituellen Kräfte. Später kommt das Entwickeln von ganz spezifischen Fähigkeiten und Begabungen dazu. So spürt jemand, dass in der Arbeit immer mehr rituelle Ausdrucksformen Platz finden müssen, dass bei der Erziehung von Kindern dem Umgang mit der Seele mehr Raum gegeben werden muss, dass in der therapeutischen Arbeit die eigene, mediale Begabung zu fördern und integrieren ist oder dass in der Managementposition eine besondere Fähigkeit und Aufgabe darin besteht, verschiedenste Interessengruppen zu gemeinsamen, neuen und innovativen Projekten zusammenzuführen.

Lebensaufträge und Lebensvisionen haben eine große Kraft. Sie machen es notwendig, dass wir Antworten auf für uns zentrale Lebensfragen finden oder unternehmerische Ideen respektive innovative Projekte realisieren. Wir alle können in unserem Leben Wichtiges und Wertvolles erreichen und bewegen. Wenn ein Top-Manager im Coaching plötzlich davon träumt, auszusteigen und ein kleines Restaurant zu führen oder sich auf eine sichere Stelle zurückzuziehen, hat dieser Traum erfahrungsgemäß keine Kraft. Stellt man seine berufliche Vision auf, so wirken solche Optionen lächerlich. Die Stellvertreter von derartigen Visionen ärgern sich über solche Ideen und fordern Manager unmissverständlich auf, sich auf ihren Weg zu machen. Unsere Visionen respektive unser Leben erwarten eindeutig mehr von uns.

Wir sind hier, um Einzigartiges, Bedeutendes zu schaffen, um gesellschaftlich Sinnvolles zu bewegen, und wer über die nötigen Ressourcen und Talente verfügt, kann dies auch tun.

Umgekehrt dürfen Lebensaufträge aber auch nicht abgehoben, weltfremd und unrealisierbar sein. Solche Visionen beinhalten zwar eine Kraft und Ausrichtung, die wertvoll ist. Sie ist jedoch oft von anderen, unbewussten und belastenden Themen überlagert. So werden beispielsweise in einer überlagerten Vision auch der Schmerz und die Wut gegenüber dem Vater erkennbar, den man erst als erwachsene Frau kennenlernen konnte und der sich keinen Kontakt wünscht. Oder über die Vision zeigt sich das besondere Schicksal eines Onkels, der im Krieg das Leben verlor. Das Verfolgen solcher Visionen wird in unserer Gesellschaft oft als utopisch und lächerlich betrachtet. Ich bin mit dieser Wertung zurückhaltender. Wenn jemand dem Sog einer solchen „verklärten" Vision folgt, kann dies für ihn zu einem wertvollen, heilsamen Prozess führen. Und im Kern der Vision bleibt oft ein bedeutender Teil für den weiteren Lebensweg. Ich werde diesen Aspekt in Kapitel 9 vertiefen.

Aus einem systemischen Verständnis ist die Frage, wie die einzelnen Lebensaufgaben aus den verschiedenen, menschlichen Systemebenen miteinander verbunden sind, besonders interessant. Oft scheinen sich gegenseitig unterstützende Beziehungen zu bestehen. So müssen berufliche Visionen von familiären Schicksalen befreit werden, damit sie ihre effektive Kraft und Ausrichtung zeigen können, oder die Entwicklung von feinfühligen, energetischen Fähigkeiten setzt zunächst eine spirituelle Entwicklung voraus, um in beruflichen Tätigkeiten nutzbar zu werden. Meine ersten Erfahrungen zeigen hier, dass das Annehmen der Lebensaufträge im Ahnensystem – der Weg über die Vorfahren – überraschend wichtig ist. Gerade bei familiären und beruflichen Visionen zeigt die Ausrichtung nach vorne, in die Zukunft. Der Weg zurück über die Ahnen scheint keinen Sinn zu machen. Aber nicht nur zum Lösen von Identifizierungen oder schlimmen Ereignissen sind die Ahnen für unsere Kraft und unseren Weg ganz wichtig. Sie helfen uns auch, unseren familiären und organisationalen Auftrag zu erkennen und ihn zu realisieren.

Aufgrund seiner Biografieforschung und seiner Beobachtungen betont Hillmann (1998: 297), dass Personen, die als Politiker, Künstler oder Musiker beruflich hochstehende Visionen verfolgen, parallel dazu das ganz normale „Leben zu leben" haben. Das Bestehen im „normalen Leben", das Leben von Beziehungen und die Freude am Alltag erden und geben Halt. Sie ermöglichen persönliches Lernen und stärken das Umsetzen und Realisieren der Visionen. Wenn Manager, Experten oder Forscher sich an sehr innovativen, gesellschaftlich noch nicht anerkannten Visionen ausrichten, haben sie parallel dazu auch gut für sich und ihre Einbindung im Lebensalltag zu sorgen. Wer zu sehr in beruflichen oder künstlerischen Sphären schwelgt, also zu einseitige Lebensaufträge verfolgt, läuft Gefahr, dass einen die anderen alltagsbezogenen Lebensthemen im Leben einholen.

Da die Balance der verschiedenen Lebensaufgaben für Managementpersonen eine große Herausforderung darstellt, ist es nicht verwunderlich, dass zurzeit viele Weiterbildungen zu den Themen Zeitmanagement, Umgang mit Stress oder Work-Life-Balance angeboten werden. Bei vielen Ausschreibungen entsteht jedoch der Eindruck, dass sie versuchen, an die Erlebniswelt des Managers anzuschließen, inhaltlich jedoch sehr oberflächlich bleiben und die tiefer gehende Reflexion und Auseinandersetzung mit dem eigenen Leben meiden. Im Finden der Work-Life-Balance geht es um viel mehr als das Vermeiden von Stress, das Aufdecken der „täglichen Zeitdiebe", das Erlernen von Entspannungstechniken und eine gesunde Ernährung. So werden selbst „Tipps für Powersnacks zur Steigerung der Leistungsfähigkeit durch leistungsoptimale Ernährung" versprochen. In der Work-Life-Balance geht es im Kern um das Erkennen und Ernstnehmen der eigenen vielfältigen Lebensaufgaben sowie deren notwendigen Gewichtung. Hinzu kommt das Entdecken, dass zwischen den verschiedenen Lebensaufgaben wichtige Verknüpfungen bestehen. Oft sind nicht „Entweder-oder"-, sondern „Sowohl-als-auch"-Entscheidungen zu treffen. Arbeit ist ein wichtiger Teil des eigenen Lebens, aber nur ein Teil.

Beim Konzept von Lebensaufgaben stellt sich diese Frage, wie präzise und vorbestimmt solche Aufgaben zu verstehen sind. Eine Lebensaufgabe ist vielmehr als Grobplan oder als Vision zu begreifen, welche unsere Seele im Leben erfüllen möchte. Eine Lebensaufgabe ist jedoch kein klares Lebensziel, denn nicht jeder einzelne Aspekt im Leben ist in einem göttlichen oder universellen Plan vorgezeichnet. Wir verfügen alle über viel individuellen Handlungs- und Entscheidungsraum. Wir haben die Verantwortung für unser Leben zu übernehmen. Wenn ich somit die Idee von vorgeformten Lebensaufgaben vertrete, sind weder Vorstellungen von völliger Selbstverwirklichung noch deterministischen Lebenskonzepten sinnvoll.

Beim Erkennen der Lebensaufgaben ist ein analytischer Zugang nur bedingt möglich. Die verschiedenen Potentialerfassungs- und Assessment-Instrumente, die Ausgangspunkt der klassischen Management-Development-Prozesse darstellen, können dazu nur Hinweise geben. Das Erkennen ist mehr ein Akt des Reflektierens und der Intuition, des Hinhörens, was uns im Leben ruft. Nur auf einer emotionalen und seelischen Ebene können wir verstehen, weshalb einzelne Lebensepisoden rational gesehen zwar gar nicht so wichtig sind, uns jedoch zuinnerst aufwühlen, vielleicht begeistern und somit ein hohes Gewicht haben. Über die Intuition respektive den „Bauch" und über Formen der Meditation können oft wesentliche Zusammenhänge oder Elemente erkannt werden. Wir sind mit unserer Seele, ihrer Bewegung und einer im Entstehen begriffenen Zukunft im Kontakt. Die Vernunft oder unser innerer Anspruch nach (Natur-)Wissenschaftlichkeit hindert uns eher am Erkennen. In einer ersten Phase geht es vielmehr um das Loslassen von Zielen und Vorstellungen. Es geht um das Sich-Öffnen, Sich-Spüren und Erspüren. Auf das Erkennen von beruflichen Visionen werde ich in Kapitel 9 ausführlich eingehen.

Selbst wenn wir uns der eigenen Lebensaufgaben weitgehend bewusst sind, besteht die Gefahr, dass wir diese nicht verfolgen, sondern jene von Lebenspartnern, von

Vätern und Müttern oder von Vorgesetzten übernehmen. Wir werden so zum Abbild der Berufung des Vaters, des Partners oder des Vorgesetzten und unsere wirklichen Aufgaben bleiben verborgen. Unsere Seele möchte jedoch nicht den Lebensweg anderer gehen. Dies kann langfristig nicht gleichzeitig funktionieren. Gerade Eltern weichen gerne den eigenen Aufgaben aus und glauben zur persönlichen Entlastung, dass ihr Kind etwas ganz Besonderes sei. Sie erachten ihre Fürsorge als Berufung und versuchen, ihr Kind besonders zu fördern (Hillmann 1998: 118). Der kleine Sohn wird dazu getrimmt, Mathematiker, Tennisspieler oder Fußballer zu werden. Tausend manipulierende Väter oder Mütter vermögen jedoch kaum, den erträumten Star hervorzubringen, wenn dies nicht Teil der Lebensaufgabe des Kindes ist. Interessanterweise können wir solche Übertragungsphänomene auch in Managementkreisen beobachten. Der gestandene Manager fördert den jungen „Top Shot", die talentierte Nachwuchshoffnung, wie ein Vater seinen Sohn oder seine Tochter. Kurzfristig hat dies für die Nachwuchstalente viele Vorteile, langfristig schränkt es sie aber ein, wenn sie zu sehr den Vorstellungen ihres Förderers zu entsprechen haben. Konflikte sind dann vorprogrammiert.

Lebensaufgaben müssen nach Möglichkeit schon früh erkannt und verfolgt werden. Eltern, die Kinder nicht in ihre oder gesellschaftlich vorgegebene Lebenswege pressen, sondern versuchen, die Berufung ihrer Kinder ansatzweise zu erkennen, können diese auf ihrem Lebensweg gezielt unterstützen. Vermutlich ist dies sogar eine zentrale Erziehungsaufgabe. Als Eltern, aber auch als Vorgesetzter, kann man manchmal eine Ahnung bekommen oder ein inneres Bild in sich tragen über die mögliche Zukunft des Kindes oder des Mitarbeitenden. Sowohl bei der Förderung des Kindes als auch bei der späteren Berufswahl ist es wichtig, dass diese möglichst in Übereinstimmung mit dem Lebensauftrag des Jugendlichen, das heißt im Einklang mit seiner Seele, getroffen werden. Werden solche Entscheidungen von unbewussten Verstrickungen mit Ahnen oder nicht reflektierten Berufserwartungen der Eltern überlagert, wird der Lebensweg über – vielleicht wichtige, aber zu meisternde – Umwege führen. Aber auch beim Fördern von Mitarbeitenden sollten Vorgesetzte genau hinsehen, was der innere Auftrag des Mitarbeitenden sein und wie er sich in der aktuellen Arbeit weiter entfalten könnte. Die Entwicklung von Mitarbeitenden und Führungskräften darf sich nicht nur an Stellenprofilen und legitimierten Karrierewegen orientieren, sondern die Individualität und Einzigartigkeit von Menschen muss erkannt werden (siehe Kapitel 10).

Ich möchte noch zwei Aspekte aufgreifen, die für einen rationalen und aufgeklärten Menschen am schwierigsten nachzuvollziehen sind: der begrenzte Möglichkeitsraum und die spirituelle Führung. Macht die Vorstellung von Lebensaufgaben Sinn, so sind wir in der Gestaltung des Lebens nicht mehr absolut frei. Unsere Lebensaufgaben scheinen bei der Geburt in unsere Seelen wie „eingestanzt" zu werden. Mit der Geburt werden wir in ein familiäres Herkunftssystem und in ein spirituelles System hineingeboren, die unseren Lebensweg von Anfang an beeinflussen. Wir können nicht mehr jeden beliebigen Lebensweg wählen und gehen. Wir können dies zwar tun, riskieren aber, uns von unserer Seele und vom Lebensstrom abzuschneiden. Die Abbildung des Möglichkeitsraums stellt dies dar (Abbildung Nr. 16).

Abbildung 16: *Der Möglichkeitsraum*

Innerhalb meines Möglichkeitsraumes bin ich frei und verfüge über zahlreiche Entscheidungsoptionen. Hier bin ich mit der inneren Bewegung meiner Seele verbunden. Ich spüre diese Energie. Ich weiß innerlich, dass ich mich auf meinem Lebensweg befinde, und sehe große Chancen, für mich Neues auszuprobieren und innovative Ideen zu realisieren.

Dem Preis für die eingeschränkten Möglichkeiten steht ein hoher Gewinn gegenüber. Ich realisiere, dass ich beim Verwirklichen der Lebensaufgaben nicht alleine bin. Ich erfahre viel Unterstützung. Wer einen persönlichen Zugang hat oder entwickeln kann, wird eine spirituelle Kraft spüren, die alles durchdringt und unterstützend wirkt. Im Alltag zeigt sich dies beispielsweise in den vielen kleinen Hinweisen, unerwarteten Chancen und inspirierenden Begegnungen. Diese Kraft steht jedem Menschen zur Verfügung. Sie ist uns immer wohlgesonnen und bleibt während des Lebens bei uns, selbst wenn wir sie nicht spüren oder beachten (Beaumont 2008: 122). Die spirituelle Kraft hilft uns, unsere Lebensaufgabe auszuüben. In diesem Sinne kann sie uns im Positiven auch herausfordern und persönliche Entwicklungsschritte initiieren, ja auch einfordern, wenn wir Lebenswege verlassen oder passiv in Sackgassen verweilen.

Das Ausrichten auf die eigenen Lebensaufgaben und das Sorgen für die persönliche Seele bekommen somit im Leben eine hohe Bedeutung. Dieser Kerngedanke ist sowohl Teil des Modells zur menschlichen Entwicklung, als auch Teil des integrierten

Modells zur Führungs- und Managemententwicklung. Vielleicht fordert er uns heraus, vielleicht inspiriert er uns dazu, Führung und Organisationen neu zu denken.

6. Das zukünftige Beratungsverständnis

In unseren rationalen, oft auch machtorientierten Organisations- und Managementwelten haben Führungskräfte wie Berater gelernt, sich primär auf die Rationalität zu berufen und sich ganz auf Organisationsdynamiken zu fokussieren. In Beratungs- und HRM-Kreisen bin ich immer wieder überrascht, wie viele Berater sich ausdrücklich als „Nicht-Therapeuten“ bezeichnen und hervorheben, dass sich ihre Arbeit ausschließlich auf die Organisationsebene beziehe. Mit dieser Positionierung vermitteln sie dem Manager Sicherheit und versuchen, eine hohe Anschlussfähigkeit zu ihrer Arbeitswelt herzustellen. Als Berater werden sie jedoch in vielen Fällen mit engen Grenzen des Lernens und der Interventionsmöglichkeiten konfrontiert. Grundlegende, wirksame Verhaltensänderungen sind so oft nicht möglich. In der Organisationsberatung sind Ansätze vonnöten, die sich nicht mehr alleine auf organisationale Dynamiken fokussieren, sondern auch die persönlichen Entwicklungsthemen von Managern und Mitarbeitenden aufzeigen und zur Entwicklung qualifizierte Unterstützung anbieten. Insbesondere sind Verbindungen zu familiären Herkunftsthemen oder zur seelisch-spirituellen Dimension zu erkennen, um zu nachhaltigen Verhaltensänderungen zu führen.

In den Kapiteln 7 und 8 werde ich anhand von vielen Führungs- und Managementbeispielen aufzeigen, wie ich im Beratungsalltag damit arbeite. Die Frage nach dem zukünftigen Beratungsverständnis möchte ich deshalb in diesem Kapitel bereits vorziehen. Als Leser können Sie somit meine Beratungsinterventionen in den Fallbeispielen leichter nachvollziehen und auf ihre Konsistenz hin überprüfen.

6.1. Organisationale und persönliche Entwicklungsthemen in die Beratung integrieren

In der Organisationsberatung wie im Coaching bilden die konkreten Ziele von Klienten den Ausgangspunkt jeder Beratung. Sie werden zwischen Auftraggeber, Klienten und Berater gemeinsam abgestimmt und definiert. Da organisationale und persönliche Entwicklung eng miteinander verknüpft sind, sind in Zukunft zu den Zielsetzungen auf organisationaler Ebene auch persönliche Entwicklungsziele zu definieren.

So fordern große Strategie- und Change-Prozesse alle Beteiligten heraus und verlangen von den meisten Akteuren auch persönliche Entwicklungsschritte. Wenn ein CEO beispielsweise seine Ängste, dass er als CEO nicht genügen könnte und die Neugestaltung des Konzerns nicht ausreicht, unreflektiert in einen Turnaround-Prozess einbringt, dann überrascht es nicht, dass permanente Abwertungen des bereits Erreichten, zu viel Hektik und zu hohes Tempo den Veränderungsprozess beeinträchtigen. So überzeugen ihn weder die strategischen Projekte, die neugestalteten Produkte, der erste finanzielle Erfolg noch das Management und Führungskader und entsprechend überrascht er immer wieder mit harten, rücksichtslosen Interventionen. Würde er sich jedoch selbstkritisch des eigenen Anteils am Veränderungsprozess bewusst, so könnte er sich mit sich selbst und seinen zu hohen Leistungsansprüchen versöhnen, seinem Management vertrauen und sich über die zahlreichen positiven Signale der Wandlung freuen.

Für die Beratung ist ein theoretisches Verständnis wichtig, das in Veränderungsprozessen sowohl die organisationale als auch die persönliche Ebene sowie deren vielseitige Wechselbeziehungen einschließt. Die Modelle in Kapitel 3 und 4 bieten dazu viele Begründungen an. Erachten wir persönliche Entwicklung in Organisationen als selbstverständlich, werden wir plötzlich auf die vielen Signale aufmerksam, die Führungskräfte zu ihrer anstehenden Entwicklung aussenden. Der Berater hat hier zusammen mit der betroffenen Führungsperson die Aufgabe, die Bedeutung von bislang zu wenig wahrgenommenen oder bisher gemiedenen persönlichen Anteilen zu erkennen, diese aufzugreifen und in die Beratung zu integrieren.

Die weit verbreitete Ansicht, dass persönliche Themen nur in therapeutischen Settings aufgearbeitet werden dürfen, kann ich aus meiner Erfahrung und meinen theoretischen Überlegungen heraus nicht teilen. Manager arbeiten heute oft zehn bis zwölf Stunden pro Tag im Unternehmen und kommen in ihrer Tätigkeit mit zahlreichen existenziellen Lebensfragen in Berührung, weshalb es – systemisch betrachtet – logisch ist, dass in analogen Situationen thematische Verbindungen zu eigenen Entwicklungsthemen entstehen können. Wenn persönliche Entwicklungsthemen sichtbar werden, sind sie aufzugreifen.

Selbst in noch so rationalen Fragen zur Strukturgestaltung, ob beispielsweise eine Linien- oder Matrixorganisation aufgebaut werden soll, können das überraschende Hin und Her und die Unschlüssigkeit eines Managers auffallen. Durch das gezielte Nachfragen des Beraters kann dann für beide Seiten plötzlich die bewegende Frage im Raum stehen, ob die Führungsperson selbst einen guten Platz im Führungssystem – ja im Leben überhaupt – hat. Aus der systemischen Familientherapie und Beratung ist bekannt, dass Führungskräfte, die in der Herkunftsfamilie keine gute Position hatten und dies therapeutisch nicht aufarbeiten konnten, in Organisationen unbewusst oft auch nach einer guten Position suchen. Wenn jetzt die Beratung ausschließlich auf der organisationalen Ebene bleibt, auf der sachlich die Vor- und Nachteile der beiden Strukturtypen abgewogen werden, würden wichtige Hintergrunddynamiken nicht beachtet und könnten auf organisationaler und persönlicher Ebene große Entwicklungschancen nicht ergriffen werden. Zentrale Elemente für eine qualitativ hochstehende organisationale Lösung würden fehlen. Entsprechend sind die persönlichen Fragen und Themen, die sich in diesem Beispiel im unschlüssigen Hin und Her zeigen, mit der Führungskraft offen anzusprechen.

Dabei ist zu beachten, dass gerade das Erkennen einer Verbindung zwischen Führungs- und Herkunftsfamiliensystem aus Sicht einer Führungsperson auch unerwartet, herausfordernd, ja schmerzhaft sein kann. Allein schon die Frage, ob die Führungsperson das Suchen nach einer guten Position im Organisationssystem bereits aus der Herkunftsfamilie kennt, kann beim Klienten Schmerz und Trauer auslösen und innerlich viel bewegen. Wenn ein altes, persönliches Thema im Organisationssystem erneut sichtbar wird, ist dies sorgfältig anzusprechen und zu lösen. Die Frage stellt sich nun, wie ein solcher Beratungsablauf zu gestalten wäre.

6.2. Die Gestaltung von Beratungsprozessen

Zur Gestaltung von Beratungsprozessen möchte ich nur auf ein paar zentrale Punkte eingehen, die sich aus einer gleichzeitigen Beratung auf organisationaler wie persönlicher Ebene ergeben. Für eine sorgfältige Einführung verweise ich auf die Spezialliteratur, zum Beispiel auf das Buch von Röckelein (2009). Die Persönlichkeitsbildung ist für ihn im Coaching ebenfalls ein zentrales Ziel. Zur systemischen Beratung schätze ich das Buch von Königswieser & Hillebrand (2004).

Eine Beratungssequenz, in der persönliche, lebensbedeutsame Themen angesprochen und bearbeitet werden, kann nur bedingt geplant werden. Sie verläuft vielmehr prozessorientiert und spontan. Für den Berater erfordert dies eine hohe Präsenz. Er ist aufmerksam für verbale und nonverbale Aussagen, für das vordergründig Gesagte und das möglicherweise Gemeinte, für die zum Ausdruck gebrachten Gefühle, das vom Berater Gespürte und Gefühlte und für das, was ganz aus dem Moment heraus passiert. Die hohe Präsenz des Beraters und seine innere Bereitschaft, wichtige Themen aufzugreifen, wenn sie sich für ihn zeigen, schaffen den notwendigen Erkenntnis- und Lösungsraum.

Zeigen sich in einer Beratungssequenz persönliche Entwicklungsthemen, stellt sich die Frage, wer effektiv einsteigen möchte, die Führungskraft oder der Berater. Gerade beim Einstieg können Führungskräfte zum Teil eine ambivalente Bereitschaft signalisieren. Einerseits realisieren sie, dass für sie wichtige, persönliche Entwicklungsthemen im Raum stehen, andererseits zeigen sie davor auch viel Angst. Mit sachlichen Hinweisen, Erklärungen und emotionale Unterstützung kann eine Führungskraft gestärkt und ermutigt werden, sich für persönliche Entwicklungsimpulse zu öffnen. Ist dies jedoch nicht möglich, ist dem Wunsch zuzustimmen, dass persönliche Fragestellungen nur andiskutiert, aber noch nicht aktiv angegangen werden sollen. Die Person braucht auf ihrem Entwicklungsweg noch Zeit, sie bestimmt den für sie stimmigen Zeitpunkt. Berater können sie durch die Stärkung ihrer Ressourcen und ihrer Sensibilität für positive Erfahrungen dabei unterstützen.

Aber nicht nur bei der Führungskraft, sondern auch beim Berater ist die Bereitschaft notwendig, sich auf einen anspruchsvollen, oft emotionalen und im Ausgang offenen

Prozess einzulassen. In Beratungsprozessen gibt es immer wieder überraschende Momente, in welchen starke Gefühle auftreten. Der Berater hat jetzt die Wahlmöglichkeit. Er kann solche Emotionen rasch abschwächen, sie rationalisieren oder sogar einfach ignorieren. Selbst etwas peinliche Situationen kann der Coach so rasch wieder in den Griff bekommen. Umgekehrt kann der Berater die überraschende Emotion und Tiefe im Beratungsprozess als wertvolle Wegmarkierung erkennen und ihr folgen. Nebst der Kompetenz des Beraters verlangt dies von ihm oft den Mut, sich ganz auf den Prozess des Klienten und die sich zeigenden Themen einzulassen und so zum echten und verbindlichen Change-Assistenten respektive „Geburtshelfer" zu werden. Folgen Berater und Klienten diesem Weg, zeigen sich bedeutende, persönliche Themen, die nachhaltig gelöst respektive geheilt werden können.

Zum Einstieg in den Beratungsprozess möchte ich noch auf zwei wichtige Aspekte hinweisen:

1. Beim Wechsel vom Organisations- in das Familiensystem ist darauf zu achten, dass immer ein direkter Bezug zu aktuellen Führungs- oder Unternehmensthemen besteht. Für die Führungskraft muss es einsichtig sein, dass beim organisationalen Thema familiäre Dynamiken hineinspielen. Solche Wechsel dürfen nicht einfach nur aufgrund eines Gefühls des Beraters oder aufgrund seines Interesses erfolgen, zudem brauchen sie auch ihre Zeit. Ein zu schneller Wechsel kann Irritationen und Widerstände hervorrufen. Sobald ein Manager jedoch die Verbindungen zwischen den Systemen selber spüren und entdecken kann, erkennt er den verdeckten Nutzen seiner aktuellen Probleme, welchen er jetzt durch deren Lösung realisieren kann. Das organisationale Problem oder Symptom macht plötzlich Sinn und verhilft zu einem persönlichen Entwicklungsschritt.

2. Wenn ich gleichzeitig auf der organisationalen und persönlichen Systemebene berate, stellt sich insbesondere in der Einzelberatung die Frage, wann ich jeweils mit welchem System schwerpunktmäßig arbeite. Zugunsten der Anschlussfähigkeit gibt es viele Argumente, zuerst die organisationalen Ziele zu bearbeiten. Aus Sicht der Beratungsperson ist jedoch diejenige Ebene zuerst zu berücksichtigen, in der sich mehr Emotionalität und damit mehr Energie zeigt. Hier kann für den Klienten in kürzester Zeit der größte Mehrwert erzielt werden. Dazu lasse ich mich jeweils vom spezifischen Anliegen des Managers in der jeweiligen Beratungssequenz führen. So ist es in Coachingprozessen möglich, dass wir schon in der ersten Beratungssequenz intensiv über persönliche Entwicklungsthemen sprechen, weil diese offensichtlich sind und der Klient schon selbst nach Lösungen sucht. Manchmal wird dies erst gegen Ende eines Coachings zum Schwerpunktthema.

Im Kern eines Beratungsprozesses geht es für mich immer um das gemeinsame Entdecken und Verstehen der ganz spezifischen, komplexen Dynamiken sowie deren inhaltliche und emotionale Lösung. Der Berater wie die Führungskraft greifen dazu auftauchende Impulse und Emotionen auf und begeben sich zusammen auf den Lösungsweg. Röckelein (2009: 130) weist treffend darauf hin, wie wichtig es für den Berater und die Führungskraft dabei ist, bei einem starken, intensiven Gefühl des Klienten zu bleiben und nicht aus dieser Situation wegzugleiten. In diesem Moment zeigen sich häufig zentrale Zusammenhänge, und konkrete Versöhnungs- und Lösungsprozesse werden möglich. Natürlich muss der Führungsperson immer die Wahl offenstehen, jederzeit aus dem emotionalen Lösungsprozess vorübergehend auszusteigen. Wichtige Erlebnisse werden reflektiert und für sich verarbeitet. Zugleich wird die Führungskraft gestärkt, indem Ressourcen mobilisiert werden, um direkt daran anschließend oder in einer späteren Sequenz weiterzugehen. Es kommt zu einem einzigartigen Wechselspiel zwischen dem emotionalen und kognitiven, zwischen dem inneren, seelischen und dem äußeren, verstandesmäßigen Prozess (vgl. Röckelein 2009: 124).

Zeigen sich in Beratungsprozessen schwierige, insbesondere stark emotionale Themen, so kann man als Berater auf die innere Lösungskraft von Organisationen und Personen vertrauen. Sie beide wünschen sich eine Entwicklung. Dies ist eine innere Haltung, die aus den lösungsorientierten Ansätzen bekannt ist (Mussmann & Zbinden 2003: 33).

Das Lösen der eigenen Themen ergibt für Organisationen wie Führungskräfte sofort einen mehrfachen Nutzen: das Reifen als Führungsperson, indem ein altes Thema, ein altes Gefühl oder eine alte Verletzung abgeschlossen werden kann, und eine bessere Qualität der organisationalen Lösung, da wichtige thematische Zusammenhänge erkannt wurden. Zudem können Führungskräfte dank ihrer Entwicklung die entscheidenden organisationalen Maßnahmen viel leichter umsetzen.

6.3. Wichtige Hinweise auf persönliche Entwicklungsthemen

Persönliche Entwicklungsthemen können in vielen organisationalen Dynamiken erkannt werden. Aus Sicht des Beraters gibt es ein paar besonders interessante Signale, die aus der Erfahrung vermuten lassen, dass persönliche Entwicklungsthemen in organisationale Dynamiken hineinspielen und somit die Leistung oder den Veränderungsprozess in einer Organisation beeinträchtigen. Begegnen wir als Berater diesen Hinweisen, so ist es wichtig, unsere Aufmerksamkeit auf sie auszurichten. Ein gleichzeitiges Arbeiten auf organisationaler wie persönlicher Ebene zeichnet sich ab.

6.3.1. Lebensmuster oder -blockaden werden selbst erkannt

Führungskräfte werden sich im Verlaufe ihrer Karriere oft selbst bewusst, dass nicht verarbeitete persönliche Themen ihre Leistungsentfaltung reduzieren. Sie melden sich zur Beratung an, um ihre Blockaden aufzubrechen und zu lösen. So kommt beispielsweise ein Manager mit der Erwartung in die Beratung, sich auf Beziehungen einlassen zu können, primär im organisationalen, aber auch im familiären System. Zugleich möchte er an der ungenügenden Konfliktfähigkeit, die ihm von der Konzernleitung vorgeworfen wird, arbeiten.

Gerade Menschen in Managementpositionen haben häufig verschiedene Potentialanalysen und Assessment-Prozesse durchlaufen. Sie sind dadurch für eigene Entwicklungsthemen sensibilisiert, ja manchmal schon damit konfrontiert. Oft haben sie jedoch keine effektiven Hinweise und keine überzeugende Unterstützung dazu erhalten, wie sie ihre existenziellen Probleme angehen und lösen könnten. So kann es manchmal viele Jahre dauern, bis sie es selbst wagen, Verantwortung für ihre eigene Entwicklung zu übernehmen, und erkennen, dass solche Blockaden tatsächlich gelöst werden können.

6.3.2. Systemische Wiederholungen im Organisationssystem

Wenn sich im Laufe von Führungskarrieren oder beruflichen Laufbahnen organisationale Themen deutlich wiederholen, so ist die Vermutung angebracht, dass es zusätzlich zur Arbeit an der Organisationsdynamik auch um persönliche Entwicklung geht.

Im Rahmen eines Vorgesprächs werde ich beispielsweise mit folgendem Fall konfrontiert: Einem IT-Manager fällt es sehr schwer zu akzeptieren, dass er im Rahmen einer großen Reorganisation mit seiner Spezialabteilung nicht mehr direkt dem bisherigen Konzernleitungsmitglied unterstellt ist. Den neuen Vorgesetzten auf der obersten Managementstufe kann er kaum respektieren. Im Vorgespräch zum Coaching verlangt der Vorgesetzte und Auftraggeber vor allem persönliche Loyalität und Akzeptanz der neuen Führungsstruktur. Selbstverständlich können solche Veränderungen auf organisationaler Ebene eine Herausforderung sein. Hellhörig werde ich jedoch, als der Leiter Management Development erklärt, dass bereits beim letzten Wechsel des Vorgesetzten große Probleme aufgetreten seien. Auf mein Nachfragen hin bestätigt der Manager, dass ihm das schon damals sehr schwer gefallen sei und er generell Mühe habe, sich unterzuordnen. Für den Manager wiederholt sich in der aktuellen Situation somit das organisationale Thema des als schwierig erlebten Wechsels des Vorgesetzten mit dem erneuten Sich-Unterordnen. Im Coachingprozess waren dann bereits in der ersten Beratungssequenz der schwierige Umgang mit Autorität und die schlechte Vaterbeziehung ein zentrales Thema.

Fallen mir systemische Wiederholungen in Beratungsprozessen auf, so spreche ich die Beteiligten offen darauf an. Ich äußere auch meine Hypothese, dass diese oft auch auf andere Lebenserfahrungen zurückgehen, und gebe erste möglicher Hinweise dazu, was mögliche Zusammenhänge sein könnten.

6.3.3. Der Situation nicht angemessene Gefühle

Wenn Manager oder Mitarbeitende in Organisationen intensive Gefühle zeigen, die der eigentlichen Situation nicht angemessen sind, das heißt übertrieben erscheinen, so ist die Vermutung berechtigt, dass hier übernommene Gefühle und persönliche Verstrickungen mit Vorfahren im Spiel sind (Weber 2000: 71). Eine riesige Wut oder übergroße Trauer kann beispielsweise nicht allein mit dem gescheiterten Projekt oder der nicht erfolgten Beförderung erklärt werden.

Wer sich in einem solchen Fall als Klient traut, seine Gefühle, vor allem auch die unangenehmen, genau anzuschauen, kann erkennen, welcher Anteil eigene Gefühle und welcher Anteil fremde Gefühle sind. Indem übernommene Wut oder Trauer aus dem Herkunftssystem an die betreffende Person zurückgegeben wird, findet eine wichtige Trennung und Entlastung im Organisationssystem statt.

Neben Gefühlen, die in der Situation nicht adäquat sind, können auch Gefühle, die wir nicht verstehen können, auf fremde Gefühle hinweisen. So sind beispielsweise unerklärliche Ängste oft übernommene Gefühle. Denn mit den eigenen Gefühlen sind wir meistens im Einklang, wir kennen und verstehen sie und es fällt uns leicht, ihre Ursache zu erklären (Blaser 2008: 22).

6.3.4. Die Krise

Für Willi (2007: 221) ist es fast ein Lebensgesetz: Was wir im Leben vermeiden, hintenanstellen und verleugnen, holt uns früher oder später wieder ein. Der Umsatzeinbruch, der offene Konflikt am Arbeitsplatz oder die Entlassung sind meist Ausdruck einer vorangegangenen Vermeidung längst anstehender, persönlicher Entwicklungen. Der Manager ist bereits mehrfach über „Gelb“ gefahren und spielt innerlich noch immer mit dem Gedanken, es auch das nächste Mal nochmals zu schaffen.

Solche Krisen können aufrütteln und zur längst fälligen vertieften Auseinandersetzung mit der persönlichen Situation führen. Schwierig an Krisen ist, dass der „Deckel zur Entwicklung“ oft an vielen Orten und über lange Zeit nicht gelüftet wurde. Der Drang nach Entwicklung hat sich somit in vielen Bereichen angestaut. Zu den organisationalen Konflikten und Themen kommen oft noch private Beziehungskrisen dazu. Der Manager ist dadurch geschwächt, manchmal sogar tief verletzt. Die Krise verlangt von ihm jetzt viel innere Aufmerksamkeit und Kraft, um sich den zahlreichen

Herausforderungen zu stellen. Dabei ist sorgfältig darauf zu achten, dass der Druck zur Veränderung nicht zu groß wird und der Prozess von geeigneten therapeutischen Maßnahmen unterstützt wird. Das gleichzeitige Aufbauen der Ressourcen ist dabei zentral.

6.3.5. Die schwachen Wandlungssignale frühzeitig aufgreifen

Um solche Arbeits- und Lebenskrisen zu vermeiden, ist es wichtig, bereits frühzeitig schwache Entwicklungs- und Wandlungsimpulse zu erkennen, zu verstehen und in der Lebensgestaltung aufzunehmen. Gerade aus einem spirituellen Verständnis heraus kommt die Veränderung oft von innen. In einem Traum, in einer Meditation oder dank Hinweisen von Vorgesetzten oder Kollegen können wir auf anstehende, persönliche Entwicklungsschritte aufmerksam gemacht werden. Aber auch in vertrauensvollen Beziehungen – beruflich wie privat – werden wir offener für Kritik und Hinweise und können so Impulse frühzeitig aufgreifen. Besonders wichtige Hinweise liefert uns auch die Wahrnehmung von körperlichen Symptomen. Treten beispielsweise beim Delegieren Herzklopfen, Magenschmerzen oder Hautausschläge auf, so beinhalten diese Signale wichtige Veränderungsbotschaften. Sie lassen uns spüren, dass eine Veränderung nottut und liefern den Impuls für eine fortlaufende Entwicklung.

6.4. Der Organisationsberater mit therapeutischem und spirituellem Bezugsrahmen

Bei der zukünftigen Beratung von Führungskräften und Organisationen wird also das gleichzeitige Arbeiten in zwei oder mehreren Systemen eine immer größere Rolle spielen. Ein solches Beratungsverständnis setzt voraus, dass sich Berater und Coaches nicht nur für solche Zusammenhänge öffnen, sondern auch über ein entsprechendes Wissen in allen relevanten Systemen verfügen. Eine Professionalisierung über Zusatzausbildungen ist unumgänglich. Systemübergreifende Führungs- und Lebensthemen können so erkannt und begleitet werden.

Dieses Selbstverständnis als Berater entspricht in Analogie dazu demjenigen von Hunter Beaumont (1999: 9), einem klinischen Psychologen. In einem Interview meinte er: „Ich dehne die Grenzen der Psychotherapie so weit in eine spirituelle Richtung aus, wie ich kann, aber ich bleibe ein Psychotherapeut und versuche nicht, diese Grenze zu überschreiten.“ Im vergleichbaren Fall heißt dies, dass die Organisationsberatung die Kernkompetenz des Beraters bleibt, er sich jedoch für Dynamiken aus dem familiären und dem seelisch-spirituellen Systemen interessiert, sich darin weiterbildet und diese in seine zukünftige Beratung mit einbeziehen kann. Der zukünftige Organisationsberater hat auch auf die Seele des Klienten und der Menschen in

Organisationen zu achten und kann persönliche, familiäre Verstrickungen erkennen und diese zumindest ansatzweise lösen.

Meine eigene Erfahrung zeigt, dass es für viele Psychiater und Psychologen eine Selbstverständlichkeit darstellt, ihre Klienten auch in organisationalen Fragestellungen zu beraten. Falls hier ein qualifiziertes Zusatzwissen und eine gewisse Organisationserfahrung bestehen, entsteht für Klienten in vielen Fragen ein großer Mehrwert. Aus Sicht des Klienten macht es deshalb nur bei spezifischen Themenstellungen Sinn, noch zusätzlich einen Organisationsberater hinzuzuziehen.

Mit dem Aufgreifen der persönlichen Themen in Organisationen wird die zukünftige Organisationsberatung an Wirksamkeit und Qualität gewinnen. Gerade in der Gestaltung der „weichen Faktoren" wie Kultur, Führung, Change, Teamentwicklung etc. kann nicht nur die organisationale Ebene beachtet werden, sondern es können auch die vielen persönlichen Dimensionen erkannt und mit einbezogen werden.

In Beratungsprozessen hat der Organisationsberater aber auch die Grenzen seiner Unterstützungsmöglichkeiten zu kennen. Wenn in einem Coaching zentrale, ungelöste und akute Lebensprobleme sichtbar werden, ist eine therapeutische Begleitung äußerst wichtig. Auch ein ganzheitliches Coaching kann eine Psychotherapie nicht ersetzen, es greift zu kurz. Dabei ist es aber auch gut zu wissen, dass die intensive Arbeit in den Familiensystemen zumindest mittel- und langfristig eine gute und stärkende Wirkung auf die Führung haben wird.

In der zukünftigen Organisationsberatung wird es wichtig sein, Instrumente und Vorgehensweisen einzusetzen, die sowohl das Erkennen und Verstehen von systemübergreifenden Dynamiken wie auch die Tiefe und das emotionale Lösen ermöglichen. Viele bekannte, klassische und systemische Beratungsmethoden wie Interviews und Befragungen verhelfen dazu, relevante Systemdynamiken und Zusammenhänge zu erkunden und über den Verstand nachzuvollziehen. Zusätzlich müssen Methoden und Instrumente eingesetzt werden, welche nicht nur unser Denken, sondern auch unsere Herzen und unsere Seelen öffnen und ansprechen, um schwierige Dynamiken zu verarbeiten. Gerade das Zulassen und Arbeiten mit Emotionen sind in Beratungsprozessen für seelische Prozesse ganz entscheidend.

Um an die zentralen, oft tiefgreifenden Dynamiken heranzukommen, arbeite ich persönlich nach Möglichkeit mit der Bildersprache, konkret mit verschiedensten Visualisierungs- oder Aufstellungsformen oder mit Metaphern. Unser Unbewusstes und unsere Seele arbeiten mit Bildern. Komplexe Probleme lassen sich in der Bildsprache besser als in Worten zum Ausdruck bringen (Mussmann & Zbinden 2003: 88).

6.5. Persönliche Dynamik in der Arbeit mit Teams

Während sich die bisherigen Ausführungen primär auf die Anwendung in der Einzelberatung bezogen, möchte ich zum Abschluss des Kapitels auf eine Umsetzung in Veränderungsprozessen eingehen. Beim Arbeiten mit Teams und Abteilungen ist es im Rahmen des heutigen Organisationsverständnisses nur schwer möglich, persönliche Anteile an Führungs- und Organisationsdynamiken anzusprechen. Lernen ist meist nur auf der organisationalen Ebene erlaubt. Diese Grenzen sind gerade in Profitorganisationen und in der Arbeit mit hierarchisch hoch positionierten Managementteams noch klarer einzuhalten.

Das ist nach meiner Erfahrung und meinem Verständnis äußerst schade, da dadurch viele Entwicklungschancen verpasst werden. Gelingt es in einem Change-Prozess, auch ein Konzernleitungsmitglied oder einen Manager auf sein sichtbar gewordenes Entwicklungsthema anzusprechen, so wird dies von den Betroffenen selbst meist als große Chance gewertet. Sie schätzen es, wenn sich jemand traut, sie wertschätzend auf ihre eigene notwendige Entwicklung aufmerksam zu machen. Dieses persönliche „Herausfordern“ fehlt heute in vielen Konzernen. Mit dem Einbezug der persönlichen Ebene wird zudem der organisationale Wandel massiv beschleunigt, da damit die Führung gestärkt wird oder zentrale Konflikte oder Hindernisse gelöst werden können.

Als vorbildhaftes Beispiel möchte ich eine Beratungserfahrung in einem Dienstleistungsbetrieb aufgreifen. Der Manager eines sich im Aufbau befindenden Bereichs holte mich dazu, um eine Aussprache mit dem Gesamtteam zu moderieren. Bereits beim Klären der Ziele mit allen Beteiligten zeigte sich, dass in einem der Teams ein massiver Konflikt vorlag und dringend zu lösen war. Ich schlug vor, dies in einem kleinen Kreis möglichst rasch zu tun. In einem halbtägigen Workshop mit den direkt Betroffenen zeigte sich dann der Kern des Konflikts immer deutlicher. Da ein bislang kleines Spezialteam weiter ausgebaut werden sollte, entschied sich der Top-Manager, von außen neu eine Teamleiterin zu verpflichten. Dieser Entscheid wurde von der bisherigen, informellen Leiterin als Affront, als ein „Schlag ins Gesicht“ erlebt. Anhand einer Postkarte konnte sie im Workshop gut illustrieren, dass dies bei ihr als Botschaft „Ich bin nicht gut genug“ angekommen war. Auf mein Nachfragen hin erklärte sie, dass sie dieses Gefühl und die dazugehörende Botschaft bereits sehr gut von früher kenne. Die Mutter habe ihr dies oft kommuniziert. Diese hohe Selbstreflexion und Ehrlichkeit erlaubten es ihr im akuten Konflikt, die aufgetretenen Gefühle zu trennen. Die Botschaft und ihr Gefühl, sie sei nicht gut genug, gehörten viel mehr zur Mutter als zum Vorgesetzten. Dieser konnte ihr während des Workshops viel Wertschätzung zeigen und im Einzelnen darlegen, wie zufrieden er mit ihr als Person und ihrer Leistung sei. Er bezweifelte einzig ihre organisatorischen Fähigkeiten, um in Zukunft ein deutlich vergrößertes Team zu leiten. In diesem Zusammenhang konnte die Mitarbeiterin diesen Entscheid auch akzeptieren. Zudem zog die große Offenheit der Mitarbeiterin auch die Offenheit des Managers nach sich. Er konnte eingestehen, dass er zu harmoniebedürftig sei und ihm das Kommunizieren von unangenehmen Führungsentscheiden oder Nachrichten sehr schwer falle. Er gab zu, dass er in diesem Fall große Fehler gemacht habe. Für sich erkannte er, dass er in Zukunft viel offener, direkter und ehrlicher zu kommunizieren und führen hatte.

Mit diesem persönlichen Lernen auf beiden Seiten war der Grundstein gelegt, dass der Konflikt, der das ganze Spezialteam, ja den ganzen Bereich belastet hatte, recht schnell beigelegt wurde und die neue Teamleiterin ihre Führungsrolle einnehmen konnte. Für den professionellen Aufbau des Zentrums war dies entscheidend.

Nicht mit jedem Team und in jeder Unternehmerkultur kann so offen und direkt gearbeitet werden. Um wichtige, persönliche Entwicklungsschritte trotzdem zu ermöglichen, versuche ich ergänzend zu den kollektiven Gefäßen des Changeprozesses, also den verschiedenen Workshop-Formaten, immer mehr auch individuelle Beratungsräume zu schaffen. Am einfachsten ist dies für die Führung möglich. So gibt es in bewusst länger terminierten Vor- und Nachbereitungsmeetings den Raum, bei Bedarf auch die individuelle Entwicklung der Führungsperson anzusprechen. Oder ich unterstütze im Changeprozess vorübergehend gezielt die Führungsperson mit zwei bis drei Kurzzeitberatungen. Königswieser nennt diese Beratungskonzeptionen „Parallel-Coaching". Aus Sicht des klassischen Beratungsverständnisses sind diese natürlich heikel, da sie viel Erfahrung und Sorgfalt im Umgang mit Rollen, Wissen und Beratungssettings voraussetzen. Aus meinem dargelegten Beratungsverständnis sind sie jedoch äußerst hilfreich, da sie einen „intimen" Beratungsraum zur individuellen Entwicklung sicherstellen, um die Führung zu stärken und gleichzeitig den organisationalen Changeprozess mit Erfolg voranzutreiben.

Ist das Schaffen eines individuellen Beratungsraumes nicht möglich, versuche ich, „heiße" Themen je nach Situation und Thema in einem kleinen Kreis zu lösen. Eskalieren beispielsweise Teamsitzungen immer wieder zu einer Auseinandersetzung zwischen der Teamleitung und einer Mitarbeiterin oder einem Mitarbeiter, so kann ich in einem Pre-Workshop mit der Teamleitung und dem Mitarbeiter bzw. der Mitarbeiterin auf die bilaterale und individuelle Dynamik eingehen, bevor ich dann im Teamentwicklungsprozess mit dem ganzen Team arbeite. Für die beiden Konfliktpartner bietet dies eine wertvolle Entwicklungschance, und auch für das Team bringt es Entlastung, wenn es realisiert, dass die Teamleitung die bestehenden Führungsprobleme ernst nimmt und bilateral löst. Gerade in der Arbeit mit kleineren Teams – egal auf welcher Stufe – kann manchmal so viel Vertrauen aufgebaut werden, dass über persönliche Entwicklungsthemen offen gesprochen werden darf. Ein solches Team sorgt nicht nur für Spitzenleistungen, sondern auch für die persönliche Entwicklung jedes Mitglieds (vgl. Kapitel 11).

7. Führung übernehmen: Beispiele zum Führen von Teams

Einen wichtigen Impuls zu diesem Buch gaben die zahlreichen Beratungsbeispiele, in denen ich Führungskräfte in ihrer Führungs- und Managementaufgabe wirkungsvoll unterstützen konnte. In den folgenden zwei Praxiskapiteln möchte ich detailliert aufzeigen, wie die verschiedenen Systemverbindungen – zwischen organisationaler und persönlicher Ebene und bei der Führungsperson zwischen organisationalem, familiärem und spirituellem System – im Führungs- und Managementalltag konkret entstehen und sich zeigen. Das Erklären und Begründen eines systemisch-ganzheitlichen Führungs- und Organisationsverständnisses ist das eine, das andere ist, aufzuzeigen und zu verstehen, wie diese Prozesse im Managementalltag im Detail miteinander verwoben sind und wie sie zukünftig gestaltet werden können.

Dank der genauen Beschreibungen der Beispiele lade ich Sie ein, die Zusammenhänge und Themen selber zu entdecken. Ich möchte die Beispiele und deren Botschaft „sprechen" lassen. Ergänzend dazu biete ich Ihnen meine Interpretationen und Schlussfolgerungen an. Für das Eintauchen in die Führungs- und Managementwelt verwende ich in den Kapiteln 7 und 8 die Struktur des Modells zur integrativen Führungs- und Managemententwicklung (Abbildung Nr. 17).

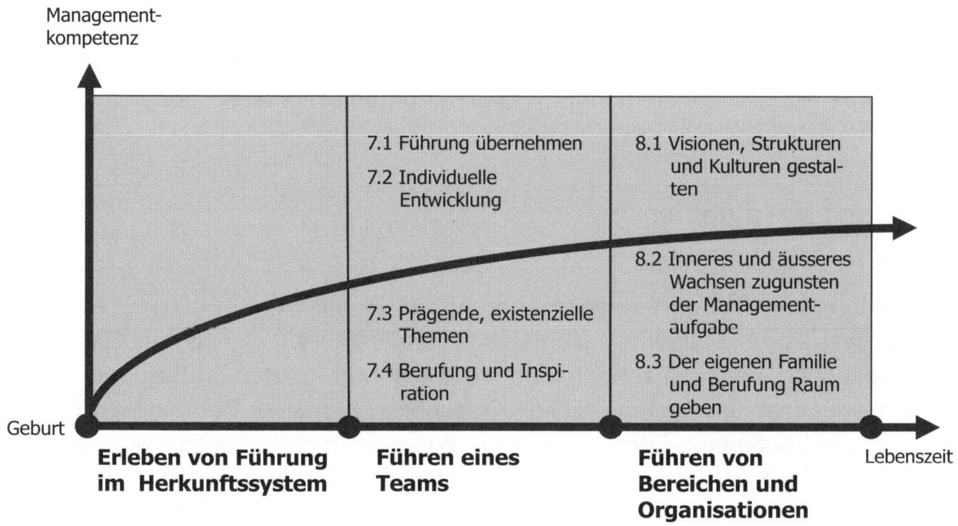

Abbildung 17: *Struktur der Kapitel 7 und 8*

Zur ersten Phase der Führungsentwicklung führe ich keine Führungsbeispiele an. Als Organisationsberater bin ich in dieser prägenden Zeit nie direkt beratend anwesend. Wichtige Lebensthemen tauchen erst rückblickend in Beratungssequenzen zur zweiten oder dritten Phase auf. Dazu habe ich zwei Beratungssequenzen (Praxisbeispiele 4 und 5) in Kapitel 4 dargestellt. Die zweite Phase, das Führen von Teams, wird in diesem Kapitel, das Führen von Abteilungen und Organisationen in Kapitel 8 dargestellt. Die Beispiele halten sich an diese vorgegebene Struktur, aber nicht ganz, denn dazu ist der Führungsalltag viel zu lebendig und komplex.

Zu meinen Beispielen möchte ich noch zwei Anmerkungen anbringen: Bedingt durch den längeren Entstehungsprozess des Buches liegen alle Praxisbeispiele mindestens drei Jahre zurück. Auch wenn ich aufgrund der Vorgaben des Austauschkreises Systemaufstellungen Schweiz die Klienten nicht für die Publikation ihres Beispiels anfragen muss, habe ich mich entschieden, dies bei all jenen Klienten zu tun, mit denen ich in der Zwischenzeit wieder in Kontakt war. Erfreulicherweise ist dies bei 14 der insgesamt 21 Personen oder Organisationen der Fall. Sie alle haben ihr Fallbeispiel gelesen, manchmal noch kleine Änderungsvorschläge angebracht und die Einwilligung zur Publikation gegeben.

Wenn ich in den Beispielen gerade die Beratungssequenzen illustriere, in denen ich gleichzeitig in verschiedenen Systemebenen arbeitete, darf dies nicht den falschen Eindruck erwecken, dass ich als Berater in erster Linie auf der persönlichen, familiären, ja sogar seelischen Ebene arbeite. Für den Praxisteil sind diese Sequenzen aber besonders interessant, da sich dort die vielfältigen systemischen Verbindungen zeigen. Die Anteile, in denen ich in Führungscoachings in anderen Systemen arbeite, sind von Coaching zu Coaching unterschiedlich. Ich schätze, dass ich insgesamt zwischen 50% bis 80% der Beratungszeit auf der organisationalen Ebene bleibe.

7.1. Führung übernehmen

Teams und Organisationen brauchen Führung, im Idealfall gute Führung. Für mich heißt das, dass Vorgesetzte ihre Führungsposition tatsächlich einnehmen. Sie führen die Mitarbeitenden wertschätzend, haben die Arbeit und Kunden im Blick, verstehen Systeme als Ganzes und treffen wichtige Entscheide. In meiner Beratungspraxis fällt jedoch auf, wie häufig eine Führungsaufgabe zu autoritär, zu machtvoll und raumfüllend oder dann wieder zu wenig respektive gar nicht wahrgenommen wird. Dieses Nicht-Führen wird oft mit guten Begründungen edel verpackt. So wird beispielsweise gerne Kundenorientierung oder Self-Empowerment vorgeschoben. Unsichere Führungskräfte finden auch immer Argumente, Entscheidungen nach oben oder unten zu delegieren.

Wenn Führungskräfte nicht die Führung ihres Teams übernehmen, hat dies fatale Auswirkungen. In der Regel übernimmt eine andere Person aus dem Team – beispielsweise die Stellvertretung oder ein langjähriger Mitarbeiter – informell die Führung, Manchmal führt auch der Vorgesetzte einer höheren Hierarchiestufe oder ein externer Projektleiter. Für das Team respektive die Organisation hat dies zunächst eine stabilisierende Wirkung. Aus gruppendynamischer Sicht sind jedoch Irritationen und längerfristig Konflikte vorprogrammiert. So fühlen sich beispielsweise Mitarbeitende eines Teams vor den Kopf gestoßen, wenn sich informelle Teamleader „einmischen“ und ein anderes Teammitglied zurechtweisen, selbst wenn dies von der Sache her vertretbar ist. Dies kann dann zu teaminternen Machtkämpfen führen. Umgekehrt müssen solche informellen Teamleader auf die offizielle Anerkennung ihrer Führungsleistung verzichten, emotional wie finanziell. Für die informelle Führung bezahlen die Beteiligten auf die Dauer einen hohen Preis.

Suchen wir nach den Gründen des Nicht-Führens, so stoßen wir oft auf organisationale wie persönliche Dynamiken. Im Führungsalltag liegt fast immer eine Mischung beider Dynamiken vor. Bei den organisationalen „Ver-Führungen“ steht die zu einseitige, zu dominante Ausrichtung auf die Kunden vermutlich an erster Stelle. So wird der Kunde zum König gemacht und die Führungsperson richtet sich ganz nach ihm aus. Vielleicht hat die Führungsperson hier auch ihre besonderen Fähigkeiten und Qualitäten, die sie in einem gesunden Maß ausleben soll. Sie darf das Führen ihres Teams dadurch nicht vernachlässigen, wie dies oft geschieht. So werden beispielsweise bilaterale Führungsgespräche oder Teamsitzungen immer wieder abgesagt oder nur unregelmäßig durchgeführt. Zudem hat die Führungsperson für Themen, welche die Mitarbeitenden beschäftigen, kein offenes Ohr. Auch die Optimierung interner Arbeitsprozesse hat in der Prioritätenliste kaum Platz. Führung fehlt oder ist kaum präsent.

Auch im Rahmen von Großprojekten oder Unternehmenszusammenschlüssen kann beobachtet werden, wie dabei die Führungsaufgabe sträflich vernachlässigt wird. Die Notwendigkeit oder die Anziehungskraft der neuen Aufgaben ist so groß, dass Vorgesetzte manchmal von einem Tag auf den anderen buchstäblich von der Bildfläche „verschwinden“ und vom eigenen Team kaum mehr wahrgenommen werden. Wenn jetzt nicht eine legitimierte, gute Stellvertretungsperson die Führung übernimmt, müssen zwangsläufig andere einspringen, was häufig zu heftigen Konflikten führt. Mitarbeitende können die Systemdynamik nicht verstehen und fühlen sich zu Recht mit ihren Aufgaben im Stich gelassen. Sie bemängeln die Führungsqualitäten und das persönliche Format des Vorgesetzten.

Gerade bei organisationalen Ver-Führungen sind strukturelle Lösungen gut möglich. Eine kompetente Stellvertretung kann für einen bestimmten Zeitraum offiziell die Führung übernehmen. Oder zur Entlastung wird eine weitere Leitungsstelle für einen Teil der Führungsaufgaben geschaffen. Trotz der strukturellen Lösungsmöglichkeit hat die Führungsperson jedoch die Wichtigkeit und Bedeutung ihrer Führungsaufgabe zu erkennen und ihren Auftrag ernst zu nehmen.

Das Nicht-Übernehmen von Führung hat oft auch persönliche Hintergründe. Die Führungsperson ist im Kern zu wenig selbstbewusst und zu unsicher, zu konfliktscheu oder sie nimmt zu häufig eine Opferhaltung ein und kann sich nicht durchsetzen. So ziehen sich Führungspersonen mit wenig Selbstvertrauen und innerer Stärke im entscheidenden Moment immer wieder zurück. Sie zeigen zu wenig persönliches Profil und Rückgrat. Zwar finden sie für sich entschuldigende Argumente, beispielsweise beim neuen Geschäftsleitungsmitglied, das ihnen rivalisierend begegnet, oder bei Mitarbeitenden, die sich in fremde Aufgaben einmischen. Oft übersehen sie jedoch, dass sie mit ihrem diffusen Führungsverhalten diese Möglichkeiten richtiggehend anbieten und andere im System geradezu dazu einladen, das entstandene Führungsvakuum zu füllen.

Das wirkliche Einnehmen der Führungsposition ist aus meiner Erfahrung häufig weniger eine Frage des Führungswissens und des Beherrschens der Führungsinstrumente als vielmehr eine Frage der persönlichen Entwicklung und Stärke der Führungskraft. Wie bereits theoretisch erläutert, können hier verschiedene „Themen" die individuelle Entwicklung einer Führungskraft geschwächt oder blockiert haben. Für einen Teamleiter ist es deshalb wichtig, dass er parallel zu seiner Führungsaufgabe seine eigene Entwicklung gezielt vorantreibt. Einer Führungsperson, welche für sich familiäre Beziehungsprobleme der Herkunftsfamilie gelöst hat oder zumindest innerlich gute oder klar losgelöste Beziehungen zu Eltern und Großeltern pflegt, fällt es leichter, ihren Platz authentisch einzunehmen. Ihr Führungsverhalten entwickelt sich positiv.

Beim Führen ist von Anfang an auch die Frage nach den verfügbaren eigenen Ressourcen und dem persönlichen Weg zu stellen. Hierbei ist das ganz persönliche Potential zu erkennen, zu entwickeln und wirkungsvoll einzusetzen. In diesem Verständnis bleibt Führung immer individuell und vielfältig und darf sich nicht zu stark durch vorgegebene Führungskulturen und Führungssysteme einschränken lassen. Viel wichtiger sind die Fragen, was man selbst mit der Führung erreichen möchte, was an der eigenen Führungs- und Lebensaufgabe gemeinsam ist und wodurch man sich unterstützt und getragen fühlt. Solche Fragen sind bereits für junge Führungskräfte wichtig.

In den nächsten beiden Beispielen zeige ich auf, wie wichtig es für die Führungsperson und ein Team ist, dass ein Vorgesetzter rasch in die Führungsrolle hineinwächst und die entsprechenden Aufgaben und die Verantwortung übernimmt. Äußerlich zeigt sich dies darin, dass eine Führungsperson Ziele setzt, Aufträge erteilt, Entscheidungen trifft und Konflikte ansprechen kann etc. Innerlich braucht sie dazu das notwendige Selbstvertrauen und die Kraft, auch in schwierigen Situationen handeln zu können. Diese Art der Führung bedingt persönliche Entwicklung, die jeweils ganz individuell verläuft.

5. Praxisbeispiel: „In die Führungsrolle hineinwachsen“

Ein junger Unternehmer hat vor knapp zwei Jahren seine eigene Firma im Bereich Gartenbau gegründet. Er beschäftigt bereits drei Mitarbeitende und möchte weiter expandieren. In die Kurzzeitberatung kommt er mit dem Anliegen, die Teamdynamiken in seinem Unternehmen besser verstehen zu wollen. „Wer gehört wirklich dazu und wer nicht?“ Anhand weiterer Fragen zeigt sich, dass sich der Jungunternehmer in seiner Führungsrolle verunsichert fühlt. Er meint: „Es ist gar nicht so einfach, plötzlich Chef zu sein.“

Zu Beginn der Beratungssequenz schälen sich zwei Kernthemen heraus: die Schwierigkeit, die Führung zu übernehmen, und das Problem der Entlassung eines Mitarbeiters. Anhand der beschriebenen Teamdynamik zeigt sich, dass sich die junge Führungskraft gerne der Unterstützung eines erfahrenen Mitarbeiters bedient und ihre Entscheidungen darauf stützt. Die Mitverantwortung, welche dieser Mitarbeiter übernimmt, geben dem jungen Unternehmer Sicherheit und Halt. Gleichzeitig realisiert er aber, dass er dadurch immer wieder die Führung aus der Hand gibt und sie dem Mitarbeiter überträgt. Für die anderen Mitarbeitenden, aber auch die Kunden führt dies regelmäßig zu Irritationen und Verunsicherung. Der Unternehmer erkennt, dass er die Führung grundsätzlich zu übernehmen hat. Er muss definitiv in die neue Führungsrolle hineinwachsen und kann nicht mehr wie früher „jedermanns Freund “ sein. Es ist wichtig, dass er klare Arbeitsaufträge und Anweisungen erteilt. Eine gewisse Distanz zu seinem Team ist aufgrund seiner Unternehmerfunktion richtig. Mit dem ihn unterstützenden Mitarbeiter ist ein Gespräch zur Rollen- und Beziehungsklärung angesagt. Er kann seine hohe Wertschätzung der Arbeit und Person des Mitarbeiters kommunizieren, ihm gegenüber aber auch klar zum Ausdruck bringen, dass er von jetzt an die Führungsaufgabe weitgehend alleine übernehmen werde.

Bei der Übernahme der Führung steht noch eine weitere Herausforderung an. Ein Mitarbeiter integriert sich nicht richtig ins Team und scheint bei seiner Arbeit oft nicht präsent zu sein. Der Unternehmer hat bereits mehrfach mit ihm das Gespräch gesucht und diesen Umstand kritisiert. Beim Mitarbeiter führt dies nicht zu einer sichtbaren Verhaltensänderung, er engagiert sich weiterhin wenig und macht immer wieder unverständliche Fehler. Sowohl beim Unternehmer als auch bei mir als Berater verstärkt sich die Hypothese, dass der Mitarbeiter durch persönliche Probleme blockiert ist. Da der Unternehmer bereits mehrfach nach Lösungen gesucht hat, kommen wir auf die Möglichkeit einer Entlassung zu sprechen. Der Unternehmer meint, dass der Mitarbeiter mit der Entlassung rechne und diese innerlich bereits akzeptiert habe. Auf jeden Fall sei eine Gegenreaktion, ein Sich-Einsetzen des Mitarbeiters, für den Unternehmer nicht wahrnehmbar.

Als kurze Übungssequenz schlage ich dem Unternehmer vor, er solle sich den Mitarbeiter gegenüberstehend vorstellen und ihn achtungsvoll entlassen. Was als kleine

Übungssequenz gedacht war, entpuppt sich als zentrale Intervention. Der Unternehmer lacht verlegen und meint, er könne dies nicht. Ich versuche, ihn zu unterstützen, und schlage ihm Sätze vor wie: „Ich brauche Mitarbeitende in meinem Unternehmen, auf deren Arbeit Verlass ist und die sich im Team integrieren. Obwohl ich dies mehrfach von Dir forderte, konntest oder wolltest Du dies nicht erbringen. Deshalb habe ich mich entschieden, Dich jetzt zu entlassen. Ich danke Dir für Deine bisherige Unterstützung." Dem Unternehmer fällt es jedoch ausgesprochen schwer, diese Entlassung in eigenen Worten und mit Überzeugung auszusprechen. Eine Blockade im Führungsverhalten wird offensichtlich.

Da der Mitarbeiter angeblich die Entlassung bereits erwartet, macht die Führungsblockade im Organisationssystem wenig Sinn. Zusammen suchen wir nach weiteren Zusammenhängen. Dabei erzählt mir der Unternehmer, dass er nicht nur bei diesem Mitarbeiter den Auftrag spüre, schwachen und benachteiligten Menschen zu helfen. So habe er auch schon bei der Rekrutierung von Personen mit zeitlich befristeter Anstellung zugunsten von bedürftigen Mitarbeitenden auf qualifizierte Fachkräfte verzichtet. Dieser soziale Auftrag sei ihm vertraut, jedoch auch ein Stück weit unverständlich. Auf meine Frage, ob dieser soziale Auftrag zu einer Person aus dem Herkunftssystem gehören könnte, nennt er spontan seine Mutter. Sie vertrete hohe soziale Werte und Ansprüche.

Mit der Einsicht des Unternehmers, dass er den hohen Anspruch „sozial zu handeln" von der Mutter übernommen hat, kann sich die Blockade lösen. Der soziale Auftrag scheint ein wichtiges Thema der Mutter zu sein und somit müsste sie sich damit auseinandersetzen und seine Bedeutung in ihrem Leben erkennen. Der Sohn kann diesen weitgehend unbewussten Auftrag nicht für sie übernehmen und für sein Unternehmen macht ein so stark ausgeprägter sozialer Auftrag keinen Sinn. Er kann nun für ihn passendere Unternehmenswerte definieren. Dank dieses Lösungsprozesses kann sich der Unternehmer von seinem unbewusst zu stark gewichteten sozialen Auftrag befreien und seine unternehmerische Funktion wahrnehmen. Er kann den Mitarbeiter jetzt entlassen.

Zum Abschluss der Beratungssequenz empfehle ich dem Unternehmer, zur Professionalisierung seiner Führungsrolle und Führungskompetenz eine Führungsweiterbildung zu absolvieren.

Das Beispiel zeigt auf, wie wichtig es für junge Führungskräfte ist, dass sie rasch in ihre Führungsrolle hineinwachsen und die Führung eines Teams effektiv übernehmen. Sie dürfen sich nicht zu sehr auf erfahrene Mitarbeitende abstützen und die Führungsaufgabe delegieren. Zur Führungsaufgabe gehört auch das Erteilen von klaren Aufträgen und Anweisungen. Eine fundierte Führungsweiterbildung ist in dieser Anfangsphase deshalb sehr wertvoll. Führungskräfte bekommen so die Chance, die Grundlagen der Führung und wichtige Führungsinstrumente kennenzulernen.

Dank Übungsformen und Selbstreflexion werden sie in der professionellen Umsetzung gestärkt.

Bereits in dieser ersten Führungsphase ist es äußerst wertvoll, wenn Führungspersonen individuelle Führungsblockaden erkennen und lösen können. In diesem Beispiel ist es der zu hohe soziale Auftrag, der beim Führen, insbesondere bei der Anstellung qualifizierter Fachpersonen oder beim Entlassen von Mitarbeitenden, stört.

Solche Führungs- und Verhaltensmuster beziehen erfahrungsgemäß – wie dies spätere Beispiele aufzeigen werden – einen tieferen Sinn aus dem familiären Herkunftssystem. Im obigen Beispiel bleibt für den jungen Unternehmer und für mich als Berater unklar, weshalb die Mutter solche Werte vertritt. Diese tiefschichtigeren Zusammenhänge müssen nicht immer im Detail verstanden werden. Entscheidend ist aber, dass sich die Führungskraft von diesem unbewussten Muster lösen kann, das zu einer anderen Person im Herkunftssystem gehört. Solche Blockaden sind sowohl über den Verstand als auch emotional und somit energetisch zu lösen.

Die Entlassung von Mitarbeitenden ist aus systemischer Sicht immer heikel und erst als letzte Maßnahme zu treffen. Das Ausschließen von Menschen hat in sozialen Systemen weitreichende Wirkungen. Erbringen jedoch Führungskräfte oder Mitarbeitende die geforderte Leistung nicht und haben Gespräche und Unterstützung zur Leistungsverbesserung stattgefunden, ist eine Entlassung unausweichlich.

Meine Erfahrung in solchen Situationen zeigt, dass die wirklichen Themen ihre Wurzeln oft in der Herkunftsfamilie der Betroffenen haben. Für eine wirksame Verhaltensänderung müsste hier die Möglichkeit zur entsprechenden Aufarbeitung und Lösung bestehen, was heute in vielen Organisationssettings nicht oder nur bedingt möglich ist (siehe Kapitel 10).

6. Praxisbeispiel: „Der Direktor führt“

Die Klientin arbeitet im Kollegium einer Fachhochschule und kommt in eine Kurzzeitberatung, um für sich im kommenden Bewerbungsprozess Sicherheit zu gewinnen. Sie hatte sich intern um eine qualifizierte Führungsposition beworben, in der sie unter dem gleichen Vorgesetzten die Leitung eines regionalen Zentrums übernehmen könnte. Verunsichert wurde sie durch die ambivalenten Signale ihres Vorgesetzten, welche ihr den Eindruck vermittelten, dass ihm nicht klar war, ob er sie und ihre Leistung wirklich schätzte. Er wirkte ihr gegenüber immer wieder abweisend und agierte vorsichtig, ja beinahe ängstlich. Die Kurzzeitberatung fand ein paar Tage vor dem ersten Vorstellungsgespräch statt.

Um rasch einen Überblick über Positionen und Systemdynamik zu bekommen, schlage ich der Klientin vor, auf der einen Tischhälfte die heutige Ist-Situation und auf der anderen Tischhälfte die Zukunft aufzustellen, in welcher sie die Leitungsstelle bekommen hat. Dieses Vorgehen entspricht einem lösungsorientierten Beratungsansatz, welcher eine Fokussierung auf die Zukunft und eine rasche Lösung anstrebt.

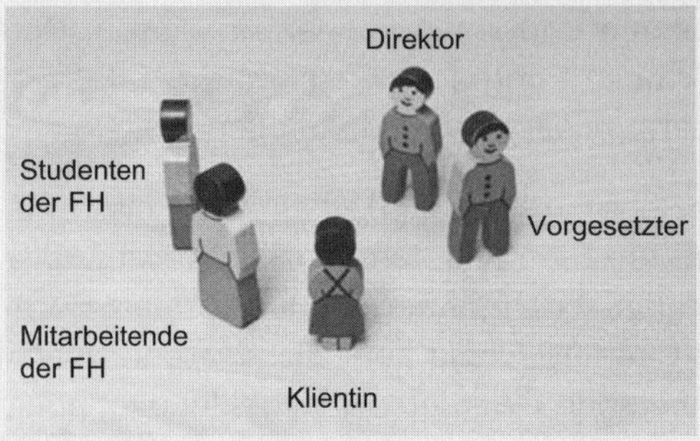

Abbildung 18: *Heutige Situation der Klientin*

Abbildung 19: *Zukunftsbild der Klientin, in dem sie das Regionalzentrum führt*

Betrachten wir die beiden Aufstellungsbilder (Abbildungen Nr. 18 und Nr. 19), so stellt sich die Frage, wie die jeweilige Dynamik angelegt sein könnte und welche Gemeinsamkeiten und Unterschiede zwischen den Bildern bestehen. Drei Besonderheiten sind für mich rasch zu erkennen, die ich mit der Klientin ausführlich bespreche:

1. Nicht der Vorgesetzte, sondern der Direktor führt informell das Team.

In beiden Bildern – der Fachhochschule (FH) respektive dem regionalen Zentrum – steht der Direktor rechts vom Vorgesetzten und dem Team und übernimmt direkt die Führung. Im Bild zur heutigen Situation sieht der Vorgesetzte der Klientin nach außen. Er scheint mit anderen Aufgaben oder mit eigenen Themen beschäftigt und wirkt nicht präsent. Die Unsicherheit der Klientin darüber, wie der Vorgesetzte wirklich zu ihr „steht", wird verständlich. Auch im Zukunftsbild geht die Führung vom Direktor aus.

2. Die Klientin übernimmt in ihrer Position nur wenig Führung.

In beiden Bildern steht die Klientin sehr gut in Bezug zum Team und zu den Kunden. Sie ist mit ihnen verbunden und hat sie im Blick. Im Zukunftsbild übernimmt sie noch zu wenig Führung, der Direktor und der Vorgesetzte sind in der Filiale noch zu präsent. Diese Aufgabe überlässt sie somit weiterhin größtenteils dem Direktor.

3. Die Klientin stellt sich nicht als Frau, sondern als Mädchenfigur auf.

Dass die Klientin für sich eine Mädchenfigur auswählt, ist für mich eine große Überraschung und entsprechend irritierend. Die Klientin ist ca. 50 Jahre alt, äußerst qualifiziert und hat als Frau und mögliche Führungsperson für mich eine gute Ausstrahlung.

Im Beratungsprozess haben wir dann gemeinsam folgende Lösungsstrategien und ein neues, inneres Lösungsbild entwickelt (Abbildung Nr. 20):

1. Es ist sehr wichtig, dass die Klientin bereits im Hinblick auf das kommende, erste Vorstellungsgespräch innerlich einen Rollenwechsel vollzieht: Sie sollte im Gespräch aus einer Führungsposition heraus argumentieren und die entsprechende Verantwortung übernehmen. Im Lösungsbild nimmt sie deshalb eine Position ein, in der sie das Team führen kann und die Kunden im Blick hat.

2. Ihre Erwartungen an ihren direkten Vorgesetzten dürfen nicht hoch sein. Er kann – warum auch immer (die Klientin vermutet private Gründe) – zurzeit wenig Führung übernehmen. Im Lösungsbild ist es aber gut, ihn wohlwollend im Rücken zu wissen. Die Bedeutung des Direktors für die Klientin ist klar zu erkennen. Er führt und gibt ihr als Leiterin des regionalen Zentrums Halt. Bereits im Bewerbungsprozess ist es für sie deshalb wichtig, sich an ihm zu orientieren und später den direkten Kontakt mit ihm zu suchen. Die Klientin erkennt, dass diese Strategie bereits beim zurückgetretenen Stelleninhaber sehr gut funktioniert hat.

3. Dank ihrer Aufstellung als Mädchenfigur realisiert die Klientin, dass sie sich in dieser Bewerbungssituation genauso „ausgeliefert" fühlt wie früher manchmal ihrer Mutter gegenüber. Mit dem Aufdecken dieser unbewussten Dynamik erkennt sie, dass sie – selbst in einem herausfordernden Bewerbungsprozess – heute viel mehr Einflussmöglichkeiten hätte. Sie ist aktuell nicht auf Zuspruch und Bestätigung angewiesen. Sie kann deshalb die Unsicherheit eines Bewerbungsprozesses gut aushalten. Im Organisationssystem kann sie somit als erfahrene, qualifizierte Frau auftreten.

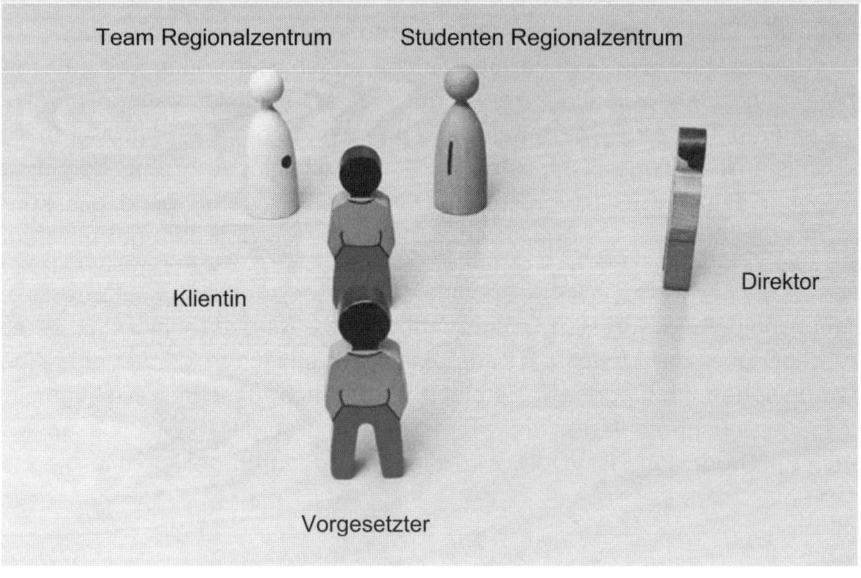

Abbildung 20: *Entwickeltes Lösungsbild*

Ein paar Wochen später erfahre ich von der Klientin, dass sie die neue Führungsaufgabe bekommen hat und zur neuen Leiterin des regionalen Zentrums gewählt worden ist.

Auch in diesem Beispiel führt es zu großer Irritation, wenn ein Vorgesetzter seine Führungsposition nicht einnimmt. Die Klientin erwartet zu Recht von ihm Führung. Sie realisiert aber, dass von ihm sehr wenig Führung kommt, was für sie gerade im Bewerbungsprozess schwierig zu verstehen, zu deuten und auch auszuhalten ist. Erkennt und akzeptiert sie seine Führungsschwäche, so kann sie mit der aktuell mangelnden Unterstützung umgehen. Sie muss ihn nicht herausfordern oder aktiv Führung einfordern, sondern kann sich am Direktor orientieren. Der Direktor füllt in diesem Unternehmensbereich das entstandene Führungsvakuum aus.

Für die Klientin, die Abteilung und die Institution ist es gut, dass er diese Führungsaufgabe übernimmt. Dies sorgt für Orientierung und ermöglicht klare Entscheide. Ob das Übernehmen dieser Führungsaufgabe für den Direktor selbst stimmig ist, muss aus Erfahrung bezweifelt werden. Er übernimmt eine Aufgabe, die nicht zu seiner Rolle gehört, und er hat zudem weniger Zeit und Energie für seine Gesamtführungsaufgaben. Er müsste hier, um klare Verhältnisse zu schaffen, die Führung durch den dafür verantwortlichen Vorgesetzten einfordern.

In diesem Beispiel überwiegt zwar die Organisationsdynamik, dennoch kommen auch persönliche Themen zum Vorschein. Bei der Klientin erkennen wir sie direkt, beim Vorgesetzten können sie nur vermutet werden. Die Systembeziehungen sind im Alltag stark miteinander verwoben. Ein Bewerbungsprozess ist immer eine besondere Situation und führt zu viel emotionaler Aufregung und Stress. So überrascht es nicht, dass gerade hier alte Gefühle und Erinnerungen mehr oder weniger bewusst auftauchen können. Die Klientin erkennt, dass das Gefühl des „Ausgeliefert-Seins" nur zum kleineren Teil zur Bewerbungssituation passt und sie zum größeren Teil an ihre Herkunftsfamilie erinnert. Sie kann somit für sich dieses große, dominierende Gefühl von der aktuellen Situation trennen. In ihrem Bewerbungspozess kann sie innerhalb der Organisation als qualifizierte Frau auftreten und dadurch auf den Prozess Einfluss nehmen.

Das Aufdecken von unbewussten Erinnerungen an die Kindheit – hier das „Ausgeliefert-Sein" gegenüber der Mutter – ist aus einem systemischen Verständnis nicht als negativ zu bewerten, im Gegenteil. Es bietet die Chance, dass hier Wichtiges im Leben und Fühlen nochmals betrachtet, verarbeitet und somit abgeschlossen werden kann. Auch im Organisationssystem wird die Rolle dadurch geklärt und die Person gestärkt.

7.2. Individuelle Entwicklung

Die beiden vorherigen Beispiele haben uns vor Augen geführt, dass es beim Übernehmen von Führung nicht nur um das Erlernen und Professionalisieren von entsprechenden Führungsaufgaben geht. Die Stärkung der persönlichen Ressourcen und die innere Entwicklung sind dabei genauso wichtig. Wer zum Beispiel hohe analytische Fähigkeiten mitbringt, wem die Beziehungsgestaltung leichtfällt oder wer eine gute Nase für zukünftige Ideen und Projekte hat, ist in seinen spezifischen Ressourcen und in seinem Führungsverhalten zu fördern. Wenn Führungspersonen jedoch auf eigene Entwicklungs- und Lebensthemen stoßen, sind sie ebenfalls individuell abzuholen und zu unterstützen. Dieser individuelle Zugang, wie dies die beiden nächsten Beispiele zeigen, sollte zur Selbstverständlichkeit in der Entwicklung von Führungspersonen werden.

7. Praxisbeispiel: „Führungs- und Vaterrolle"

Der Geschäftsführer eines kleinen High-Tech-Unternehmens mit fünf Mitarbeitenden kommt in ein Führungscoaching. Er und die Mitarbeitenden sind recht jung, wirken offen und unkompliziert und möchten als innovativ und erfolgreich gesehen werden. Der Geschäftsführer hat als Pionier in einem kleinen Büro begonnen, weitere Mitarbeitende kamen dazu. In der Zwischenzeit besitzt die Firma repräsentative Geschäftslokalitäten.

Im Führungscoaching werden verschiedene Themen des Geschäftsführers aufgegriffen, unter anderem die Gestaltung seiner Führungsrolle. In der fünften Beratungssequenz verdichtet sich eine Problematik, die am Rande schon mehrfach diskutiert worden ist. Einer seiner Außendienstmitarbeiter, ca. 30 Jahre alt, hat Geld geerbt und will sich jetzt eine Eigentumswohnung kaufen. Dies beschäftigt den Geschäftsführer sehr und er möchte seinen Mitarbeiter von diesem Kauf abraten. Seine Verkaufszahlen und somit seine Provision sind nicht sehr hoch, weshalb er eine solche Investition mit entsprechendem Unterhalt als finanziell zu belastend erachtet. Zudem lebt der Außendienstmitarbeiter noch in keiner festen Partnerschaft und müsste deshalb aus seiner Sicht flexibel bleiben. Umgekehrt würden der Kauf der Eigentumswohnung und die finanzielle Belastung den Druck auf den Mitarbeitenden im Positiven erhöhen und damit seine Verkaufsambitionen steigern.

Anhand meiner Impulse und der Reflexion dieses Beispiels wird dem Geschäftsführer bewusst, wie sehr er sich um private Anliegen und Themen seiner Mitarbeitenden kümmert. Er fühlt sich innerlich verpflichtet, seine Mitarbeitenden auch privat vor falschen Entscheidungen zu bewahren und sie generell zu unterstützen. Dazu hört er sich nicht nur ihre Probleme und Sorgen an, sondern versucht, sich aktiv an der Lösung zu beteiligen. Der Geschäftsführer übernimmt damit im Privatleben der Mitarbeitenden viel zu viel Verantwortung. Er realisiert, dass er nicht nur Geschäftsführer ist, sondern unbewusst auch eine Vaterrolle übernommen hat. Im Privatleben der Mitarbeitenden bringt er sich stark ein, hilft, aber erwartet auch eine entsprechende Umsetzung seiner Ideen durch die Mitarbeitenden respektive „Kinder". Im Falle des Außendienstmitarbeiters dürfte er zwar durchaus einmal auf kollegiale Weise seine Empfehlung zum Kauf einer Eigentumswohnung abgeben, aber dieses Thema dürfte ihn innerlich nicht so stark beschäftigen, dass er es sogar zum Thema im Coaching macht. Ihm wird klar: Für das Privatleben seiner Mitarbeitenden trägt er auch als besorgter Unternehmensleiter keine Verantwortung.

Diese Doppelrolle – Geschäftsführer und Vater – führt nicht nur auf beiden Seiten zu Irritationen, sondern hindert den Geschäftsführer auch direkt im Führen der Mitarbeitenden. Es fällt ihm – im Sinne eines unterstützenden Vaters – viel leichter, gut für die Mitarbeitenden zu sorgen, als sie zu fordern und klare Erwartungen in sie zu setzen. Dies entspricht jedoch der Rolle des Vaters, der den Kindern mehr gibt, als er zurückbekommt. Der Geschäftsführer weicht dementsprechend schwierigen Führungsgesprächen oft aus. Er muss aber hier mehr auf seine eigenen Interessen und diejenigen seines Unternehmens achten.

Mit dem Erkennen seiner Doppelrolle kann sich der Geschäftsführer rasch und im Guten abgrenzen und sich auf seine Führungsaufgabe konzentrieren. Den Außendienstmitarbeiter kann er endlich darauf ansprechen, dass er in der Geschäftszeit keine privaten Telefongespräche und kein Beantworten privater E-Mails mehr duldet. Das Reinigungsunternehmen, das dieser Mitarbeiter noch nebenbei führt, darf hier keinen Platz mehr einnehmen und ihn von seinen Aufgaben in der Firma ablenken. Die Führungsbeziehung zwischen den beiden gewinnt in der Folge rasch an Qualität. Der Geschäftsführer fühlt sich viel mehr unterstützt, die Umsatzzahlen des Außendienstmitarbeiters steigen.

Im Rahmen dieser Coachingsequenz entdecken wir auch einen tieferen Zusammenhang zwischen seiner Führungsrolle und seiner familiären Herkunft. Als wir auf die Beziehung zu seinem Vater zu sprechen kommen, taucht beim Geschäftsführer als Sohn sofort eine große Trauer auf. Bevor er davon spricht, ist diese in seinem Gesicht sichtbar. Der Vater war für ihn als Sohn sein ganzes Leben lang nur selten präsent. Er hat deshalb von seinem Vater wenig an Aufmerksamkeit und Unterstützung bekommen. Diese Trauer zu spüren und sie zu akzeptieren, ist ein erster selbstheilender Schritt in seiner Entwicklung.

Der Klient realisiert auch, dass der Vater zu seinem Vater, dem Großvater des Klienten, kaum Kontakt hatte und als Sohn vom Vater nicht wirklich begleitet wurde. Es verwundert deshalb nicht, dass der Vater selber wenig Kraft hat, die er an seinen Sohn weitergeben kann. Durch diese Einsicht wird innerlich für den Klienten der Weg zu einem Versöhnungsprozess mit dem Vater und Großvater frei. Er versteht jetzt, weshalb er beim Führen schnell in eine Vaterrolle wechselt und gerne mehr gibt, als er selbst bekommt. Diese Dynamik hat sich vermutlich noch „verschärft", weil der

Klient selber keine Kinder hat, zu denen er eine echte und stimmige Vaterrolle aufbauen könnte. Als Geschäftsführer kann er jedoch nicht oder nur sehr zurückhaltend Vater der Mitarbeitenden sein und allenfalls fehlende Väter ersetzen.

Aus diesem Beispiel wird ersichtlich, in welcher Form und aus welchen Gründen der Geschäftsführer gegenüber seinen Mitarbeitenden zusätzlich eine Vaterrolle übernahm. Falls ein Vorgesetzter nicht nur ein Interesse am Privatleben der Mitarbeitenden zeigt, sondern dem aktiven Wunsch – einem „inneren Aufruf" – folgt, ihnen zu helfen, sind Rollen- und Beziehungsverwechslungen zu erwarten. In der Psychoanalyse wird dies als Übertragung bezeichnet. Sie erfolgt, wenn ein Mensch alte, oftmals verdrängte Gefühle, Erwartungen, Wünsche und Befürchtungen aus der Kindheit unbewusst auf neue soziale Beziehungen überträgt.

Als Sohn hat der Geschäftsführer nie erfahren, wie es ist, von seinem Vater tatkräftig unterstützt zu werden. Er möchte dies jetzt gegenüber seinen Mitarbeitern besonders gut leisten. Ein Arbeitssystem ist jedoch kein Familiensystem. Im Familiensystem sind die Eltern, Mutter oder Vater, gegenüber den Kindern zum großen Teil in einer gebenden Rolle. Sie sorgen für die Kinder und unterstützen sie. Der systemische Ausgleich zwischen Geben und Nehmen erfolgt nicht zwischen den Eltern und den Kindern, sondern über die Generationen hinweg. Die Eltern, die den Kindern mehr geben, als sie bekommen, haben selbst als Kinder von ihren Eltern mehr empfangen. Im Arbeitssystem muss hingegen grundsätzlich im Hier und Jetzt ein Ausgleich von „Geben" und „Nehmen" stattfinden. So darf, ja muss eine Führungsperson für ein faires Gehalt als Gegenleistung eine angemessen hohe Arbeitsleistung der Mitarbeitenden einfordern. Interessant ist, dass mit dem Klären der Erwartungen sich nicht nur der Umsatz rasch verbesserte, sondern auch die Qualität der Führungsbeziehung. Der Geschäftsführer war nur noch Geschäftsführer.

Umgekehrt sehen Mitarbeitende in den Vorgesetzten häufig auch den Vater oder die Mutter. Die Mitarbeitenden stellen an Vorgesetzte Ansprüche und Erwartungen, die ihrer Rolle nicht angemessen sind. Oder sie reiben sich an Vorgesetzten, sprechen ihnen Kompetenz und Format ab und merken nicht, dass sie sich dabei unbewusst nochmals mit der Autorität des Vaters oder der Mutter auseinandersetzen. Solche Verwechslungen führen auf beiden Seiten zu großen Rollenirritationen. Kein Vorgesetzter kann die Vaterrolle übernehmen oder sich für zu wenig ausgelebte Vaterthemen als Sparringspartner anbieten.

8. Praxisbeispiel: „Wirtschaftlich erfolgreich sein“

Ein Gewerbetreibender, der im Bereich der Wohnberatung tätig ist und mehrere Angestellte beschäftigt, kommt in ein Führungscoaching. Mit einem Monteur hat er große Schwierigkeiten und ist sich bewusst, dass er sich von ihm in den nächsten zwei bis drei Monaten trennen muss. Dieser vergisst immer wieder Kundentermine und handelt nicht im Sinne des Unternehmens. Bereits in seiner letzten Stellung wurde er aufgrund von Konflikten entlassen. Hinzu kommt eine hohe, private Verschuldung.

Der Unternehmer realisiert jedoch, dass er generell mit der Anstellung von Männern – im Gegensatz zur Anstellung von Frauen – große Probleme hat. Auch mit den Vorgängern dieses Mitarbeiters hat es nie richtig geklappt und er fragt sich, was er falsch gemacht habe und ob er den Mitarbeitenden mit seinem persönlichen Führungsstil zu nahe komme.

In der Coachingsequenz gehen wir sorgfältig auf den aktuellen Fall, aber auch auf die jeweilige Dynamik in den vier vorangegangenen Arbeitsbeziehungen ein. Es kristallisiert sich zunehmend ein recht einheitliches Führungs- und Beziehungsmuster heraus. Allen Monteuren ist gemeinsam, dass sie männlich wirkten („pseudo-männlicher Muskeltyp“), jedoch stark introvertiert waren und schwierige private Probleme zu lösen hatten. Bei der Anstellung sah der Unternehmer jeweils das Gute in ihnen und ignorierte das Schwierige. Innerlich verspürte er einen großen Drang, ihnen persönlich zu helfen. Er förderte sie deshalb nicht nur beruflich, sondern versuchte sie, auch persönlich zu unterstützen und ihnen beispielsweise bei der Schuldensanierung zu helfen. Klappte dieses Fördern nicht, weil es von den Mitarbeitenden als Einmischung in die Privatsphäre erlebt wurde, wurde der Gewerbetreibende rasch gereizt. Er fing an, sich über das Verhalten der einzelnen Monteure aufzuregen. Gleichzeitig realisierte er, dass er in der Beziehung zu viel Verantwortung übernahm, die Mitarbeitenden primär ausführend tätig waren und sich zu wenig für die generellen Ziele der Firma einsetzten. Dieses Ungleichgewicht und die daraus erwachsenden Konflikte erwiesen sich als irreparabel, die Arbeitsbeziehungen lösten sich auf.

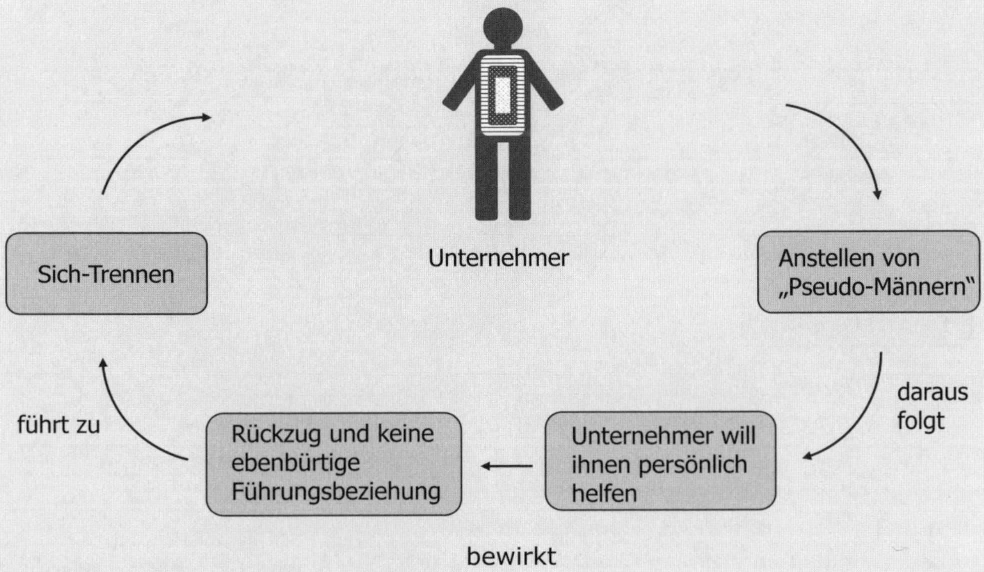

Abbildung 21: *Das unbewusste Führungsmuster*

Mit dem Erkennen dieses Führungs- und Beziehungsmusters (Abbildung Nr. 21) lassen sich sofort neue Verhaltensmöglichkeiten definieren. Systemisch stellt sich jedoch die Frage, was den tieferen Sinn eines solchen Führungsmusters aus Sicht des Unternehmers ausmacht. Gibt es für den Unternehmer in diesem repetitiven Verhalten einen verdeckten Gewinn? Wieso fühlt sich der Unternehmer zur Anstellung von „Pseudo-Männern“ hingezogen und zum Helfen herausgefordert?

Im Coachinggespräch kommen wir zu einer überraschenden Erkenntnis. Wir entdecken, wie schwer es dem Gewerbetreibenden fällt, mit der Tatsache umzugehen, dass es ihm unternehmerisch und finanziell so gut geht. Er hat immer wieder Angst, alles zu verlieren respektive eines Tages aus einem zu schönen Traum aufzuwachen. „Wirtschaftlichen Erfolg haben“ passt nicht in sein Familiensystem, in dem bittere Armut das Leben der früheren Generationen prägte. Der Unternehmer fühlt sich im Erfolg entsprechend unsicher und entwickelt immer wieder Ängste vor unerwarteten Ereignissen. Innerlich verspürt er den Impuls, den Erfolg mit anderen zu teilen. Mit dem Anstellen von „Pseudo-Männern“ teilt er nicht nur den Erfolg, sondern sorgt auch indirekt dafür, dass er wirtschaftlich nicht zu erfolgreich ist. Die Diskrepanz zu seinem Vater und seinen Ahnen wird somit nicht noch größer.

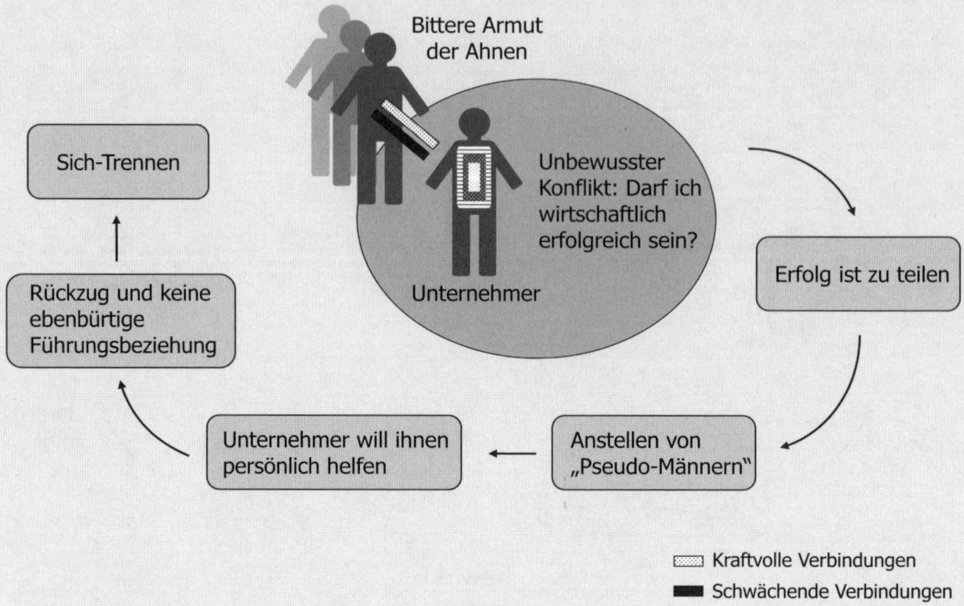

Abbildung 22: *Das systemisch erweiterte unbewusste Führungsmuster*

Beim Analysieren dieses Führungsmusters stoßen wir somit auch in diesem Beispiel in eine tiefere Dimension vor (Abbildung Nr. 22). Es geht nicht mehr nur um das Durchbrechen eines Führungsmusters, sondern gleichzeitig auch um das bewusste Auflösen eines existenziellen Ahnenthemas, welches das Leben vieler früherer Generationen geprägt hat. Hier findet eine Versöhnung auf viel tieferer Ebene statt, und der Unternehmer setzt damit einen Wendepunkt für alle nachfolgenden Generationen. Er bittet innerlich seine Ahnen um Erlaubnis und Wohlwollen, dass er als Erster unternehmerisch und wirtschaftlich sehr erfolgreich sein darf und es ihm gut gehen kann. Er zeigt sich seinen Ahnen gegenüber dankbar, dass sie sich trotz großer Armut im Leben durchgesetzt haben.

In Zukunft darf sich der Gewerbetreibende den vollen Erfolg gönnen. Er teilt ihn nur noch mit Mitarbeitenden, die sich ebenfalls stark dafür einsetzen. Somit ist der Weg frei, dass er Monteure anstellt, die Verantwortung übernehmen und ihn als Unternehmer entlasten. Wir entwickeln ein Anforderungsprofil, in dem auf offene, kommunikative Fähigkeiten, aber auch auf konstanten Lebenslauf und gute Arbeitszeugnisse geachtet wird. Bei der kommenden Anstellung will der Unternehmer aus dem Team ein Feedback zu den Kandidaten einholen und dann auf seine konstante Führung ein Augenmerk legen. Für private Probleme und persönliche Entwicklungen fühlt er sich nicht mehr in erster Linie zuständig (Abbildung Nr. 23).

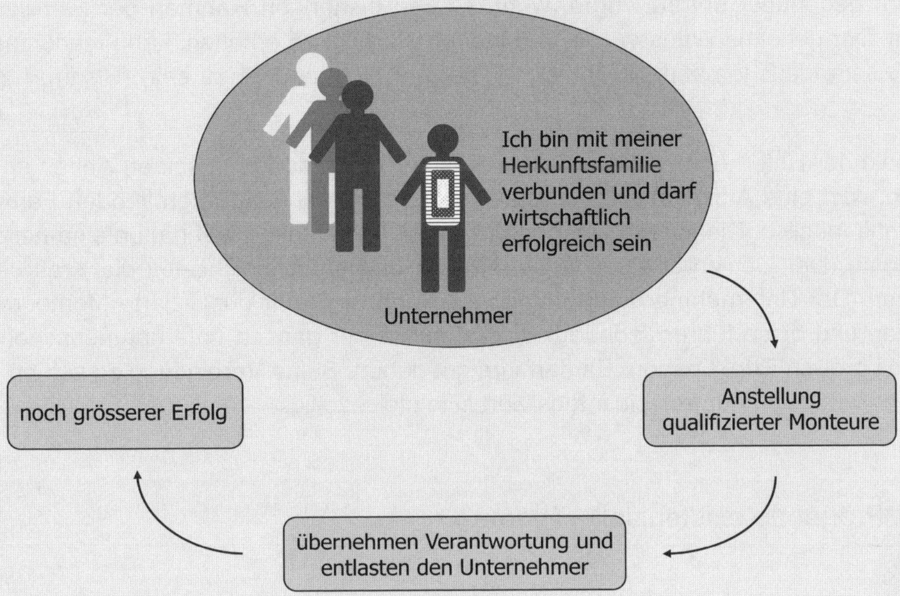

Abbildung 23: *Das aufgelöste Thema*

Wie in Kapitel 6 über das zukünftige Beratungsverständnis beschrieben wurde, bieten Wiederholungen von Führungsthemen – hier das Anstellen von „Pseudo-Männern" – besonders interessante und wirksame Lernmomente. Systemisch betrachtet weisen sie auf Verbindungen ins Familiensystem hin.

Bereits mit dem Erkennen und Herausarbeiten des unbewussten Führungsmusters sind auf organisationaler Ebene wichtige Verhaltensänderungen möglich. Die Führungskraft erkennt, dass sie in Zukunft qualifizierte Monteure anstellen muss und diesen die notwendige Selbstverantwortung zu überlassen hat. Sie darf nicht mehr versucht sein, persönliche Probleme der Mitarbeitenden zu lösen. Ein Schritt in der Führungsentwicklung steht an.

Der innere Impuls für das bisherige Handeln bleibt jedoch sowohl für die Führungsperson wie für den Berater unverständlich. Oberflächlich könnte man es vielleicht als diffuses Problem mit Männern bezeichnen oder einfach als Unfähigkeit abtun. Mit dem Erweitern des Blickwinkels und dem Erkennen der Verbindungen in das Herkunftssystem können der tiefere Zusammenhang und Sinn verstanden werden. Der Gewerbetreibende ist seit Generationen der Erste, der nicht in Armut leben muss, sondern unternehmerisch und wirtschaftlich erfolgreich, ja sogar sehr erfolgreich ist. Die systemische Familientherapie hat dazu erkannt, wie schlecht es Kinder – aus einer unbewussten Loyalität heraus – aushalten, auf die Dauer erfolgreicher und glücklicher zu sein als die Eltern. Bei zu viel Erfolg ist es so, als ob ein Kind seinen

Eltern gegenüber untreu würde, wenn es den bisherigen Rahmen der Familie verlässt. Der geheime Wunsch, die Verbindung aufrecht zu erhalten, kann manchmal so groß sein, dass jemand sich blockiert, nur um nicht anders zu sein (Ulsamer 2009: 27).

Sobald der Unternehmer diese tiefe, seelische Verbindung mit seinen Ahnen spüren kann, wird eine Auflösung des existenziellen, generationenübergreifenden Familienthemas möglich. Die innere Versöhnungsarbeit und Dankbarkeit haben eine heilende Wirkung. Der Gewerbetreibende befreit sich und spürt gleichzeitig die Kraft seiner Ahnen. Der Unternehmer kann somit in Zukunft nicht nur qualifizierte Monteure anstellen und diese führen, sondern er darf mit seiner ganzen unternehmerischen Tätigkeit großen Erfolg haben. Es darf ihm gut gehen. Seine Verbindung zu seinen Vorfahren wird nicht nur frei, sie intensiviert sich gleichzeitig.

7.3. Prägende existenzielle Themen

Sowohl die Theorie als auch die Beratungspraxis zeigen, dass die Entwicklung von Führungspersonen nicht nur auf einer bewussten oder weitgehend bewussten Ebene abläuft, sondern stark von einem unbewussten Anteil geprägt wird. Diese im Führungsalltag kaum zu erfassende Dynamik ist in Zukunft deutlicher zu erkennen und in einen Beratungsprozess zu integrieren. In diesem Abschnitt geht es dabei um den Einfluss von belastenden, existenziellen Themen.

Falls Führungspersonen immer wieder Mühe haben, ihre Führungsrolle oder Führungsposition einzunehmen und beispielsweise eine spürbare Trauer, Wut, Unruhe oder grenzenlose Leistungsbereitschaft in sich tragen, so ist genau hinzusehen, ob ihr Leben und ihr Führungsverhalten nicht durch schwierige Themen aus dem Herkunftssystem belastet wird. In der Theorie wird dabei zwischen schweren Einzelschicksalen („Identifizierungen") und schlimmen, kollektiven Ereignissen unterschieden. In beiden Fällen ist es wichtig, dass Führungspersonen, die beim Führen auf einschränkende, existenzielle Herkunftsthemen stoßen, diese erkennen und auflösen können. Aus der Position als Erwachsene müssen wir nicht mehr in unbewussten, begrenzenden Verbindungen und loyalen Kindergefühlen verharren, sondern wir können uns davon lösen und unser Bild von der Familie anpassen.

Schwere Einzelschicksale oder schlimme Ereignisse in einer Herkunftsfamilie sind für die nachfolgenden Generationen belastend. Wird in einer Familie offen und mit Achtung über die betroffenen Vorfahren geredet, bekommen diese ihren angemessenen Platz und die Belastung reduziert sich. Wird jedoch das Schicksal der Person mehr oder weniger tabuisiert, geschieht den betroffenen Personen und dem Familiensystem weiteres Unrecht. Die Gefahr wird groß, dass einzelne Personen der Nachfolgegenerationen durch Nachahmung unbewusst auf deren Schicksal aufmerksam machen werden. Dazu ist es nicht notwendig, dass sich die beiden Menschen persönlich gekannt haben. Richten wir unseren Blick zuerst auf die schweren Einzelschicksale.

9. Praxisbeispiel: „Was bremst“

Leiterin und Leiter einer Weiterbildungsinstitution kommen zusammen in eine Kurzzeitberatung. Sie sind zugleich Geschwister, die ältere Schwester und der jüngere Bruder. Während die Basisausbildungen des Instituts gut belegt sind, findet das neue Aufbauangebot wenig Resonanz. Mittels einer Beratung möchten sie hierzu neue Lösungen finden.

Aus Sicht der Leiterin lancierte der Leiter das neue Kursangebot zu rasch und zu wenig professionell. Umgekehrt erhebt der Leiter den Vorwurf, die Leiterin glaube nicht wirklich an den Erfolg des neuen Produktes. Den Misserfolg schreibt er ihrer Einstellung zu. Als Lösung verlangt er von ihr, dass sie ihren Glaubenssatz umprogrammiert: „Das neue Aufbauangebot wird zum Erfolg.“ Obwohl ich mich von Anfang an um Transparenz bemühe, wird es mir nicht klar, ob die Schwester tatsächlich als gleichwertige Leiterin oder nicht primär als Assistentin im Institut arbeitet. Da der Leiter und die Leiterin bei diesen Fragen ungeduldig werden, folge ich ihrer Aufmerksamkeit und lasse beide gleichzeitig das folgende System aufstellen: der Leiter, die Leiterin, die Kunden, das neue Kursangebot und „Was bremst“ (Abbildungen Nr. 24 und Nr. 25).

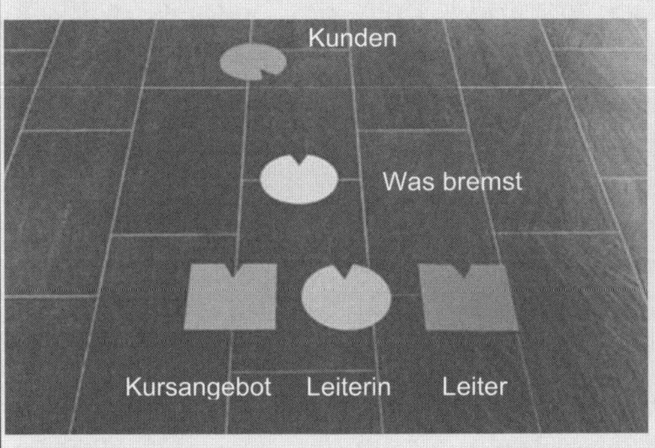

Abbildung 24: *Ist-Bild Leiter*

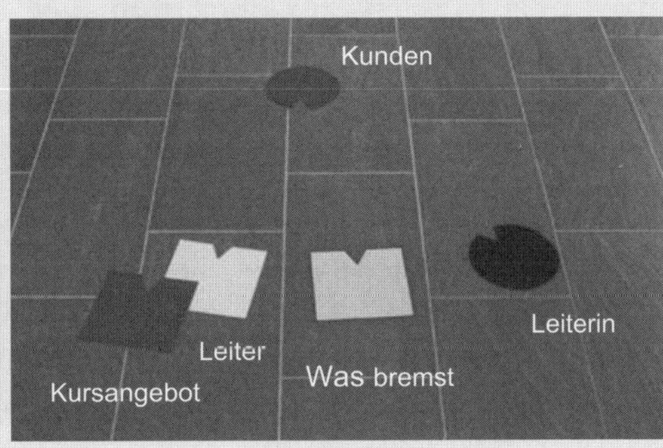

Abbildung 25: *Ist-Bild Leiterin*

Während der Leiter das Organisationssystem aufstellt, stellt die Leiterin und Schwester unbewusst das Familiensystem auf. Im Fokus ihres Bildes steht die Geschwisterbeziehung und „Was bremst“, das zwischen ihnen steht. Das Phänomen, dass eine Person das Organisationssystem und die andere das Familiensystem aufstellt, ist in der Beratung mit Paaren, die zusammen ein Familienunternehmen führen, immer wieder zu beobachten. Da auch im Bild des Organisationssystems „Was bremst“ näher bei der Leiterin steht, beginne ich mit ihr zu arbeiten. Von Anfang an war in ihrem Gesicht eine gewisse Trauer erkennbar, welche mit dem Aufstellen noch deutlicher wird. Sie schildert, dass sie „im Leben keinen Platz finde", weder hier im Institut noch in der Herkunftsfamilie. Durch das Nachfragen zeigt sich bald, dass sie sich emotional stark mit einer älteren Schwester verbunden fühlt, welche die Mutter gegen Ende der Schwangerschaft verloren hatte. Trotz eines Namens bekam dieses Kind keinen Platz in der Familie und die Klientin fühlt sich ganz stark mit dem Schicksal ihrer älteren Schwester verbunden (= Identifizierung). Als ich diese ältere Schwester ins Bild dazustelle, kann sie fast nicht zu ihr hinsehen. Sie hat Angst, dass sie den Boden unter ihren Füssen verlieren könnte. Eine große Trauer zeigt sich und das tiefe Gefühl kommt hoch, dass die Schwester anstelle von ihr hätte leben müssen. Die Klientin hat erstmals die Gelegenheit, bewusst um das Schicksal ihrer älteren Schwester zu trauern. Mit der Zeit erleichtert und beruhigt sie dies. Sie realisiert, dass dies das Schicksal ihrer Schwester ist und jene dieses selbst zu tragen hat. Hier sind die Gefühle und Schicksale der beiden Schwestern zu trennen. Die Klientin darf leben, sie darf im Leben aus dem Vollen schöpfen. Sie hat ihren Platz im Herkunftssystem.

Mit dem Wechsel ins Organisationssystem bleibt die Grundfrage nach dem richtigen Platz im Leben erhalten. Die Rolle der Leiterin und ihr richtiger Platz im Organisationssystem sind zu klären. Der Leiter sieht seine ältere Schwester praktisch als gleichberechtigte Leiterin neben sich, was jedoch den Aufgaben in der Praxis bei Weitem nicht entspricht. Alle Weiterbildungen werden vom Leiter geführt, während die Leiterin primär für das Backoffice und die Ausbildungsberatung zuständig ist. Falls sie zusammen das Institut leiten möchten, müsste die Leiterin mittelfristig ebenbürtige Aufgaben erfüllen und mehr Verantwortung übernehmen. Die Gleichwertigkeit müsste auch im Gehalt zum Ausdruck kommen. Falls der Leiter jedoch wie heute primär die Führung innehat, muss er seiner älteren Schwester im Organisationssystem die Rolle der Assistentin „zumuten". Eine solche Rollenteilung ist im Organisationsalltag möglich, aber auch anspruchsvoll, da die Schwester im Herkunftssystem als Ältere den etwas bedeutenderen Platz einnimmt.

Da der Leiter heute klar die Führung hat, muss er auch bei der Lancierung von neuen Angeboten mehr Aufgaben und mehr Verantwortung übernehmen. Als Seminarleiter ist er über die Basiskurse laufend im Kontakt mit den potentiellen Teilnehmenden des Aufbaukurses und hat sie auf das neue Angebot hinzuweisen und anzusprechen. Dies kann nicht primär die Aufgabe der Leiterin sein.

Eine interessante Beobachtung ist zudem, dass die Leiterin in ihrem Anfangsbild das neue Kursangebot zum Leiter stellt und somit innerlich den Leiter für die Durchführung und den Erfolg verantwortlich macht. Im Anfangsbild des Leiters sieht dies gerade umgekehrt aus: Er stellt das neue Angebot an die Seite der Leiterin. In beiden Ist-Bildern wird somit die Verantwortung für das neue Kursangebot einseitig auf die andere Leitungsperson übertragen.

Das Beispiel zeigt auf, dass ein mentales Muster nicht einfach nur umprogrammiert werden kann, sondern auf wichtige und vielschichtige Zusammenhänge hinweisen kann. Einerseits ist die seelische Verbindung mit der älteren Schwester zu lösen, andererseits ist im Weiterbildungsinstitut das Führungs- und Leitungsmodell klar zu definieren. Entweder wird es der heutigen Realität angepasst, das heißt, die Leiterin wird zur Assistentin, oder die Funktion der Leiterin wird zunehmend aufgewertet, was entsprechende Kompetenzen und Entwicklung voraussetzt. Hier ist insbesondere der Leiter, welcher die Weiterbildungsinstitution führt, stark gefordert. Die Leiterin hat demgegenüber sowohl im Organisationssystem als auch im Herkunftssystem ihre Rolle neu zu finden und zu definieren.

Das Finden eines optimalen Leitungsmodells wird zusätzlich durch die Tatsache erschwert, dass der Leiter und die Leiterin Geschwister sind. Wie in jedem Familienunternehmen übernehmen sie somit gleichzeitig zwei wichtige Rollen: die Führungsrolle und die Geschwisterrolle. Im Geschäftsalltag kann dies leicht zu Irritationen führen. Spricht die Frau jetzt als Leiterin oder als ältere Schwester zum Leiter? Und sieht sie der Leiter als Leiterin oder als ältere Schwester?

Die intensive emotionale und seelische Verbindung der jüngeren Schwester (= Klientin) mit der älteren Schwester, welche die Mutter gegen Ende der Schwangerschaft verlor, zeigt auf, wie solche Identifizierungen ein Leben prägen können. Unbewusste Trauer und unbewusste Schuldgefühle dafür, dass sie leben kann, während ihre Schwester sterben musste, sind zu erkennen und loszulassen. Die ältere Schwester bekommt endlich ihren angemessen Platz im Familiensystem. Jetzt darf es der Klientin gut gehen, sie darf im Leben aus dem Vollen schöpfen. Sie bekommt Raum und neue Möglichkeiten für ihre Weiterentwicklung. Ein Entwicklungsprozess ist in allen Gegenwartssystemen zu erwarten. Aus den vielen Erfahrungen mit Familienaufstellungen wissen wir zudem, dass Symptome, wie hier „Was bremst", auf schwierige Schicksale oder Familienereignisse hinweisen.

Trotz der Dichte der Beratungssequenz werden hier die Grenzen einer gut zweistündigen Kurzzeitberatung sichtbar. Im Idealfall wird das zentrale Thema erkannt, aufgegriffen und die bewusst gewordene Problematik gelöst. Viele Anschlussfragen bleiben jedoch noch vage oder offen. So ist die zukünftige Rollenverteilung im Institut zwischen dem Leiter und der Leiterin zu klären. Zudem stellt sich die Frage, was den Leiter veranlasst hat, gerade seine Schwester in die Institution zu „holen"? Wieso übernimmt er für sie so viel Verantwortung? Was ist attraktiv an ihrer überdimensioniert erscheinenden Rolle als Leiterin? Solche zentralen Fragen und Klärungsprozesse wären aus Sicht des Beraters in einem zweiten Gespräch aufzugreifen. Gerade aber bei der Beratung von Beratenden ist es gut, in ihre Professionalität und hohe Selbstkompetenz zu vertrauen. Sie können die zentralen Anstöße und Impulse selbst aufgreifen und auf die noch offenen Fragen Antworten finden.

Identifizierungen, das heißt die starke Verbundenheit mit dem Schicksal früherer Ahnen, müssen jedoch nicht immer nur familiäre Aspekte betreffen. Sie können sich ebenso gut in beruflichen Beziehungen zeigen. Diesem Phänomen bin ich erstmals 2003 in einer Aufstellungsgruppe begegnet.

10. Praxisbeispiel: „Eine interessantere Arbeit"

Die Klientin arbeitet als qualifizierte Projektmitarbeiterin für einen chemischen Konzern. Als Anliegen bringt sie ein, dass sie sich beruflich verändern möchte. Sie sucht für sich eine interessantere Arbeit, ist sich jedoch über deren Ausrichtung sehr unschlüssig. Manchmal hat sie das Gefühl, dies könnte einen Zusammenhang mit der Herkunftsfamilie haben. Sie kann sich dies jedoch selbst nicht erklären.

Mit lösungsorientierten Fragetechniken versuche ich vor der Aufstellung, mögliche systemprägende Dynamiken und Lösungsmöglichkeiten bereits zu erkunden und zu verstehen. In diesem Fall greifen die Fragen jedoch nicht, keine Energie kommt auf. Für einen Berater sind solche Unwissenheit und Unsicherheit unangenehm. Inhaltlich sind sie jedoch ein Hinweis, dass vermutlich unbewusste und verdeckte Systemdynamiken Regie führen.

Aus dem Vorgespräch wurden folgende Erkenntnisse gewonnen:

- Der Klientin geht es wirklich um ihre Arbeit, die ihr zu wenig bietet. Die Führung, das Team und Umfeld bezeichnet sie als sehr gut.
- Konkrete, berufliche Alternativen bestehen noch keine. Alle Ideen und Absichten wirken zurzeit noch recht diffus.
- Fragen über Zusammenhänge zur Herkunftsfamilie werden abgeblockt, obwohl die Klientin grundsätzlich dem Einbezug familiärer Dynamik offen gegenübersteht.

In der Aufstellung und im Nachgespräch zeigen sich dann ganz überraschende Zusammenhänge. Der Großvater der Klientin musste den Bauernhof seines Vaters übernehmen, obwohl er sich viel mehr für gestalterische und kreative Berufe interessierte. Er konnte seine beruflichen Ideen nicht verwirklichen und somit einen ihm wichtigen Teil seiner Persönlichkeit nicht entwickeln. Das Führen des Bauernhofes belastete ihn ein Leben lang. In der Aufstellung fühlte sich sein Stellvertreter wenig lebendig. Die Klientin fühlte sich emotional und seelisch stark mit dem Schicksal des Großvaters verbunden.

Wie der Großvater, der nicht tun konnte, was er wollte, stellte die Klientin durch ihre unbewusste Verbundenheit ebenfalls ihr berufliches Potential zurück. Nicht gar so eingeschränkt wie beim Großvater konnte sie beruflich nicht das realisieren, zu was sie sich hingezogen fühlte. Mit dem Erkennen und Lösen dieser Verknüpfungen entstand erstmals Raum für ihre Berufung und eine neue Tätigkeit. Zudem spürte die Klientin den für sie wertvollen Zuspruch von Vater und Großvater, endlich ihren eigenen Weg gehen zu können. Wie dieser Weg aussehen wird, darf in der Klientin in den nächsten Monaten und Jahren noch reifen.

Im Beispiel „Was bremst“ hat sich die Klientin mit dem schweren Schicksal ihrer älteren Schwester identifiziert. In diesem Beispiel erfolgt die Identifizierung zwar ebenfalls über ein Familienmitglied, den Großvater. Inhaltlich betrifft es jedoch nicht ein Familienthema, sondern ein berufliches Thema. Dem Großvater war es im Leben nicht erlaubt, seine beruflichen Potentiale und Ideen zu verwirklichen. Analog war es auch der Klientin bis jetzt nicht vergönnt, ihr berufliches Potential auszuschöpfen und ihren eigenen Weg zu erkennen und zu gehen.

Diese Form der Identifizierung bezeichne ich als „berufliche Identifizierung“. In der Fachliteratur taucht dies als Phänomen noch nicht auf, sie hat jedoch in der Praxis ihre Bedeutung. So erinnere ich mich beispielsweise noch gut an den Bericht einer Beraterin, die ihr berufliches Potential ebenfalls nicht ausschöpfen konnte. Für sie war es unerklärlich, dass sie als einziges Kind in einer Akademikerfamilie nicht studiert hatte. In der Beratungssequenz zeigte sich dann eine intensive und liebevolle Identifizierung mit ihrem Großvater, der trotz seiner großen Begabung nicht Radfahr-Profi werden durfte, sondern einen handwerklichen Beruf erlernen musste. Die Klientin machte unbewusst auf diese scheinbar intensiv nachempfundene Ungerechtigkeit bei der Berufswahl ihres Großvaters aufmerksam.

Zu den beruflichen Identifizierungen gehören für mich auch die unbewussten seelischen Verbindungen mit finanziellem Unrecht von Ahnen. Erschleicht oder erwirbt sich ein Vorfahre ungerechterweise Geld oder Vermögen, beispielsweise aus jüdischem Besitz im 2. Weltkrieg, oder bereichert sich ein Vorfahre durch eine massiv unfaire Erbteilung, so zerrinnt den Nachkommen das Vermögen nicht nur unter den Händen, sondern sie müssen sich oft im Leben mit leichtfertig verursachten Schulden herumschlagen.

Wer für sich eine Identifizierung innerlich lösen kann, spürt oft, wie sich eine unbewusste Belastung in eine Stärke wandelt. Indem die früher unbewusst vertretene Person im System wie im Herzen des Nachfahrens ihren „richtigen“ Platz bekommt, fließt von ihr zu ihm viel Wohlwollen und Liebe.

Bei den belastenden, kollektiven Familienereignissen treten Täter-Opfer-Themen am häufigsten auf. Dazu gehören auch tödlich verlaufene, von Menschen verursachte Unfälle oder Morde. Eine weitere Form familienprägender Themen ist eine generationenübergreifende, existenzielle Armut. Schwerwiegende Familiengeheimnisse gehören im weiteren Sinne auch dazu. Ich möchte hier ein Täterbeispiel vorstellen.

11. Praxisbeispiel: „Eiskalt und keine Emotionen zeigend"

Nachdem Konflikte eskaliert sind, beordert ein Geschäftsleitungsmitglied seinen Teamleiter in ein Führungscoaching. Er schätzt die fachlichen Fähigkeiten und Leistungen seiner Führungsperson, bemängelt aber die persönlichen Führungsqualitäten und die soziale Kompetenz. Der Teamleiter ist zwar gekränkt, gesteht jedoch selbst im Vorgespräch ein, dass er in gewissen Situationen hart sein könne. Ich arbeite mit ihm in zwölf Coachingsequenzen mit jeweiligem Vor- und Nachgespräch. Gegen Ende kommen noch zwei Tage Workshop mit seinem Team dazu.

Im Coaching zeigt sich rasch, dass der Leiter, wenn er unter Druck gerät, „eiskalt und keine Emotionen zeigend" handeln kann, wie er es selbst formuliert. Dieses Handlungsmuster bezeichnet er als „den Riegel schieben". Den Riegel schiebt er, indem er sich im Konfliktfall emotional zurückzieht und ohne wirklich im Kontakt zu sein versucht, sich auf der Sachebene um jeden Preis durchzusetzen. In einem durch das Coaching ausgelösten Feedbackprozess vergleicht ihn ein Freund und Arbeitskollege mit einer Schlange. „Mit einer Schlange (wohlgemerkt nicht mit einer falschen), weil Du Dich in verschiedenen Umgebungen ganz dezent bewegen und Dich diesen gut anpassen kannst, aber wenn du auf Jagd gehst oder selber bedroht wirst, sehr präzise, effizient und resultatorientiert zuschlägst." Auch aus dem Team kommen zum Teil harte Rückmeldungen: „Er befiehlt uns wie Hunden. Er ist ein Patriarch."

Im Verlaufe des Coachings können wir sein Konfliktverhalten noch detaillierter erfassen und verstehen. Die ersten Zeichen von sich anbahnenden Differenzen und Konflikten werden in der Regel ignoriert. Der Teamleiter verpasst somit die Chance, frühzeitig Meinungsverschiedenheiten zu klären und seine Position und Interessen einzubringen. Erst wenn sich Konfliktsituationen verschärfen und zu eskalieren drohen, zieht er in den Kampf.

Im Organisationssystem sind verschiedene Lösungen möglich. Für den Teamleiter ist es zu Beginn wichtig, sein Verhalten und die damit verbundenen Wirkungen zu erkennen. Als Erstes realisiert er, dass Konflikte in beruflichen Drucksituationen viel häufiger auftreten. Zur Vermeidung ist es gerade in hektischen Arbeitsphasen wichtig, Aufgaben zu priorisieren und zu delegieren. Mit dem Erkennen des destruktiven Konfliktmusters bieten sich weitere Handlungsalternativen an: „Weiche" Frühwarnsignale, wie vorerst vage ausgesprochene Kritik oder offensichtliche Ungereimtheiten, sind ernst zu nehmen. Anstatt wegzusehen hat der Teamleiter die ihm wichtigen Themen anzusprechen und eigene Anliegen frühzeitig einzubringen. Zudem drängt sich zum Wiederaufbau von Vertrauen die für den Vorgesetzten unangenehme Aufgabe auf, sich bei den anderen Konfliktparteien für den eigenen Konfliktanteil, die gezeigte Härte und die ausgelösten Verletzungen zu entschuldigen.

Die Härte des Teamleiters ist jedoch nicht einfach nur eine Charakterschwäche oder ein Persönlichkeitsdefizit, das im schlimmsten Fall vorgegeben ist oder im Idealfall aufgearbeitet werden kann. Dieses Verhalten tritt zwar im Gegenwartssystem – hier dem Organisationssystem – auf, stammt jedoch meist aus dem Herkunftssystem. Härte und eiskaltes, kontaktloses Handeln gehören zum Verhalten von Tätern respektive Nachfahren von Tätern, die mit einer Täterenergie identifiziert sind. In einem solchen Familiensystem findet man meistens eine, zwei, manchmal auch drei oder vier Generationen früher schlimme Ereignisse mit tödlichen Folgen. Gerade wenn diese Ereignisse verschwiegen, ja tabuisiert werden, ist die Chance groß, dass sie über die Täter- und Opferenergie durch spätere Generationen in abgeschwächter Form weiter wirken. Die Nachkommen machen unbewusst auf das Unrecht und die schweren Schicksale aufmerksam. Die damit ausgedrückten familiengeschichtlichen Taten oder Opfer müssen bewusst werden, um die Verstrickungen auf seelischer Ebene verstehen zu können und sich dann von ihnen zu lösen. Schlimme Ereignisse und Schicksale wiederholen sich nicht mehr.

Der Teamleiter, der sich in seinem Leben mit eigenen Familienzusammenhängen noch wenig auseinandergesetzt hat, realisiert, dass die Themen „Schuld“ und „Schuldig-Sein/Nicht-Schuldig-Sein“ das Familiensystem stark prägen. Seine Verwandtschaft ist vom 2. Weltkrieg stark gezeichnet. Über seine Großeltern, die flüchten mussten und dabei ihren ganzen Besitz verloren, kann er lange Zeit nichts herausfinden, zu verschwiegen zeigt sich das System. Der andere Großvater allerdings war jahrelang an vorderster Front im Kriegseinsatz und vermutlich bei der SS. Auch wenn es in diesem Coachingprozess ein Stück weit offen bleibt, ob die Täterenergie primär von diesem Großvater ausgeht, so kann der Teamleiter doch für sich erkennen, woher das Thema kommt und wohin diese Gefühle gehören. Diese Emotionen und Handlungsmuster sind dort zu lassen und nicht unbewusst weiter zu pflegen. Dass der Teamleiter gerade jetzt mit seiner Täterenergie konfrontiert wird, ist vermutlich auch kein Zufall. Das Unternehmen befand sich im Umbruch, die Geschäftsleitung wurde ausgewechselt und es herrschte große Verunsicherung. „Überlebensthemen“ bekommen so plötzlich viel Gewicht.

An den Schuld-und Täterthemen habe ich im Führungscoaching immer wieder gearbeitet. Auch wenn es hier nicht um einen langfristigen, therapeutischen Prozess gegangen ist, so sind das Erkennen der Zusammenhänge und Verstehen der Emotionen und Rollen aus dem Herkunftssystem sehr wichtig. Die Emotionen machen plötzlich Sinn, werden für den Teamleiter verständlich und können fallengelassen werden, da sie zu früheren Personen und Schicksalen im Familiensystem gehören. Diesen Prozess empfindet der Teamleiter als innere Befreiung, die sofort eine starke Wirkung auf sein Führungs- und Konfliktverhalten im Organisationssystem hat.

Die Offenheit und Entschlossenheit, mit welcher er die persönlichen und organisationalen Themen angeht, ist bewundernswert. Ein knappes Jahr später werden von allen Seiten – Geschäftsleitungsmitglied, Personalchefin und Team – seine unglaubliche Entwicklung und seine großen Erfolge anerkannt und geschätzt. Der Teamleiter wirkt viel weicher und lockerer, ist in Kontakt, überzeugt durch Transparenz und schafft den Turnaround mit dem Team. Eine Vertrauensbasis ist wieder entstanden, die Stimmung ist sehr gut und es besteht viel Zuversicht.

Auch hier wird detailliert ein Führungs- und Konfliktmuster beschrieben, das bereits auf organisationaler Ebene wichtige Handlungsänderungen erfordert. Die Härte des Teamleiters ist jedoch aus der Organisationsperspektive nur zum Teil verständlich und es wäre falsch, ihn vorschnell quasi als unfähig oder „krank" zu bezeichnen. Wissen wir jedoch, dass schwierige Täter- und Opferthemen über Generationen die Nachfahren beeinflussen können, eröffnet sich ein ganz neuer Erkenntnis- und Lösungsraum. Die Täterthemen im Herkunftssystem des Klienten zeigen ihm auf, dass er stark mit einer Täterenergie verbunden ist. Im direkten, persönlichen Kontakt ist der Klient offen, sehr zugänglich und warmherzig. Nach außen wirkt er mit seiner Täterenergie jedoch als unnahbar und unberechenbar. Er erzeugt oft Angst. Im Unternehmen wird eine negative Ausstrahlung wahrgenommen. Im Konfliktfall zieht er in den „Krieg". Kontaktlos und eiskalt schlägt er zu. Die Gründe für sein Handeln kann er selber nicht wirklich verstehen. Sein Verhalten ist dem organisatorischen Konflikt jeweils nicht angemessen. Zu hart und zu konfrontativ tritt er jeweils auf.

Im Coachingprozess kann der Klient einen Großvater als Täter erkennen und achten und auch das Leid der Opfer sehen. Er kann die Täter- wie Opferschicksale und das damit verbundene Unrecht bei den Betroffenen belassen. Er befreit sich dadurch zunehmend von der Täterenergie und kann sich innerlich von diesen schlimmen Ereignissen abwenden. In Zukunft ist er in seinem Handeln frei. Als Coach war es beeindruckend zu realisieren, wie rasch sich mit dem inneren Prozess des Klienten die verschiedenen Führungsbeziehungen normalisierten und zunehmend offene, persönliche Kontakte möglich wurden.

Jahre später erfahre ich, dass der Coachingprozess für den Klienten zum Start eines erfreulichen Entwicklungsprozesses wurde. Die Führungsperson arbeitete weiter intensiv an ihrer Persönlichkeit, absolvierte eine Management-Ausbildung und wurde Mitglied einer bedeutenden Geschäftsleitung.

Führungspersonen, die umgekehrt mit einer Opferenergie identifiziert sind, können sich in entscheidenden Situationen oft nicht wehren. Sie wirken wie gelähmt, werden so selbst zum Opfer. Sie können nicht handeln, obwohl sie realisieren, dass dies jetzt dringend notwendig wäre. So kann sich beispielsweise eine Mitarbeiterin erlauben, ihren Vorgesetzten in seinem Büro anzuschreien und ihm die Leviten zu lesen, ohne dass dieser die notwendigen Grenzen setzen kann. Er lässt die Mitarbeiterin einfach gewähren, obwohl es für ihn überhaupt keinen Grund dazu gibt. Analog zur Täterdynamik ist hier im Coaching die Opferdynamik zu erkennen und persönlich aufzuarbeiten.

7.4. Berufung und Inspiration

Das Sich-Lösen aus belastenden Dynamiken in der Herkunftsfamilie ist für Führungspersonen und ihre Entwicklung in dieser zweiten Phase von größter Bedeutung. Sie werden dadurch freier für ihre Führungsaufgabe und ihren eigenen, beruflichen Weg. Herkunftssysteme stellen jedoch nicht nur eine Belastung dar, sie stellen uns auch besondere Ressourcen und Quellen zur Verfügung, die zu nutzen sind. Wie das nachfolgende Beispiel zeigt, stehen wir gerade auch in der Auseinandersetzung mit den Themen unserer Ahnen unserer eigenen Vision, unserer Entwicklung und unseren spezifischen Ressourcen oft sehr nahe. Wir kommen mit unserer inneren Quelle in Berührung.

Das Beispiel handelt von einem Unternehmer, der zusammen mit seiner Frau ein Beratungsunternehmen gegründet hat. Das Versöhnen mit seinen Ahnen und seiner spirituellen Führung öffnet ihm neue Räume und Möglichkeiten in seiner Entwicklung und der beruflichen Gestaltung seiner dritten Lebensphase.

12. Praxisbeispiel: „Die Versöhnung mit dem nicht-erfüllbaren Lebensauftrag"

Ein Unternehmensberater, der seit zwei Jahrzehnten zusammen mit seiner Frau ein erfolgreiches Beratungsunternehmen führt, kommt in eine Kurzzeitberatung. Er wird im nächsten Jahr 60 Jahre alt und möchte das Beratungsunternehmen, nennen wir es Consult AG, verkaufen. Für die dritte Lebensphase wünscht er sich mehr Raum und neue Möglichkeiten. Insbesondere möchte er seine spirituelle Entwicklung fördern, vermehrt in therapeutischer Richtung arbeiten und neue Produktideen lancieren, aber auch mit seiner Frau reisen. Da sich seine neuen Ideen und Angebote nicht mehr in erster Linie an die bisherigen Kunden, das Management, richten, ist für ihn der Verkauf der Consult AG praktisch gegeben.

Ich schlage ihm vor, dazu sein inneres Bild aufzustellen. Er wählt die entsprechenden Bodenanker aus und legt sie hin (Abbildung Nr. 26).

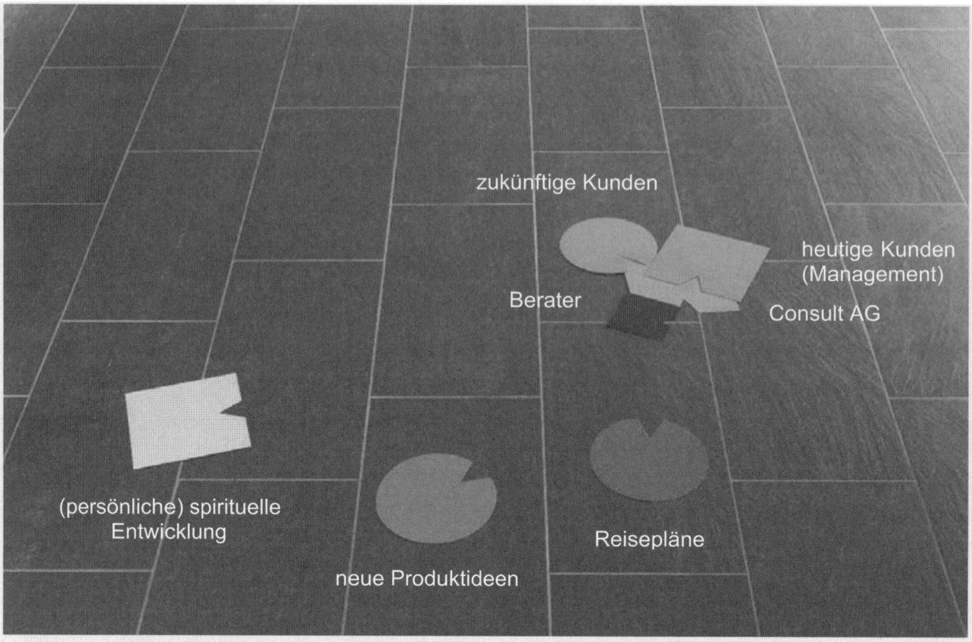

Abbildung 26: *Anfangsbild des Leiters Consult AG*

Die Aufmerksamkeit in seinem Anfangsbild wird automatisch zur Stelle hin geleitet, wo mehrere Aufstellungsscheiben aufeinanderliegen. Dass die einzelnen Systemelemente keine eigene Position haben, ist in Aufstellungsbildern selten und weist auf eine Form der mangelnden Abgrenzung hin. Hier bilden die Consult AG, der Unternehmensberater, die bisherigen Managementkunden und die zukünftigen Kunden praktisch eine Einheit.

Im Außenkreis, von wo aus wir die Aufstellung überblicken können, reflektieren wir zusammen das Anfangsbild. Ich spreche den Berater auf seine quasi grenzenlose, für mich überraschende und zu starke Kundenorientierung an. Der Berater erzählt mir sofort seine Lebensgeschichte und diejenige seiner Vorfahren, was ihn emotional stark bewegt. Gerade gegenüber dem Vater ist eine große Trauer spürbar. Sein Urgroßvater baute als Pionier eines der ersten Hotels in seiner heimatlichen Bergregion, welches dann von seinem Großvater und Vater weitergeführt wurde. Sein Vater starb jedoch früh. Der Berater war damals erst sechs Jahre alt. Noch vor dem Tod bat der Vater seinen Sohn, das Hotel mit seiner Mutter weiterzuführen und es dann später selbst zu übernehmen.

Ich bitte den Berater, auch seinen Vater, Großvater und Urgroßvater dazuzulegen (Abbildung Nr. 27):

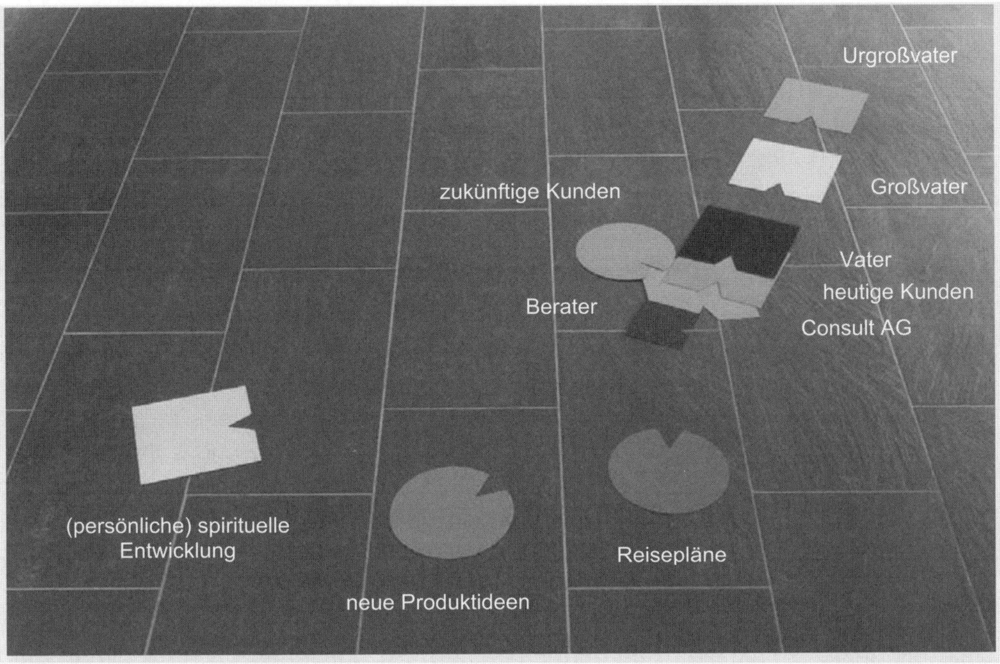

Abbildung 27: *Erweitertes Anfangsbild des Leiters Consult AG*

Im Aufstellungsbild wird eindrücklich sichtbar, wie der Vater dem Sohn mit diesem Arbeits- und Lebensauftrag, das Hotel aus der Familientradition weiterzuführen, viel zu nahe kam. Der Sohn war damals noch ein Kind und zu jung für einen solchen Auftrag. Trotz seines Einsatzes musste er später, als er elf Jahre alt war, nach erfolglosem Widerstand dem Verkauf des Hotels durch die Mutter zustimmen. In emotionaler Prozessarbeit kann der Sohn seinem Vater sagen, dass dieser Arbeits- und Familienauftrag für ihn zu groß und nicht erfüllbar war. Trotz seines intensiven Bemühens hatte er zu akzeptieren, dass die Mutter das Hotel verkaufte. Dies war für ihn und seinen eigenen Weg eine Entlastung.

Zu seiner großen Überraschung spürt der Berater, dass vom Vater nicht Wut und Unverständnis zurückkommen, sondern viel Liebe. Er spürt, dass der Vater auf ihn zukommen und sich mit ihm versöhnen möchte. Der Berater kann sich so im Verlaufe des Beratungsprozesses immer mehr mit seiner Männer-Linie verbinden und die Kraft selber spüren, die von ihr zu ihm fließt und ihn stärkt.[9] Der nicht erfüllte und nicht erfüllbare Lebensauftrag kann jetzt emotional und seelisch zurückgegeben werden. Der Berater spürt, dass ihm die Ahnen deswegen nicht, wie bislang vermutet, böse gestimmt sind, sondern für ihn viel Verständnis zeigen. Der Verkauf des Hotels war richtig. Der Berater kann jetzt endlich aus der Ahnenlinie Kraft schöpfen

[9] In Kapitel 3.3.3 habe ich dargelegt, wie für Männer in Führungspositionen die Verbindung mit der männlichen Kraft aus dem Herkunftssystem wichtig ist, während Frauen durch die weibliche Kraft gestärkt werden. In diesem Fall war die Versöhnung des Klienten mit dem Vater, Großvater und Urgroßvater bedeutend, da er bislang davon ausging, dass er von ihnen abgelehnt wird.

und er fühlt sich frei für seine neue Ausrichtung in der dritten Lebensphase. Erst jetzt kann er verstehen, weshalb seine Dienstleistungsbereitschaft für den Kunden oft zu groß, ja grenzenlos war und weshalb er ihre Interessen zu sehr in den Mittelpunkt stellte. Mit dieser Form der Kundenorientierung wollte er zwar äußerlich das Fortbestehen des Beratungsunternehmens sicherstellen, innerlich ging es ihm jedoch noch immer um das Fortführen des Hotelbetriebs. Die Kunden, die ihm oft viel zu nahe waren, engten seine persönliche Entwicklung jedoch ein.

Die Ausrichtung auf die dritte Lebensphase fordert vom Berater nicht nur die Loslösung vom nicht erfüllbaren Lebensauftrag, sondern auch die Versöhnung mit dem Vater und den Ahnen. Diese Prozesse bringen seine persönliche Entwicklung voran und stärken ihn. Ein wichtiges Motiv für seine aktuellen Pläne ist sein Wunsch, seiner Spiritualität mehr Raum zu geben. Nach dem Versöhnungsprozess mit den Ahnen lasse ich ihn in der Aufstellung zu seiner spirituellen Entwicklung sehen. Überraschenderweise spürt er dabei Angst. Er fürchtet sich, dass ihm die spirituelle Kraft nicht nur gut gesonnen ist. Im abschließenden Beratungsprozess wird ihm bewusst, dass seine Ängste bezüglich der spirituellen Führung, die er selber sehr gut und klar wahrnehmen kann, im frühen Verlust seines Vaters und im nicht erfüllbaren Lebensauftrag wurzeln. Dank der Versöhnung mit seinen Ahnen kann sich der Berater auch mit seiner spirituellen Führung versöhnen. So entstehen auch im Organisationssystem jetzt Klarheit und eine neue Ausrichtung (Abbildung Nr. 28):

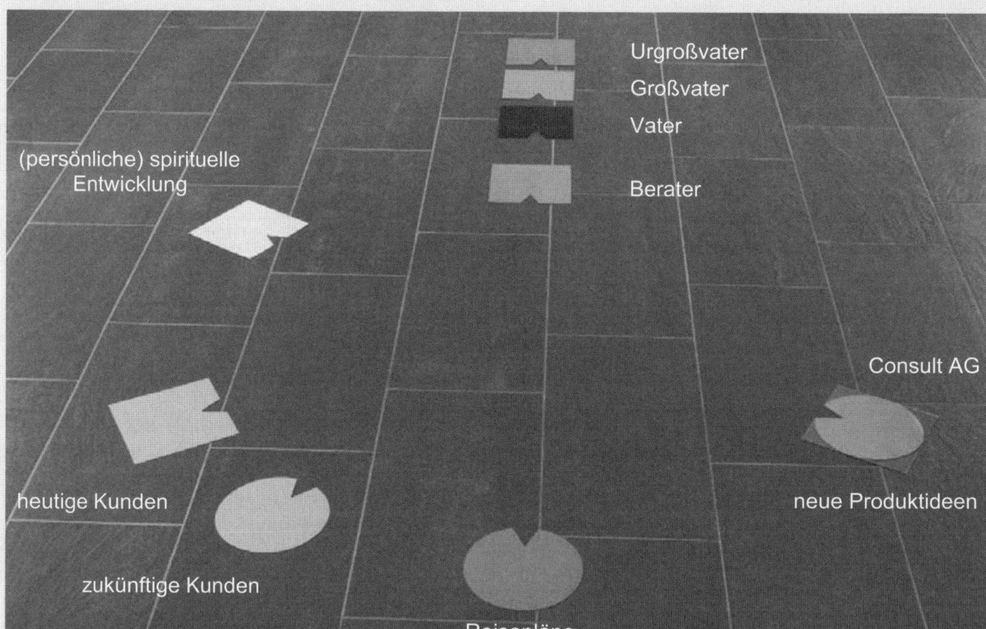

Abbildung 28: *Das Lösungsbild des Leiters Consult AG*

Die Consult AG darf nicht verkauft werden, die neuen Produkte sind vielmehr direkt auf die heutigen Angebote abzustimmen. Die heutigen und zukünftigen Kunden stehen sehr gut nebeneinander, sie konkurrieren sich nicht. Auch das Reisen findet seinen Platz.

Das Beispiel des Beraters und der Consult AG zeigt auf, wie eng die erkennbaren Dynamiken und die verschiedenen Ebenen des Menschen miteinander verflochten sein können. Für den Berater war es wichtig zu erkennen, dass er sich vom übernommenen Lebensauftrag des Vaters emotional und seelisch noch ganz zu lösen hat. Als Organisationsberater konnte er bereits einen großen Teil seines eigenen Weges gehen. Die Ahnen sind ihm auch nicht „böse", weil er das Hotel nicht weiterführen konnte, sondern sie sind ihm in der Aufstellung sehr wohlgesonnen. Diese Versöhnung mit den Ahnen verbindet den Berater mit der Kraft aus seiner Männer-Linie. Die Lösungsprozesse helfen ihm in seiner spirituellen Weiterentwicklung. Er kann sein Vertrauen in seine spirituelle Führung finden.

Dank des Einbeziehens des Ahnensystems und des spirituellen Systems können in der Schlussphase ganz neue Handlungsmöglichkeiten im Organisationssystem erkannt werden. Der Wunsch nach noch mehr Raum und neuen Möglichkeiten erfüllt sich nicht durch den Verkauf der Consult AG und die Verabschiedung der Kunden aus dem Managementkreis. Sie erfolgt durch die Befreiung vom übernommenen Ahnenauftrag, von der grenzenlosen Kundenorientierung und durch den eigenen, inneren Entwicklungsprozess. Die organisationale Lösung entspricht einer ersten Lösungsskizze, einer Ausrichtung, welche der Berater jetzt selber aufgreifen und für sich präzisieren kann.

Obwohl der Berater als Anliegen ein organisationales Thema vertrat, erfolgte dessen Gestaltung im Organisationssystem zuletzt. Zuerst waren die Erkenntnisse und das gefühlsmäßige Lösen auf der Ahnenebene und spirituellen Ebene notwendig. Diese tieferen Prozesse ermöglichen später oft ganz neue Gestaltungsmöglichkeiten im Organisationssystem. So drängte sich beispielsweise der Verkauf der Consult AG nach der Aufstellung nicht mehr auf.

In diesem Organisationsberatungsverständnis ist es wichtig, organisationale Lösungen nach einer solchen Beratungsintervention nur schemenhaft zu skizzieren. Mit dem inneren Reifeprozess, der gestärkten Verbindung mit den Ahnen und der damit erfahrbaren Kraft sowie der intensiveren spirituellen Einbindung wird die Neuausrichtung in der dritten Lebensphase vermutlich nochmals neue, gehaltvollere Formen finden. Eine Ausrichtung, aber auch Offenheit auf dem Lösungsweg sind unbedingt notwendig.

Systemisch interessant an diesem Beispiel ist zudem, dass die Lösung wie häufig im Verbinden und nicht im Trennen liegt. Die verschiedenen Systemebenen des Menschen sind gemeinsam zu betrachten. Das Unternehmen ist nicht zu verkaufen, weil angeblich zwei ganz unterschiedliche Zielgruppen anzusprechen sind. Organisational geht es um eine Weiterentwicklung der Consult AG, indem die neuen Produkte ihre

Form und ihren Platz in Bezug zum bestehenden Angebot finden. Wachstumsprozesse sind Entwicklungsprozesse, die oft auf dem Bestehenden aufbauen.

Wer sich mit seiner Lebensgeschichte und den Ahnen versöhnt hat und die spirituelle Verbindung spürt, ist im Kontakt mit seiner Vision, ja oft schon auf dem Weg zu ihrer Realisation. Diese Erkenntnis beinhaltet die Grafik des Möglichkeitsraumes (Abbildung Nr. 16). Als Beispiel möchte ich dazu kurz auf den Gewerbetreibenden im Wohnbereich (Praxisbeispiel Nr. 8) zurückkommen. Trotz der bitteren Armut war und ist der Gewerbetreibende fasziniert von der Bergregion seiner Ahnen, den Dörfern und Häusern. Sie hat ihn (unbewusst) inspiriert zu Ästhetik, seiner Berufswahl und zu seiner unternehmerischen Initiative. Das Sich-Wohlfühlen in Häusern, unabhängig von Designermarken und viel Geld, wurde zu seiner Vision.

Diese Bergregion und seine Ahnen sind für ihn zur unerschöpflichen Quelle für seine Tätigkeit geworden. Wenn er heute seine Ferien dort verbringt, kommen ihm „Tausende von Umsetzungsideen", mit denen er nach Hause reist. Er fühlt sich in seiner Arbeit und Kreativität beflügelt. Aber nicht nur vor Ort kann sich der Unternehmer an diese Quellen der Inspiration anschließen. Vor Wohnberatungen verbindet er sich manchmal ganz bewusst mental mit der Schönheit der Bergregion und seinen Ahnen, beispielsweise während der Autofahrt zu Kunden. Er fühlt sich spirituell eingebunden und kann sich so vor Ort gut in das jeweilige Haus und die Räume hineinfühlen, sie spüren, aber auch die Wünsche und Anliegen der Kunden auf sich wirken lassen. In diesem Kontakt mit den Kunden bietet er seine fachliche Beratung an. Mit diesen Quellen der Kraft und Inspiration hat der Unternehmer seine ganz persönlichen Ressourcen für seine kreative, beratende Tätigkeit gefunden.

7.5. Fazit

Beim Führen von Teams – der zweiten Phase im integrativen Modell der Führungs- und Managemententwicklung – ist es für Führungspersonen wichtig, dass sie rasch in die Führungsrolle hineinwachsen und für alle sichtbar Führung übernehmen. So können sie wertvolle fachliche, führungsbezogene und persönliche Erfahrungen machen. Die eigenen Führungsqualitäten erhöhen sich sukzessive.

Wie die Beispiele zeigen, belasten familiäre Themen Führung und Organisation viel häufiger und stärker, als dies heute erkannt und in der Theorie beschrieben wird. Für die Entwicklung und den nachhaltigen Erfolg von Führungspersonen ist es wichtig, dass sie schwierige, persönliche Themen lösen, die beim Führen an sie herangetragen werden. Mit dem Verarbeiten blockierender Themen wird das eigene Potenzial freigelegt. Die Person gewinnt an Stärke, Kontur und Reife.

Führungspersonen sind nicht nur beim Lösen ihrer belastenden Themen zu unterstützen, sondern auch in der Entwicklung ihrer ganz spezifischen Fähigkeiten und

Kompetenzen. Besondere, persönliche Potenziale aus allen menschlichen Systemen können in Zukunft noch viel stärker gefördert und in der Führung eingebracht werden. Denkbare Ressourcen aus dem Ahnensystem und der spirituellen Einbindung liegen heute oft noch brach.

Bereits beim Führen von Teams ist zudem die Frage nach der eigenen Berufung und der damit verbundenen spirituellen Unterstützung zu stellen. Eine Rückbesinnung auf die eigenen Lebensziele stärkt das Führungsverhalten und zeigt neue Wege auf.

8. Das Führen komplexer Systeme: Beispiele zur Führung von Abteilungen und Organisationen

Der Wechsel vom Führen eines Teams zum Führen von ganzen Abteilungen oder Organisationen ist ein großer Schritt. Es kommen neue Aufgaben dazu, die Systemkomplexität steigt enorm an. Die „Überschaubarkeit" eines Teams wird aufgegeben und die Verantwortung für einen Teil oder ein ganzes Unternehmen wird übernommen. Dieser Wechsel ist zugleich Chance und Herausforderung, was für Menschen mit Führungsqualitäten eine besondere Faszination ausübt. Die Möglichkeit entsteht, Abteilungen und ganze Unternehmen voranzubringen und gesellschaftliche Entwicklungen zu fördern, also große Dinge im Leben zu bewegen. Dazu wird viel Verantwortung übernommen.

Wer die Führung einer Abteilung oder einer Organisation mit zwei und mehr Hierarchiestufen übernimmt, hat neue Managementaufgaben zu erfüllen. Im Sinne der bekannten Unternehmens- und Managementmodelle sind überzeugende Visionen und Strategien zu entwickeln, passende Strukturen und Arbeitsprozesse zu definieren und geeignete Organisationskulturen zu gestalten. Visionen und Strategien haben längerfristig einen maßgeblichen Anteil am Unternehmenserfolg, während Strukturen und Arbeitsprozesse für Klarheit und hohe Effizienz zu sorgen haben. Die Wirkung von Unternehmenskultur, dem „weichen" Teil von Organisationen, wird in der Praxis vermutlich noch oft unterschätzt. Ihre Gestaltung ist zudem besonders anspruchsvoll, viel schwieriger als analytisches Entwerfen und Umsetzen von geeigneten Strukturen und Arbeitsprozessen. Denn Menschen spielen hier eine viel größere Rolle.

Mit dem Führen von Abteilungen oder Organisationen kommen nicht nur neue Aufgaben dazu, auch die Systemkomplexität und -dynamik nehmen sprunghaft zu. So werden nicht mehr nur sechs oder sieben Mitarbeitende geführt, sondern vielleicht 30, 40, 200 oder 5000. Zudem nehmen viele Systemmitglieder täglich Einfluss: die Kunden, die Lieferanten, der Staat und die Verbände etc.

Als Manager übernimmt man somit eine Führungsaufgabe und -verantwortung, die man nur zum Teil im Griff haben kann. Täglich begegnet man überraschender und unerwarteter Dynamik, zum Positiven wie zum Schwierigen. Trotz aller Kompetenzen wird man als Manager mit den Grenzen der Steuerbarkeit, Machbarkeit und Rationalität von Organisationen konfrontiert. Man muss lernen, auch die verborgenen und selbstorganisierenden Prozesse in Systemen zu verstehen und auf sie gestaltend Einfluss zu nehmen. Führen wird zu einem anspruchsvollen Wechselspiel von Führen und sich durch Systeme führen lassen.

Die Übernahme einer Managementfunktion, das Führen eines Systems, setzt voraus, dass die Führungsperson das neue, notwendige Fachwissen erworben und bereits erste Erfahrungen gesammelt hat. Sie hat beispielsweise schon in Visions- und Strategieentwicklungsprozessen mitgearbeitet und sich beim Führen von Projekten im Umgang mit Mehrdeutigkeiten und Unsicherheiten geübt. Zudem hat die Führungsperson bereits mit Erfolg ein Team geführt. Diese positiven Erfahrungen stärken sie. Aber nicht nur die fachlichen, sondern auch die menschlichen Voraussetzungen müssen gegeben sein. Die persönlichen Entwicklungsthemen sind, falls sie die Weiterentwicklung behindert haben, bekannt und weitgehend geklärt. Der Manager ist gereift und ist sich innerlich bewusst, dass persönliche Entwicklungsthemen nur noch vereinzelt störend auftreten werden. Er kennt auch seine ganz spezifischen Stärken und kann diese in seiner Führungsrolle voll einbringen. Im Idealfall vertraut er auch auf eine persönliche spirituelle Verbundenheit und verfügt über die Kompetenzen, diese sinnvoll zu nützen. Der Manager ist so nicht nur bereit dazu, sondern freut sich darauf, größere Aufgaben und mehr Verantwortung zu übernehmen.

Zur Struktur des Kapitels möchte ich die dritte Phase des integrativen Modells der Führung und Managemententwicklung in Erinnerung rufen (Abbildung Nr. 17).

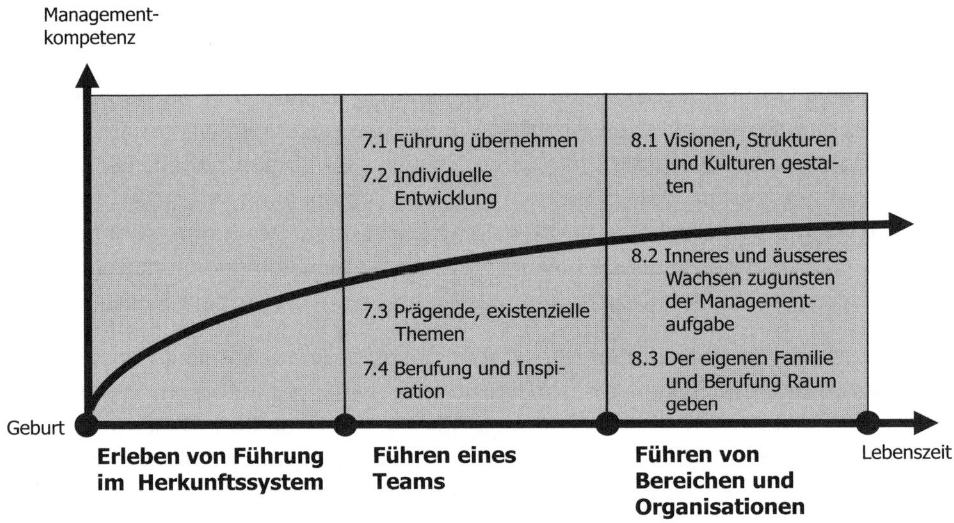

Abbildung 17: *Struktur der Kapitel 7 und 8*

8.1. Visionen, Strukturen und Kulturen gestalten

Beim Führen von Abteilungen und Organisationen sind Visionen, Strategien, Strukturen und Kulturen zu entwickeln und zu gestalten. Dazu sind die Menschen und die komplexe Organisationsdynamik zu verstehen. Im Kapitel 8.1. beginne ich mit zwei Praxisbeispielen zum Thema Visionen. Im ersten Beispiel sind allein die organisationalen Dynamiken von Interesse, im zweiten Beispiel kommen der persönliche Auftrag und die Aufgabe eines Geschäftsleitungsmitglieds dazu.

13. Praxisbeispiel: „Visionäre Energie mobilisieren und nutzen“

Fünf halbstaatliche und staatliche Schweizer Unternehmen entschieden sich Anfang 2000 nach einer langen und immer engeren Kooperation zur gemeinsamen Fusion. Auf dem Markt wurden sie durch die gemeinsamen Produkte und den vergleichbaren Marktauftritt bereits als eine Unternehmung wahrgenommen. Nach eineinhalb Jahren intensiver Projektarbeit scheiterte die Fusion für alle Beteiligten ziemlich überraschend. Selbst die Kooperation brach später auseinander. Für das Unternehmen in der Nordwestschweiz, das größte der fünf, löste diese Kehrtwende im ersten Moment viel Frustration und Orientierungslosigkeit aus. Für das Management, das intensiv auf die Fusion hingearbeitet hatte, und für das schweizweite Geschäftsfeld, in dem sich dieses Unternehmen sehr erfolgreich im Markt positioniert hatte, war dieser Entscheid ein herber Rückschlag. Die Geschäftsleitung sah sich gezwungen, innerhalb von wenigen Monaten für das Unternehmen in der Nordwestschweiz eine neue, eigenständige Ausrichtung zu finden.

Die Geschäftsleitung zog sich dazu in mehreren Workshops zurück, in denen mögliche Visionen und strategische Optionen entwickelt und diskutiert wurden. Das Management wurde immer wieder zur Stellungnahme und Mitentwicklung einbezogen. Nachdem die Geschäftsleitung die neue Vision und Strategie verabschiedet hatte und überzeugt war, dass der Verwaltungsrat dieser Ausrichtung grundsätzlich zustimmen würde, wurde eine große Informationsveranstaltung für alle Mitarbeitenden geplant. Die Geschäftsleitung wollte nach innen ein klares Zeichen setzen und die Mitarbeitenden für die neue Vision gewinnen.

Unter dem Titel „Gemeinsam starten“ wurden etwa 300 Mitarbeitende zu der dreistündigen Veranstaltung eingeladen. Als Ort wurde bewusst kein feudales Kongresshaus gewählt, sondern eine ehemalige Kohlenlagerhalle, die schlicht, aber modern und innovativ umgebaut worden war. Die Veranstaltung sollte nicht zum Fest, sondern zum Start der Umsetzung werden. Der Anlass wurde minutiös vorbereitet und bestand letztendlich aus einer Mischung aus Event, Information, Mobilisierung aller Mitarbeitenden und Stärkung der Gemeinschaft.

Nach einer kurzen Begrüßung durch den CEO wurde als Überraschung ein zehnminütiger Film gezeigt. Darin äußerten sich die Mitarbeitenden über die aktuelle Unternehmenskultur der Unternehmung, was sie schätzten und welche Veränderungen sie sich erhofften. Der Film löste viele Emotionen und ein Gemeinschaftsgefühl aus und setzte ein klares Zeichen, dass der kommende Prozess zur Visions- und Strategieumsetzung alle Mitarbeitende umfassen würde.

Dann übernahm der CEO das Zepter und präsentierte die neue Vision und Strategie. Anhand eines Original-Flipcharts, das auf der Bühne gezeigt wurde, erzählte er die Geschichte, wie und wo die Idee zur Vision „geboren" und dann von der Geschäftsleitung gemeinsam weiterentwickelt wurde.

Im Anschluss an die Vision und Strategie präsentierte die Geschäftsleitung die strategische Mehrjahresplanung. Jedes Geschäftsleitungsmitglied stellte einzelne strategische Projekte vor, welche die rasche und erfolgreiche Strategieumsetzung bewirken sollten. In der Projektplanung wurde darauf geachtet, dass immer alle Abteilungen in die Projektteams und Projektumsetzungen involviert waren.

Nach der Pause stand die Mobilisierung aller Mitarbeitenden zur Strategieumsetzung im Zentrum. Der Großgruppenteil wurde eröffnet. Unter dem Motto „Die Kraft der Vision – jetzt!" wurde die Frage gestellt, was der „wichtigste Beitrag ist, den ich zur Umsetzung von Vision und Strategie leisten kann". Für die Einzelarbeit lagen Moderationskarten und ein Stift unter dem Stuhl bereit. Anschließend wurden die einzelnen Beiträge in Kleingruppen diskutiert.

Da die Arbeitsteams im Raum beieinandersaßen, konnten nachher die spontanen Beiträge der verschiedensten Teams mit Mikrofon und Kamera eingefangen und für alle sichtbar auf einer Großleinwand präsentiert werden. Vom Call-Center bis zu den einzelnen Gruppen aus der Produktion, dem Verkauf, dem Großkundengeschäft, der IT und dem HRM waren unterschiedlichste Beiträge zur Strategieumsetzung zu hören. Für alle Teilnehmenden war es beeindruckend zu realisieren, was in so kurzer Zeit zusammen entstehen und später umgesetzt werden konnte. Der CEO bedankte sich bei allen Teilnehmenden für die aktive Mitarbeit und die zugesicherte Unterstützung. Alle Geschäftsleitungsmitglieder traten mit einem persönlichen Statement auf, was sie an der Veranstaltung besonders beeindruckt und bewegt hatte. Mit einer gemeinsamen, symbolischen Geste schloss die Geschäftsleitung die Veranstaltung offiziell ab. Noch vor dem abschließenden Steh-Lunch, der im gleichen Raum stattfand, verteilte die Geschäftsleitung an die Mitarbeitenden das neue Leitbild und als Erinnerungssymbol einen Strategie-Würfel. Beim Steh-Lunch wurde viel diskutiert und gelacht, der Raum war gefüllt von Energie.

Als Berater habe ich später noch zahlreiche Großgruppenveranstaltungen konzipiert, moderiert oder miterlebt. Aber selten konnten so viel Engagement und Energie wie an dieser Take-Off-Veranstaltung mobilisiert werden. Dazu waren mehrere Erfolgsfaktoren maßgebend:

- Nach der gescheiterten Fusion und dem damit verbundenen Misserfolg warteten viele Mitarbeiter auf eine Neuausrichtung der Organisation. Der Geschäftsleitung gelang es, eine Vision und Strategie zu entwickeln, die sich konsequent an den Stärken orientierte und für Kunden wie Mitarbeitende erkennbaren Mehrwert generieren sollte. Für alle Mitarbeitenden im Raum wurde sichtbar, dass die Geschäftsleitung als Ganzes hinter dieser Neuausrichtung stand und sich für diese auf Grundlage der strategischen Planung überzeugend einsetzte.

- In der Veranstaltung wurde für alle Mitarbeitenden erlebbar, dass ihr individueller Beitrag zur Strategieumsetzung erwartet und gefördert wurde. Wie die Geschäftsleitung vertraten einzelne Mitarbeitende aus allen Bereichen des Unternehmens ihre Ansichten und verpflichteten sich zur eigenen Leistung. Mit nachfolgenden Workshops und Aktionen wurde die Selbstverpflichtung der Teams auf hohem Niveau gezielt fortgeführt.

- Die Erfahrung der Take-Off-Veranstaltung, dass alle Abteilungen und Teams bei der Umsetzung mitzogen und sich voll engagierten, löste im Raum viel Zuversicht und Begeisterung aus und mobilisierte Energie. Es bildeten sich kollektives Selbstvertrauen und Stolz, für dieses Unternehmen arbeiten zu können. Sinn und Gemeinschaft waren spürbar.

Für die Entwicklung und Umsetzung von Visionen und Strategien ist aber nicht nur die organisationale Ebene von Interesse. Zuständige Geschäftsleitungsmitglieder haben diesbezüglich eine besondere Rolle inne und werden beim Realisieren neuer Ideen besonders herausgefordert.

14. Praxisbeispiel: „Für die Vision einstehen“

Ein Geschäftsleitungsmitglied einer großen Non-Profit-Organisation ist innerlich sehr aufgewühlt und will kurzfristig einen Beratungstermin. Am Telefon erklärt es mir, dass sein großes Projekt nicht vorankomme und es sich überlege zu kündigen. Zwei Tage später nimmt dann das Beratungsgespräch einen ganz anderen Verlauf. Schon im Einstieg wird für mich erkennbar, dass das Geschäftsleitungsmitglied zu kritisch mit sich und seiner Leistung umgeht, während im Projekt kein „Feuer im Dach“, kein dringender Handlungsbedarf auszumachen ist. Erstaunt stelle ich fest, dass das Geschäftsleitungsmitglied sowohl als Person als auch mit seiner Arbeit von der Geschäftsleitung und den Mitarbeitenden sehr geschätzt wird. Was hat also beim Klienten zu dieser verhängnisvollen Fehleinschätzung geführt und welche Lösungsstrategien zeichnen sich ab?

In der Auslegeordnung mit dem Geschäftsleitungsmitglied erfahre ich, wie sehr das Großprojekt in gesellschaftlichen Spannungsfeldern zu realisieren ist. Die alten, von der Gesellschaft liebgewonnenen Angebote entsprechen nicht mehr den modernen Vorstellungen und Werten und sind streng genommen mit den neuen Gesetzen auch nicht mehr vereinbar. Zudem laufen alle internationalen Entwicklungen in diese neue Richtung. Die bestehenden Spannungsfelder haben aber dazu geführt, dass alle Erneuerungsversuche in den letzten zehn Jahren nie über eine Vorprojektphase hinausgekommen sind. Das Führen des Großprojektes ist also in diesem gesellschaftlichen und politischen Kontext eine äußerst anspruchsvolle Managementaufgabe. Zudem spiegle ich dem Geschäftsleitungsmitglied zurück, wie klar und deutlich es aufgrund seiner Überzeugungen für die neue Ausrichtung der Angebote einsteht. Es kann und muss sich den traditionellen Kreisen und Kunden stellen.

Bevor wir die Lösungsstrategien verfeinern, gehen wir auf das persönliche Thema ein, das die Krise ausgelöst hat. Die Führungskraft konnte von sich aus erkennen, dass sie bereits die letzten zwei Organisationen zu einem schlechten Zeitpunkt verlassen hatte. Mit der Kündigung meinte sie vordergründig ein klares Zeichen gegen die aktuellen Unternehmensprobleme zu setzen. In Wirklichkeit vergrößerte ihr Abgang jeweils den Scherbenhaufen. Im Nachhinein hätte die Führungskraft sich an beiden Stellen erfolgreicher mit vollem Engagement für ihre Überzeugungen und die neuen Lösungen einsetzen müssen. Sie erkennt, dass sie jetzt erneut nicht „das Kind mit dem Bade ausschütten“ darf. Die Realisation des Großprojektes liegt ihr am Herzen, den gesellschaftlichen Mehrwert erachtet sie als riesig.

Dazu macht sie mich selbst auf eine interessante Verbindung in sein familiäres Gegenwartssystem aufmerksam. Aus einer heimlichen Liebschaft wurde eine Tochter geboren, zu der sie als Vater nie stehen konnte und durfte. Erst vor vier Jahren hatte sie den Mut, vor der inzwischen zwanzigjährigen Tochter und dem Ehemann seiner damaligen Geliebten die Wahrheit zu vertreten und die Liebe zu seiner Tochter zu zeigen. In seinem persönlichen Entwicklungsprozess hatte sie gelernt, für sich, sein Handeln und seine Liebe, jetzt aber auch beruflich für seine Überzeugungen und das Projekt einzustehen.

Das Geschäftsleitungsmitglied will mit Leidenschaft und Engagement für die Realisierung des Projektes kämpfen. Es versteht es jetzt als seine Managementaufgabe, sich für die Idee und das innovative Projekt voll einzubringen und diese in allen Kreisen professionell zu vertreten. Wer kann eine solche Aufgabe übernehmen, wenn nicht ein Geschäftsleitungsmitglied?

Das Projekt selbst muss aus der momentanen Enge herausgeführt werden. Zu viele Rahmenbedingungen und Restriktionen wurden unreflektiert übernommen und zu viele Lösungsansätze wurden trotz ihres Lösungspotentials nicht weiterverfolgt. Hier muss das Projekt wieder in Bewegung kommen. Als Projektleiter hat das Geschäftsleitungsmitglied selbstkritisch eine Standortbestimmung vorzunehmen und Chancen wie Bedrohungen, offizielle wie verdeckte Ziele und aktuelle Lösungsstrategien zu definieren. Der Fokus ist jetzt auf das Projekt und die Managementaufgabe zu richten.

Da das Geschäftsleitungsmitglied ein naturwissenschaftliches Studium absolviert hat, aber über keine Managementausbildung verfügt, empfehle ich ihm, zumindest eine Weiterbildung im professionellen Projektmanagement zu besuchen und sich so rasch zu qualifizieren. Hier besteht für den Klienten ein Wissensdefizit, das die Umsetzung erschweren kann.

Dieses Beispiel zeigt eindrücklich, wie wichtig es in einer Managementfunktion ist, für eine Vision einzustehen und danach zu handeln. Der Manager hat eine klare, eigene Führungsposition einzunehmen, auch wenn Gegenwind und Kritik zu erwarten sind. Dank dieses Führungsanspruchs und des Sich-Exponierens (Burla, Alioth, Frei, Müller 1994: 3) wird der Führungskraft von allen Seiten Führung zugeschrieben. Hat ein Manager jedoch nicht den Mut, einen eigenen Führungsstandpunkt einzunehmen, wird er rasch als verlängerter Arm des CEO oder „Soldat“ der Geschäftsleitung eingestuft. Für das zu leistende große Engagement und die eigene Energie ist entscheidend, dass das Geschäftsleitungsmitglied den Sinn für die Organisation und den gesellschaftlichen Mehrwert sieht, den es zusammen mit seinen Mitarbeitenden schaffen kann. So ist der Manager auch innerlich überzeugt und begeistert von diesem Großprojekt. Ja, er erachtete es als seine persönliche Berufung, das Projekt, das schon lange aussteht, erfolgreich zu realisieren. Den gesellschaftlichen Nutzen schätzt er als sehr groß ein.

Für den Klienten war es zudem wertvoll, dass er einen direkten Bezug zwischen seiner persönlichen und beruflichen Entwicklung herstellen konnte. Er hat im Laufe des Lebens gelernt, klar zu seinen Anliegen, Überzeugungen und Handlungen zu stehen. Dieses Mal will er eine bedeutende Idee umsetzen, auch wenn Schwierigkeiten auftreten. Nicht-dazu-Stehen und Davonlaufen gehören seiner Vergangenheit an, diese persönlichen Lebensthemen hat er bereits für sich aufgearbeitet und abgeschlossen. Er ist frei, für die Vision einzustehen. Dieser persönliche Bezug führt nochmals zu einer besonderen Kraft in der Realisierung des Projektes. Gut drei Jahre später verließ das GL-Mitglied die Organisation, da es sich mit der zu ökonomisch ausgerichteten Geschäftspolitik des Direktors nicht mehr identifizieren konnte. Das neue Angebot war jedoch in der Zwischenzeit zu über 90% realisiert und wurde von den Kunden bereits mit vielen positiven Rückmeldungen intensiv benutzt.

Das nächste Beispiel zeigt auf, wie sich unternehmerischer Erfolg und menschliche Führung und Kultur gegenseitig befruchten. Dabei wird eine solche (Sub-)Kultur stark von der jeweiligen Führungsperson getragen, von ihrem unternehmerischen „Drive“, ihrer Authentizität, Reife und Fähigkeit zur Beziehungsgestaltung.

15. Praxisbeispiel: „Erfolgreicher Aufbau dank menschlicher Führung und Kultur“

Wie der Aufbau eines Geschäftsfeldes schnell, erfolgreich und in enger Zusammenarbeit mit den Mitarbeitenden möglich ist, zeigte die Geschäftsfeldleiterin eines mittelgroßen Dienstleistungskonzerns. Als Berater moderierte ich in dieser Wachstumsphase mit allen Beteiligten mehrere ganztägige Workshops.

Die Geschäftsfeldleiterin entwickelte zu Beginn mit nur zwei Mitarbeitenden ein nachhaltiges Konzept, mit dem sie zuerst die eigene Geschäftsleitung überzeugte. Im Vergleich zu den Angeboten der größeren Konkurrenzunternehmen wiesen die Dienstleistungsangebote zwar höhere Kosten auf, die langfristige Erfolgsorientierung und Wirksamkeit waren für Kunden jedoch leicht ersichtlich. Entsprechend verkaufte sich das neue Dienstleistungsprodukt von Anfang an mit großem Erfolg. Innerhalb von 2,5 Jahren wurde schweizweit ein Geschäftsfeld aufgebaut, das allein 20 Beratende an vier Standorten beschäftigte. Hinzu kamen der Ausbau des zentralen Vertriebs und der Administration. Die hoch gesteckten Ziele konnten sowohl gegenüber der eigenen Organisation als auch gegenüber den Kunden mit Umsatz-, Ertrags- und Erfolgszahlen transparent nachgewiesen werden. Die Feedbacks der wichtigsten Kunden waren ausgezeichnet.

Die Geschäftsfeldleiterin fokussierte sich jedoch nicht nur auf den Markt und die Weiterentwicklung des innovativen Dienstleistungskonzeptes, obwohl bereits diese Aufgaben viel Aufmerksamkeit und Energie erforderten. Mit ebenso viel Engagement und Herzblut setzte sie sich für den Aufbau der Teams, die Entwicklung der Mitarbeitenden und eine menschliche Unternehmenskultur und Führung ein. Innerhalb eines Jahres stellte sie mit viel Sorgfalt drei neue Teams zusammen. Dazu zeigte sie ein echtes Interesse an allen Bewerbenden, führte mit Vertretern des HRM über 80 Rekrutierungsgespräche und entschied sich jeweils anhand von halbtägigen Gruppenassessments. Selbst diese Assessments wurden entwicklungsorientiert durchgeführt, indem dank gegenseitiger Transparenz und Wertschätzung für beide Seiten – das Unternehmen und die Bewerbenden – Klarheit und Sicherheit im Entscheid angestrebt wurden. So wurden die Assessments in den Räumen der Organisation durchgeführt und die Bewerbenden konnten mit verschiedensten Mitgliedern der Organisation in Kontakt kommen.

Trotz der hohen Arbeitsbelastung war es der Geschäftsfeldleiterin in dieser Aufbauphase wichtig, alle Mitarbeitergespräche selbst durchzuführen. Die Gespräche boten ihr den Raum, auf individuelle Anliegen der Mitarbeitenden einzugehen, unternehmerische wie persönliche Entwicklungen zu fördern und Ziele und Erwartungen abzustimmen. Aber auch unangenehme Führungsthemen wie mangelnde Leistung einzelner Mitarbeitenden oder Konflikte sprach sie frühzeitig an. Hinzu kamen institutionalisierte Teamsitzungen, Intervisionsgruppen und zwei Gesamtteamtage pro Jahr, an denen das Gesamtkonzept, die Dienstleistungsangebote, die Rollen, Führung und

Zusammenarbeit weiterentwickelt wurden. Trotz des rasanten, dezentralen Aufbaus entstanden so im Geschäftsfeld eine Unité de doctrine und ein spürbarer Zusammenhalt.

Als der fortgesetzte Erfolg im zweiten Jahr Strukturanpassungen notwendig machte, wurden diese von allen Seiten offen kommuniziert und eingefordert. Eine neue Leitungsebene wurde eingeführt. Teamleitungen übernahmen die Teams am Hauptsitz und in den Agenturen in der Schweiz. Auch wenn die Geschäftsfeldleiterin in solchen Entwicklungsprozessen klar die Führung behielt, verstand sie es, den Entwicklungsprozess zu öffnen und mit viel Wertschätzung alle Mitarbeitenden einzubinden. So wurden nicht nur Strukturvarianten im Plenum diskutiert, sondern es wurde gemeinsam vereinbart, die neuen Teamleitungsstellen mit Mitarbeitenden aus dem Gesamtteam zu besetzen. Auch die Frage nach der Spezialisierung von Funktionen wurde in einem Gesamtworkshop offen diskutiert und entschieden. Alle Mitarbeitenden hatten gegen Ende dieses Workshops die Möglichkeit, neue Spezialaufgaben zu übernehmen. In diesen Aufbauprozessen hatten die qualifizierten Mitarbeitenden somit immer wieder die Chance, selbst für ihre fachliche und persönliche Weiterentwicklung einzustehen, aber auch die Gesamtentwicklung voranzutreiben. In vielen Fällen wurden sie dabei von der Geschäftsfeldleiterin aktiv unterstützt.

In diesem Gesamtteam von zwanzig qualifizierten Frauen und Männern übernahm die Geschäftsfeldleiterin als Pionierin, Unternehmerin und als Frau eine anerkannte Führungsrolle. Ihre Authentizität, die ihr auch im Kundenkontakt viele Türen öffnete, und ihre persönliche Reife wurden sehr geschätzt. Sie verstand es, mit allen um sie herum echte und offene Beziehungen zu pflegen. Sie vertraute in das Potential des Gegenübers.

Diese persönlichen Kompetenzen erarbeitete sie sich über Jahre. Jedes Jahr zog sie sich für ein bis zwei Wochen zurück, um in einer Seminargruppe an eigenen Themen zu arbeiten und in ihrer spirituellen Entwicklung weiterzukommen. Aus dieser Position der Stärke konnte sie auch eigene Fehler eingestehen, auch wenn ihr das offensichtlich schwerfiel. So realisierte sie nach einem intensiven, ergebnisreichen Workshop mit allen Mitarbeitenden, dass sie aufgrund der immer größeren Erfolge nicht nur den Mitarbeitenden, sondern auch sich selbst zu viel zumutete. Im Sinne des Selbstmanagements mussten eigene Kräfte und Ressourcen sorgsam balanciert und gestärkt werden. Hier musste sie zuerst für sich selbst und in ihrer Rolle als Vorbild ein klares Zeichen setzen.

Das Beispiel illustriert eindrücklich, wie die Geschäftsfeldleiterin mit ihren Werten, ihrem Handeln und ihrer Beziehungsgestaltung die sich neu bildende Subkultur des Geschäftsfeldes maßgeblich prägte. Sie maß den Qualitäten der Mitarbeitenden – allesamt selbst Beraterinnen und Berater – eine sehr hohe Bedeutung zu. So legte sie bereits auf die sorgfältige Personalauswahl ein besonderes Augenmerk. Später lag ihr die individuelle Förderung und Weiterentwicklung der Mitarbeitenden sehr am Herzen. Dabei konnte sie wertschätzend auch schwierige Themen ansprechen.

Zu ihrer Arbeitsentlastung schlug ich vor, die kommenden Mitarbeitergespräche zu delegieren, was sie jedoch kategorisch zurückwies. Wie mit den wichtigen Kunden wollte sie mit allen Mitarbeitenden im persönlichen Kontakt bleiben. Aber nicht nur auf individueller, sondern auch auf kollektiver Ebene schaffte sie es immer wieder, alle Mitarbeitenden zu mobilisieren und einzubeziehen. Wichtige Zukunfts- und Entwicklungsentscheide wurden im Workshop-Format im gesamten Plenum getroffen, ohne dass je der Verdacht aufgekommen wäre, sie gäbe dadurch die Führung aus der Hand. Die Geschäftsführerin war sowohl mit sich als auch mit den Mitarbeitenden in echtem und ebenbürtigem Kontakt.

Das Beispiel zeigt weiter auf, wie visionäres, unternehmerisches Handeln auf der einen und Herzlichkeit und Menschlichkeit gegenüber den eigenen Mitarbeitenden auf der anderen Seite sich nicht ausschließen, sondern befruchten. In der Managementliteratur werden diese Synergien zwar oft bestätigt (Bruch & Vogel 2005), in der Praxis aber leider immer wieder bestritten. Gerade in der Privatwirtschaft begegne ich häufig der impliziten Annahme, dass Erfolg und Spitzenleistung oder ein rascher „Change“ nur durch Härte gegenüber den Mitarbeitenden erreicht würde. Bruch und Vogel (2005: 59) legen aber eindrücklich dar, wie Unternehmenskultur und -werte durch radikales und deshalb oft rücksichtsloses Handeln in kürzester Zeit zerstört werden können. Konkurrenz, Misstrauen und Angst nehmen rasch überhand. Später braucht es Jahre, bis Vertrauen, Wertschätzung und Kooperation wieder aufgebaut sind.

Über die drei Jahre, in denen ich den Aufbau des Geschäftsfeldes als Berater begleitete, beeindruckte mich die hohe Identifizierung der Mitarbeitenden mit der Arbeit, den Angeboten und der Institution. Ein hohes Commitment war spürbar. Die Subkultur war für mich geprägt von Innovation, Entwicklung und Zuversicht, selbst wenn durch das rasche Wachstum permanent neue Herausforderungen auftauchten. Unterstützend beim Aufbau des Geschäftsfeldes und der Subkultur war, dass die Unternehmenskultur des gesamten Unternehmens zwar nicht ganz deckungsgleich war, aber wichtige Werte doch mitgetragen hat.

16. Praxisbeispiel: „Klare Strukturen – der mühsame Weg aus einer diffusen Führungsrolle“

Während eines Zeitraums von zwei Jahren begleitete ich die Leiterin eines Instituts einer Fachhochschule in drei längeren Beratungssequenzen. Die Frage, ob sie wirklich die Leiterin des Instituts oder nur die Koordinatorin sei oder ob sie irgendeine Zwischenrolle einnehme, zieht sich thematisch als roter Faden durch den Beratungsprozess. Da sie de facto viele Führungsaufgaben übernimmt, nenne ich sie hier Leiterin des Instituts.

Die Leiterin kommt mit dem Bedürfnis in die Beratung, für sich und ihre Position Klarheit zu schaffen. Sie sieht sich in einer „Kaugummi-Rolle" und will verstärkt zum eigenen Handeln kommen. Sie wünscht sich eine Stellenbeschreibung, vielleicht sogar ein Funktionendiagramm. Im ersten Gespräch zeigt sich, dass die Leiterin nach außen das Institut klar vertritt und führt. Eine wichtige Besonderheit des Instituts ist, dass sowohl der Auftrag wie die Finanzierung nicht nur über die Fachhochschule und den Staat erfolgen, sondern zusätzlich über eine externe Institution. Von dieser externen Institution wird die Klientin klar als Institutsleiterin angesehen und angesprochen. Mit allen wichtigen Anliegen geht man direkt auf sie zu. Auch nach innen übernimmt die Klientin gegenüber 30 Mitarbeitenden, wovon viele in Teilzeit arbeiten, zahlreiche Führungsaufgaben. Die von ihr wahrgenommene Verantwortung ist somit viel größer als ihre diffusen Kompetenzen. So ist sie beispielsweise bei der Rekrutierung von neuen Mitarbeitenden nur Teil eines mehrköpfigen Entscheidungsgremiums. Die Arbeitsverträge sieht sie überhaupt nicht, geschweige denn, dass sie diese mitunterzeichnen könnte. Auch bei schlechter Leistung von Mitarbeitenden oder im Konfliktfall hat sie beschränkte Handlungsmöglichkeiten. In dieser Konstellation erstaunt es nicht, dass sie sich oft gelähmt und energetisch „niedergestreckt" fühlt. Im Beratungsprozess zeigt sich immer mehr, dass es nicht nur um das Klären von Kompetenzen geht, sondern um das Klären der Position und Rolle: Ist die Klientin die Leiterin des Instituts? Oder ist sie die Koordinatorin der Fachhochschule?

Beim Blick auf die Gesamtstrukturen dieser Fachhochschule fällt auf, dass die Unklarheit der Rollen die gesamte zweite Führungsebene betrifft. Kein Institut wird offiziell von einem Leiter oder einer Leiterin geführt. Vielmehr wurden in kreativer Weise drei unterschiedliche Bezeichnungen eingeführt, die unterschiedliche Kompetenzen vermuten lassen.[10] Die Fachhochschule mit vier verschiedenen Instituten und 170 Mitarbeitenden wird somit offiziell durch den Leiter der Fachhochschule allein geführt. Eine klare, zweite Führungsebene fehlt und es besteht auch keine offizielle Geschäftsleitung. Der Leiter der Fachhochschule wird in der Führung nur durch verschiedenste Koordinationsgremien, Konferenzen und ein internes Beratungsteam unterstützt.

Das anfängliche Bild und Gefühl der Institutionsleiterin, sich in einer „Kaugummi-Rolle" zu befinden, wird jetzt verständlich. Ein System mit einer so schwach institutionalisierten Führung funktioniert in der Realität vermutlich nur, wenn die zweite Führungs- oder Koordinationsebene mehr Führung übernimmt, als ihr offiziell übertragen wird. Anstelle von offiziellen Mitarbeitergesprächen führen die Leitenden beispielsweise inoffizielle „Führungsgespräche" mit ihren Mitarbeitenden. Unklarheiten, Unsicherheiten, Konflikte und lähmende Gefühle sind somit Bestandteil dieser dadurch eher undankbaren Rolle. Aber nicht nur die zweite Führungsebene ist geschwächt,

[10] Aus Diskretionsgründen möchte ich hier auf die Nennung der verschiedenen Rollen verzichten.

auch die Fachhochschule als Ganzes scheint sich mit notwendigen Neuerungen sehr schwerzutun. So erfahre ich nebenbei, dass nicht nur eine strategische Ausrichtung fehlt, sondern auch die neue Namensgebung und der Außenauftritt nicht vorankommen, über die Einführung eines Jahresarbeitszeitmodells keine Einigung in Sicht ist und die Einführung eines Qualitätsmanagements misslang. Nebst der grundsätzlichen Klärung der Führungs- oder Koordinationsrolle der zweiten Führungsebene stellt sich damit die Frage nach der angemessenen Struktur. Zwei Fragen stehen deshalb im Fokus:

- Wäre jetzt aufgrund einer Vergrößerung der Fachhochschule nicht der richtige Zeitpunkt, eine klare, transparente zweite Führungsebene zu institutionalisieren? Die verschiedenen Institute würden durch eine Leiterin oder Leiter geführt, wie dies heute ansatzweise schon der Fall ist.
- Ist die alleinige Führung einer Fachhochschule mit 170 Personen trotz unzähliger Koordinationsgremien noch eine adäquate Form oder wäre nicht ein Leitungsgremium – eine Geschäftsleitung – zu institutionalisieren, welche die Gesamtverantwortung für die Führung und Weiterentwicklung der Fachhochschule übernimmt?

Mit diesen grundsätzlichen Fragen und Lösungsvorschlägen sucht die Institutsleiterin nach der dritten Beratungssequenz das Gespräch mit dem Leiter der Fachhochschule. Als Alternative und zu ihrer Absicherung gab ich ihr zuvor noch den Auftrag, für sich fünf Punkte zu formulieren, in denen sie in ihrem Führungsalltag dringend mehr Kompetenzen und Entscheidungsbefugnisse brauchte, um ihre Rolle zu stärken und über mehr Freiraum zu verfügen.

Einen Monat später bekam ich von ihr eine E-Mail, in der sie sich für meine Unterstützung bedankte. Das Gespräch mit dem Leiter der Fachhochschule sei für sie „ziemlich erhellend“ gewesen. „Der passende Begriff für meine Funktion ist Standortleitung (teilautonom; etwas zwischen Koordination und Leitung). Eine zweite Führungsebene ist nicht vorgesehen. Zumindest in den nächsten Jahren soll der Leiter der Fachhochschule die Gesamtverantwortung haben.“ Für die Klärung der Funktion „Standortleitung“ wird eine Arbeitsgruppe eingesetzt. Am Schluss der E-Mail fällt mir ein kleines Detail auf. In der offiziellen Signatur der Instituts- oder Standortleiterin fehlt jede offizielle Funktionsbezeichnung.

Dieses Beispiel zeigt auf, wie hoch der Preis in Organisationen für die Beibehaltung diffuser Strukturen und damit schwacher Führung sein kann. Die Instituts- respektive Standortleitungen übernehmen eine schwierige Aufgabe und fühlen sich entsprechend unwohl, ja phasenweise gelähmt und energielos. Im Prinzip müssten sie die Verantwortung für die Qualität und Weiterentwicklung der von ihnen geführten Institute übernehmen und die Mitarbeitenden entsprechend führen und fördern. Im Führungsalltag sind ihnen jedoch an vielen Stellen die Hände gebunden. In solchen

Strukturen leiden erfahrungsgemäß auch die Mitarbeitenden. Anstelle klarer Führung bilden sich oft informelle Führungssysteme aus, in denen Kolleginnen und Kollegen einzelne Führungsaufgaben übernehmen. Zudem können an die Mitarbeitenden nur diffuse Erwartungen und Ansprüche gestellt werden. Klare Herausforderungen und Bestätigungen sowie echte Beziehungen von Vorgesetzten zu Kolleginnen und Kollegen kommen oft abhanden. Es entsteht zwar ein angenehmes, aber passives Leistungs-, Kultur- und Energiemuster. Heike Bruch und Bernd Vogel (2005: 42) bezeichnen diesen organisationalen Zustand als „angenehme Trägheit". In diesem Kontext fällt es Menschen schwer, eigene Höchstleitungen zu erbringen und ihrer Berufung zu folgen. Neue Initiativen und Anläufe werden oft schon im Keim erstickt und wichtige persönliche wie auch organisationale Entwicklungen werden verhindert. Aber nicht nur nach unten, sondern auch nach oben in der Führungsstruktur zeigen sich viele Mängel. Wenn in Organisationen über Jahre nur in geringem Ausmaß geführt wird, fehlt oft eine klare, strategische Ausrichtung und viele institutionsübergreifende Initiativen und Projekte verpuffen, wie das auch hier der Fall ist.

Entwicklungsorientierte Organisationen brauchen zur Entfaltung von menschlichem und organisationalem Potential klare Strukturen und eine starke Führung. Dabei sind klare Strukturen nicht einfach mit klassischer, hierarchischer Führung gleichzusetzen. In diesem Beispiel würde sich eine dezentrale, recht autonome, jedoch klare Führung der einzelnen Institute anbieten. Eine Erfolg versprechende alleinige Führung einer Institution mit 170 Mitarbeitenden durch den Leiter der Fachhochschule ist jedoch eine völlige Illusion. Sie entspringt vielleicht unrealistischen, persönlichen Größenvorstellungen oder ist machtpolitisch zu erklären.

Analog finden wir auch in der Privatwirtschaft immer wieder Strukturen, die eine starke Führung nicht zulassen. So ist die Vorstellung, eine Managementperson könne allein über zwanzig direkt unterstellte Führungskräfte führen, im Kern eine menschliche Überforderung. Selbst mit einem disziplinierten Arbeitspensum von sechs Uhr morgens bis acht Uhr abends lassen sich die vielen Anforderungen und Erwartungen nicht erfüllen. Nebst der direkten Führungsaufgabe werden ja insbesondere auch eine Gesamtführung, strategische Arbeit und das Führen bedeutender Projekte erwartet. Die Gefahr ist groß, dass Manager so zu „totalen" Machern werden und sämtliche eigenen Bedürfnisse und Entwicklungen vernachlässigen.

8.2. Inneres und äußeres Wachsen zugunsten der Managementaufgabe

Selbst wenn wir als Erwachsene unsere persönliche Entwicklung in jungen Jahren wesentlich voranbringen konnten, ist dieser Prozess nicht einfach abgeschlossen. Gerade mit dem Wechsel ins Management und dem Übernehmen neuer und verantwortungsvollerer Aufgaben kommen weitere Entwicklungsschritte auf uns zu. So sehen wir uns als Manager plötzlich damit konfrontiert, ein Geschäftsfeld zu übernehmen, das seit zwei Jahren hohe Defizite erwirtschaftet. Entsprechend fordern Abbau-, Sanierungs- und gleichzeitig Innovationsprozesse alle in der Organisation heraus, auch den Manager selbst. Oder der Aufbau eines neuen Dienstleistungszentrums wird zu einem solchen Erfolg, dass er alle Beteiligten überfordert, sowohl persönlich, führungsmäßig als auch strukturell. Bei solch neuen, oft unerwarteten Herausforderungen ist es wichtig, dass wir trotz allen Leistungsdrucks auch der persönlichen Entwicklung genügend Zeit und Raum geben.

Natürlich ist es möglich, dass wir warnende Signale und Feedbacks eine Zeit lang verdrängen und schlechte Leistungen mit anderen Spitzenleistungen kompensieren können. Das Verdrängen und Kaschieren können je nach Organisationskultur und Kontext erstaunlich lange gut funktionieren, helfen aber nicht wirklich weiter. Im Gegenteil: Die Gefahr ist groß, dass uns das Unternehmen oder das Leben früher oder später zur Entwicklung „zwingt". Oft sind dann aber bereits wertvolle Chancen verpasst und Wege verbaut. So empfiehlt es sich vielmehr, auch als erfolgsverwöhnter Manager die Türe rechtzeitig zu öffnen, wenn eigene Entwicklungsthemen anklopfen und nach Auseinandersetzung rufen. Wenn diese Signale ernst genommen und die zu Grunde liegenden Themen angegangen werden, erlauben sie uns, als Mensch zu wachsen, innerlich und äußerlich in unserer Funktion. Wir gewinnen an Reife und können große Verantwortung übernehmen.

Persönliche Entwicklung heißt aber nicht nur, blockierende Themen zu lösen, sondern auch der eigenen Freude und Berufung zu folgen und anderen Lebenszielen den notwendigen Raum zu geben. Trotz großen Erfolgs und Status haben Manager immer wieder für sich zu prüfen, ob sie beruflich und auch privat ihrem Weg folgen. Freude und Leidenschaft sind dabei gute Wegweiser.

Die Praxisbeispiele 17 und 18 zeigen, wie die Führungs- und Managementaufgabe gestärkt wird, wenn sich Manager auf einen persönlichen Wachstumsprozess einlassen. Auslöser, Dynamik und Lösung sind im Einzelfall sehr unterschiedlich und individuell. Den beiden Beispielen ist gemeinsam, dass sie anspruchsvolle, persönliche Entwicklungsprozesse auslösen und so zu größerem Erfolg im Managementhandeln führen.

17. Praxisbeispiel: „Sich-Einlassen"

Eine Führungskraft ruft mich an und möchte mit mir in einem Coachingprozess mehrere Themen besprechen. So habe er kürzlich seine Stelle gekündet, ein beruflicher Wechsel stehe an. Aber auch persönlich seien Blockaden endlich zu lösen. Er komme immer wieder an sie heran, schaffe es aber bislang nicht, sie anzugehen. Erst als er mir den Lebenslauf mailt, realisiere ich, dass er nicht einfach nur eine Führungsposition innehat. Der Klient war in den letzten acht Jahren als Konzernleitungsmitglied und Leiter HRM in bekannten, internationalen Schweizer Konzernen tätig. Ich begleite ihn über sieben Coachingsequenzen.

Bereits im ersten Coachinggespräch steht das Kernthema im Fokus. Der Manager schildert mir, dass er sich auf nichts richtig einlassen könne, vor allem nicht auf Beziehungen. Er beschreibt sein Leben seit langer Zeit im Zustand eines Provisoriums. Hinzu kommt eine Angst, nicht geliebt, sondern zurückgewiesen zu werden.

Einen direkten Bezug dieser belastenden Themen zu seinem aktuellen Leben können wir nicht herstellen. Symptome sind jedoch an vielen Orten sichtbar. Beruflich ist ihm bewusst, dass er sich noch nie wirklich auf eine Arbeitsstelle hatte einlassen können. Sobald er mit einer neuen Aufgabe begonnen hatte, entstand bei ihm der Eindruck, „das mache ich jetzt mal“. Er hätte sich aber nie mit voller Kraft und Leidenschaft dafür engagieren können. Innerlich hofft er immer auf den „Big Bang“ respektive „die Erfüllung“ bei der nächsten Stelle. Dieses Warten auf die Erfüllung und die geringe Begeisterungsfähigkeit hindern ihn momentan auch stark bei der beruflichen Neuorientierung. Grundsätzlich findet er alle Stellenangebote interessant, aber er verspürt für nichts ein inneres Feuer. Seinen beruflichen Lebenslauf nennt er selbst eine „Anhäufung von Zufälligkeiten“. Zwar gibt es überall Erfolgsmomente und „Sternstunden“, aber nirgends wirkliche Begeisterung. In einer späteren Phase erfahre ich, dass er zwar in einer guten Partnerschaft lebt, aber auch in der Familie gewisse Probleme verdrängt und mit seinen Kindern nicht wirklich in vollem Kontakt ist.

Wir stellen die beiden Symptome „Sich-Nicht-Einlassen-Können“ und „Angst, nicht geliebt zu werden“ auf. In der Aufstellung der ersten Beratungssequenz zeigt sich eindrücklich, wie der Klient von den Symptomen „Sich-Nicht-Einlassen-Können“ und „Angst, nicht geliebt zu werden“ blockiert wird. Intuitiv spürte er aber selbst, wie diese Gefühle nicht zu ihm, sondern insbesondere zu seiner Mutter gehörten. Hier ist viel „Schweres“ vorhanden, Krieg und Flucht sind ein Thema. Eine genaue thematische Verknüpfung ist jedoch (noch) nicht möglich. Hingegen kann der Klient die Kraft, die von seinem Großvater väterlicherseits kommt, ausgezeichnet spüren. Er erinnert sich an die liebevolle Beziehung zu ihm. Der Großvater hatte seine Tätigkeit im Textilhandel begonnen und baute sukzessive ein kleines Handelsunternehmen auf.

Während der ersten und zweiten Coachingsitzung geht der Klient der Familiengeschichte genau nach. Er erfährt viel über die Kriegsthemen und die Flucht der Großeltern in die Schweiz, aber auch, dass die Großmutter einen Sohn mit Downsyndrom gebar, der nach drei Monaten starb.

Das Thema des „Sich-Einlassen“ hat sich noch nicht richtig gelöst und steht auch in der zweiten Beratungssequenz im Fokus. In einer zweiten Aufstellung wird jetzt die starke Identifizierung mit dem behinderten Onkel erlebbar. Die Mutter schaut ganz gebannt auf diesen Bruder. Sie empfindet sein Schicksal als entsetzlich. Vermutlich erinnerte sie sich besonders intensiv an ihn, als sie ihren einzigen Sohn geboren hatte. Der Klient spürt intensiv, wie eng er sich mit dem Schicksal des behinderten Onkels verbunden fühlt. Dieser konnte sich nicht wirklich auf das Leben einlassen, war nur für eine kurze Zeit da. Auch die Angst, nicht geliebt, sondern zurückgewiesen zu werden, macht Sinn. Das Leben des behinderten Kindes wurde vom Familiensystem tabuisiert. Der Klient spürt, auch emotional, wie stark dieses Schicksal sein Leben mitgeprägt hat, aber auch nicht zu ihm gehört. Er kann jetzt seinen Onkel sehen, die intensive, seelische Verbindung mit ihm wahrnehmen, aber auch die ihn belastenden, übernommenen Gefühle bei ihm lassen. Gleichzeitig berührt es ihn, selber zu spüren, dass es dem Onkel jetzt gut geht. Der Klient realisiert, dass er jetzt frei ist, sich auf (Arbeits-)Beziehungen und auch Gefühle in privaten Beziehungen und in seiner Familie einzulassen.

Im zweiten Teil des Beratungsprozesses liegt dann der Fokus auf der beruflichen Neuorientierung. Fragen, was der Manager am Ende seines Lebens erreicht haben möchte oder was seine Berufung sein könnte, sind für ihn sehr wichtig, aber auch herausfordernd. Erste Ideen und Gefühle entstehen. Ergänzend zu den Headhunters besprechen wir, welche konkreten Stellenangebote für ihn auch Sinn machen und Energie haben könnten. Dann geht alles sehr schnell. Bei der ersten Stelle, die er als wertvoll erachtet, wird er angenommen. Er wird CEO eines Beratungsunternehmens.

Das Beratungsbeispiel macht Freude, nicht nur weil es eine Erfolgsgeschichte porträtiert, sondern weil es vorbildlich den persönlichen und beruflichen Entwicklungsweg illustriert. Aufgerüttelt durch die Konzernreorganisation, in welcher er als Leiter HRM die Mitgliedschaft in der Geschäftsleitung verlor, versuchte er die Zeichen des Change anzuerkennen. Trotz seines erfolgreichen Lebenslaufes und seiner unbestrittenen Führungsqualitäten war er sich bewusst, dass Feedbacks, wie zu starke Sachorientierung und zu wenig Emotionalität, mangelnde Durchsetzungsfähigkeit sowie geringe Kritikfähigkeit einen wahren Kern hatten. Zudem spürte er selber seit längerer Zeit, dass er seine persönlichen Blockaden zu lösen hatte. Anstatt sich am bisherigen Erfolg zu orientieren und einfach eine neue Konzernleitungsstelle zu suchen, nahm er seine persönlichen Entwicklungsthemen in Angriff. Dafür gab er sich – als Top-Manager – sehr viel Zeit. Nebst dem Coaching reiste er bis nach Italien, um die Zusammenhänge in der Familiengeschichte zu verstehen, und er setzte sich ernsthaft mit der Frage auseinander, welche berufliche Ausrichtung für ihn Sinn machte. Mit dem Zurücklassen der belastenden Lebensmuster und dem Wahrnehmen der persönlichen und unternehmerischen Kraft des Großvaters gewann er an persönlicher Stärke und Kontur. Geht er diesen Weg für sich weiter, wird er noch authentischer und beziehungsorientierter werden und an Kraft und Durchsetzungsvermögen gewinnen.

Aufgrund seiner unbewussten, emotionalen und seelischen Verbindung mit dem Onkel mit Downsyndrom fiel es dem Klienten bislang schwer, sich auf das Leben und seine Berufung einzulassen. In einem solchen Fall kann man trotz des Auflösens der Identifizierung nicht einfach den Schalter umlegen und ein neuer, befreiter Mensch sein. Auch das Visionsfenster öffnet sich nicht sofort in voller Größe. Die seelische Verarbeitung und die Neuausrichtung brauchen Zeit und Aufmerksamkeit. Mit dem Fokussieren auf diese Fragen zeigten sich aber auch bei ihm Zeichen oder „Leuchtspuren“ in seine Zukunft. Nach dem ersten Vorstellungsgespräch an seiner jetzigen Stelle spürte er es selbst im Coaching, wie interessant und bereichernd diese neue Stelle sein könnte. Dass danach der Bewerbungsprozess so rasch und bedenkenlos über die Bühne ging, ist für mich prozessual wie spirituell ein Zeichen, dass die Zielrichtung stimmt. Es entstand ein Sog, welchem der Klient vertraute und folgte.

Im Nachhinein erweist sich auch der Beratungsprozess über die sieben Coachingsequenzen als beinahe lehrbuchhaft:

1. Persönliche Entwicklung
2. Neuorientierung und Berufung
3. Emotionales Abschließen der Rückversetzung aus der Konzernleitung nach der Reorganisation
4. Anstehende Führungsentwicklung als Ausblick

Dieser Beratungsprozess war jedoch überhaupt nicht so geplant, weder von mir noch vom Klienten. Ich bin einfach jedes Mal seinem aktuellen Anliegen und seiner Energie gefolgt. Damit vertraue ich in das, was sich beim Klienten bewegt, und in den oft ganz individuellen Entwicklungsprozess. Außer in Krisensituationen steuere ich als Berater den Beratungsprozess nur zurückhaltend. Ich vertraue auf die Ressourcen und die Führung des Klienten. In meiner Rolle mache ich mich mit meinem Klienten unterstützend auf den Weg und vertraue auf seine Kompetenzen.

18. Praxisbeispiel: „Die geschwächte Geschäftsführerin“

Die Geschäftsführerin einer Institution im Gesundheitswesen bittet mich um Unterstützung. Die große Unzufriedenheit im Führungsteam wird mit der offiziellen Rückgabe der Stellvertretungsfunktion einer langjährigen Teamleiterin an die Geschäftsführerin offensichtlich. Trotz verschiedener Maßnahmen waren weder die Hintergründe genau zu verstehen noch effektive Lösungen zu erarbeiten. So führte die Geschäftsführerin mit allen Teamleitenden Einzelgespräche, und die damit eruierten Themen wurden in einem Workshop mit einem externen Berater angegangen. Einig war man sich, dass die Geschäftsführerin in letzter Zeit zu wenig Führung übernommen habe, während die Stellvertreterin zu viel Verantwortung getragen hätte. Zudem würden im Führungsteam eine Defizitorientierung und eine schlechte Stimmung herrschen. Die neuen Teamleitenden erleben die langjährigen Führungspersonen als verunsichernd. Als letzten Versuch beschloss das Führungsteam, die Themen mit mir in einem Workshop aufzustellen.

Zu Beginn des Workshops lasse ich alle sechs Führungspersonen ihr Anliegen genau formulieren. Ich bin überrascht, wie hoch der Leidens- und Handlungsdruck ist und wie klar und mutig dieser offengelegt wird. Drei Führungspersonen erwarten einen klaren „Durchbruch“ im Workshop, ansonsten würden sie die Institution mittelfristig verlassen. Die Geschäftsführerin möchte erkennen, wo „der Hund begraben liegt“. Die stellvertretende Geschäftsführerin betont, dass sie die heutige Situation krank mache. Sie habe erkannt, dass sie zu viel Verantwortung übernommen habe, weshalb sie die Stellvertretungs-Funktion abgeben wolle. Zusammen wird das gemeinsame Anliegen formuliert: „Als Führungsteam wollen wir wieder handlungsfähig werden und als Team auftreten.“ Bevor wir das Thema aufstellen, suchen wir nach dem „begrabenen Hund“. Zwei Hinweise sind für mich neu und interessant:

- Sowohl die Geschäftsführerin als auch einzelne Teamleitende haben den subjektiven Eindruck, den Anforderungen nicht zu genügen.
- Vor knapp einem Jahr wurde eine langjährige Teamleiterin entlassen, die schon lange nicht mehr die geforderte Leistung erbrachte.

In der nachfolgenden Aufstellung zeigt sich eine überraschend klare Dynamik: Die Geschäftsführerin war von Anfang an ganz auf den „begrabenen Hund“ fixiert, den eine Stellvertreterin als Symptom in der Aufstellung verkörperte. Die Geschäftsführerin hatte praktisch keinen Kontakt mehr zum Führungsteam. In diesem Führungsvakuum übernahm die Stellvertreterin die Führung. Als begrabener Hund entpuppte sich die entlassene Teamleiterin. Hinzu kam eine weitere, langjährige Mitarbeiterin, welche die Geschäftsführerin aufgrund von mangelnder Leistung ebenfalls entlassen hatte. Mit den Entlassungen wollte die Geschäftsführerin in der Institution ein klares Zeichen setzen und damit festhalten, dass eine hohe Arbeitsleistung erwartet und in Zukunft mangelnder Einsatz nicht mehr akzeptiert wird. In der Aufstellung zeigte sich jedoch, wie sehr sie sich darüber selbst Vorwürfe machte. Die gut 50-jährigen Mitarbeiterinnen fanden bislang beide keine neue Stelle mehr und wurden zu Langzeitarbeitslosen.

In der Aufstellung stellte ich der Geschäftsführerin die beiden Frauen gegenüber. Die Geschäftsführerin konnte kaum hinsehen, und alle realisierten, dass mit der Entlassung auch noch ganz persönliche Themen der Geschäftsführerin in Erinnerung gerufen wurden. Mit Prozessarbeit konnten diese Themen in der Aufstellung weitgehend gelöst werden, während die familiäre Systemdynamik der Geschäftsführerin in diesem Kontext nicht weiter aufgedeckt und somit geschützt blieb. Alle Teilnehmenden realisierten, wie sehr die beiden Entlassungen bei der Geschäftsführerin Schuldgefühle und innere Zweifel ausgelöst hatten und sie in der Führung unbewusst stark schwächten. Die stellvertretende Geschäftsführerin musste informell immer mehr die Führung übernehmen.

Am Nachmittag wurde der Aufstellungsprozess sorgfältig reflektiert. Drei Lösungsansätze wurden daraus entwickelt:

- Die Geschäftsführerin erkennt, wie nahe ihr die beiden Entlassungen gegangen sind und sie geschwächt haben. Mit den Entlassungen kam sie mit eigenen Lebensthemen in Berührung, die sie jetzt zu erforschen und zu lösen hat.
- Die Geschäftsführerin übernimmt ab sofort wieder die Führung des Führungsteams und der Institution. Sie trifft die wichtigen Entscheide und trägt die Gesamtverantwortung. Daneben kann sie in Ruhe für sich klären, ob sie in Zukunft weiterhin die Geschäftsführungsaufgabe übernehmen will oder nicht. Dies teilt sie dem Team innerhalb der nächsten drei Monate mit.
- Die stellvertretende Geschäftsführerin kann die Führungsaufgabe wieder an die Geschäftsführerin abgeben. Die Geschäftsführerin dankt ihr, dass sie verantwortungsvoll und wertschätzend für sie eingesprungen ist.

Zum Abschluss des Workshops verstärken wir die Lösung mit einem Ritual. Wir wechseln aus dem Aufstellungsraum in ein Sitzungszimmer, in dem sich die Geschäftsführerin symbolisch oben an den Tisch setzt und dem Führungsteam erklärt, dass sie ab sofort wieder die Führung übernehme.

Das Nachgespräch zum Workshop findet erst ein paar Wochen später statt. Die Geschäftsführerin erzählt mir, wie sehr sie Aufstellung und Workshop gefordert hätten. Bisher habe sie die massive Wirkung der Entlassungen über den Verstand negiert. Aber als sie in der Aufstellung ihre eigene Stellvertreterin vor den zwei entlassenen Frauen gesehen habe und beobachtete, wie schwach diese auf den Beinen war und keinen Augenkontakt herstellen konnte, habe sie sofort ihre eigenen, inneren Gefühle verspürt. In der Zwischenzeit habe sie die Schuldfragen gut für sich lösen können. Für sie sei dazu hilfreich gewesen, dass sie dies in den bereits laufenden Therapieprozess habe einbringen können. Mit der Aufstellung und dem Ritual habe sich sofort ihre Haltung geändert und sie habe wieder wie früher die Führung übernommen. Diese Aufgabe mache ihr wieder Spass und im Führungsteam habe dies zu einer großen Entspannung geführt.

Die Geschäftsführerin hat die Institution über Jahre hinweg erfolgreich geführt. Mit der Entlassung von zwei langjährigen Mitarbeitenden, die sachlich unbestritten war, kam sie jedoch mit eigenen, ungelösten Herkunftsthemen mehr oder weniger unbewusst in Berührung. Ihre Schuldgefühle und ihre inneren Zweifel entstanden nicht nur aufgrund des Schicksals der entlassenen Frauen, sondern ebenso aus Ereignissen und Personen in ihrer Herkunftsfamilie. Diese kumulierten Gefühle schwächten sie nicht nur persönlich, sondern trugen auch dazu bei, dass sie im Arbeitsalltag ihre Führungsrolle weitgehend abgab.

Mit dem Erkennen des verdeckten, persönlichen Themas kann die Geschäftsführerin für sich die Dynamik in der Institution und die Dynamik aus ihrer Herkunftsfamilie klar trennen. Die wichtige Auseinandersetzung erfolgt für sie in ihrem Herkunftssystem. Hier fordert das Leben von ihr einen Lösungs- und Entwicklungsschritt ein. Im Organisationssystem konnte sie hingegen in kürzester Zeit die Führung wieder übernehmen. Für das Team, das als eine Art Entwicklungshelfer und Zeugen diesen persönlichen Wachstumsprozess der Geschäftsführerin mitbekommen und ihn unterstützt hat, bringt der Workshop ebenfalls einen großen Gewinn. Die Teammitglieder konnten die persönliche Not der Geschäftsführerin und die daraus folgende Führungsdynamik nachvollziehen und endlich verstehen. Die Geschäftsführerin wird somit vom Führungsteam unterstützt, wenn sie ab sofort ihre Führungsaufgabe wieder übernimmt.

Auch in diesem Beispiel wird sichtbar, wie wichtig es für die Stabilität der Organisation ist, wenn in einer solchen Situation die Stellvertreterin informell die Führung übernimmt. Mit der Zeit wurde diese diffuse Führungsaufgabe der Stellvertreterin jedoch zu viel und es ist mehr als verständlich, dass sie diese zurückgeben wollte. Im Workshop war auch sie innerlich sehr berührt, da sie für sich ihre eigenen Verbindungen ins Herkunftssystem herstellen konnte. Bereits als Kind musste sie oft Führung übernehmen und trug zu viel Verantwortung für die Eltern. Zur Lösung musste sich die Geschäftsführerin nicht nur mit ihrer fehlenden Führung auseinandersetzen, sondern sich auch bei ihrer Stellvertreterin für das Einspringen bedanken. In diesem Fall war dies für die Geschäftsführerin gut möglich, da die Stellvertreterin diese Aufgabe in einer guten und wertschätzenden Haltung übernahm. Anders ist dies in Systemen, in denen Mitarbeitende aufgrund von eigenen Themen und Motiven in solchen Situationen das Machtvakuum ausnutzen und die Führung an sich reißen.

Interessant an diesem Beispiel ist, dass ich nicht mit der Geschäftsführerin allein arbeitete, sondern mit dem gesamten Führungsteam. Es zeigt auf, wie es Führungsteams schaffen können, gemeinsam ganz schwierige Lernprozesse zu durchlaufen. Mich beeindruckte, wie nicht nur die Geschäftsführerin, sondern auch das ganze Team mit einer Entschlossenheit und Klarheit die verborgenen Dynamiken erkennen und lösen wollte. Bereits in der Anfangsrunde nahmen alle auf eine beeindruckend offene Art zu den belastenden Themen und ihren persönlichen Anliegen Stellung. Die Wertschätzung untereinander kam für mich durch diese „ungeschminkte" Ehrlichkeit zum Ausdruck. Auf Bewertungen oder Anschuldigungen wurde verzichtet. Meine Erfahrung zeigt, dass mit einem solchen Führungsteam und in einer solchen Führungskultur selbst sehr belastende Themen gut zu lösen sind. Die Probleme liegen auf dem Tisch, sie werden gemeinsam konkretisiert und alle möchten die dahinterliegende Dynamik erkennen und verstehen, um sie zu ändern. Dies sind ideale Voraussetzungen dafür, dass tiefgreifende Erkenntnisse und Lernprozesse ermöglicht werden.

Lassen sich Führungspersonen und Teams auf solch substanzielle und intensive Entwicklungsprozesse ein, können sich aus meiner Erfahrung selbst noch so konfliktbeladene Situationen oder festgefahrene, langjährige Teamdynamiken lösen. Indem die Personen ihre eigenen Themen erkennen und in der Organisation wieder ihre richtige Position und Rolle einnehmen, führt dies für alle Beteiligten rasch zu einer Entlastung und Klarheit in Arbeit und Emotionen.

8.3. Der eigenen Familie und Berufung Raum geben

Das nachfolgende Beispiel zeigt, wie wertvoll es ist, nicht alles einer Karriere unterzuordnen, sondern auch gut für sich, die eigene Familie und andere Lebensziele Sorge zu tragen.

19. Praxisbeispiel: „Der Mut zum eigenen Weg"

Der Leiter HRM einer international ausgerichteten Organisation bittet mich per E-Mail um eine Standortbestimmung. Vor zwei Tagen habe er erfahren, dass der Leiter Services (Finanzen, Informatik, Logistik und Personal und Mitglied der Geschäftsleitung) seine Stelle gekündet habe. Der CEO habe ihm daraufhin umgehend die frei werdende Stelle angeboten. In der E-Mail schreibt er mir:

„Dieses Angebot ehrt mich natürlich sehr und eröffnet mir eine enorme Karrierechance. Allerdings sagt mir mein Bauchgefühl, zu dem ich in den letzten Jahren großes Vertrauen gewonnen habe, dass diese Karriere für mich nicht in die richtige Richtung geht. ... Es bleibt jedoch die Frage, was denn die richtige Richtung ist und welche Wege dorthin führen. Ich möchte deshalb den Schwung aus der momentanen Aufregung ausnützen und mich vertieft mit der Frage meiner beruflichen Weiterentwicklung befassen."

Noch bevor der Klient zu drei Beratungssequenzen kommt, hat er die Stelle in der Geschäftsleitung mit Dank für den Vertrauensbeweis und wertschätzend gegenüber dem CEO ausgeschlagen.

In der ersten Beratungssequenz fällt auf, wie makellos und gradlinig seine bisherige Karriere nach oben verlaufen ist. Nach dem Studium der Betriebswirtschaft arbeitete er drei Jahre als Assistent an einer Universität und schrieb seine Dissertation. Nahtlos trat er vor neun Jahren in die heutige Institution ein, in welcher er sehr bald die Leitung HRM übernehmen konnte und etwas später in eine Funktion nahe der Direktion befördert wurde. Trotz dieser beeindruckenden Karriere ist sich der Manager bewusst, dass er nie proaktiv an seiner Karriere gezimmert hat, sondern dass ihm die Chancen immer „zugeflogen" sind. Erstmals schlägt er jetzt ein interessantes Angebot aus, was entsprechend etwas Mut braucht. Im Beratungsprozess werden die verschiedenen Entscheidungsebenen transparent herausgeschält.

Auf der beruflichen Ebene hat der Klient selber rasch erkannt, dass ihn die neuen Aufgabengebiete wie Finanzen, Informatik und Logistik als Leiter Services zu einem gewissen Grad interessieren und intellektuell herausfordern würden. Innerlich fühlt er sich derzeit jedoch nicht zu diesen Tätigkeiten hingezogen. Seine Begeisterung liegt weiterhin in der Arbeit als Personalverantwortlicher. Hinzu kommt immer mehr sein Interesse an Changeprozessen. Die heutige Tätigkeit stimmt für ihn sehr gut, ein Entwicklungsschritt sollte eher in Richtung Organisationsentwicklung gehen. Dieses Erkennen – angesichts der Ehre einer Berufung in eine Geschäftsleitung – setzt viel Ehrlichkeit mit sich selbst voraus.

Im Beratungsprozess stellt sich der Klient die selbstkritische Frage, ob er für eine solche Geschäftsleitungsfunktion überhaupt über genügend Härte verfügen würde. Dazu waren doch Personen mit einer „natürlichen Lust an der Macht“ notwendig, was ihm abgehe. Eine solche Frage ist natürlich nie einfach und schon gar nicht generell zu beantworten. Anhand von Beispielen erkennen wir, dass sich der Klient in seiner (Führungs-)Arbeit sehr wohl durchsetzen kann und er überall anerkannt wird. Schwierig empfindet er jedoch die politischen, machtbezogenen Entscheidungsprozesse, denen die Institution stark ausgesetzt ist und die zum Teil auch die Dynamik in der Geschäftsleitung prägen. Als Berater habe ich nicht den Eindruck, dass bei diesem Klienten ein persönlicher Entwicklungsprozess nötig sein sollte.

Die berufliche Entscheidungsebene ist jedoch nur eine Teilebene. Im Beratungsprozess ist es äußerst wichtig, dass die familiäre Ebene mit ihren Zielen, Aufgaben und Werten gesehen, in ihrer Bedeutung anerkannt und eingebunden wird. Der Klient wurde kürzlich Vater eines zweiten Kindes. Mit seiner Frau, die ebenfalls zu 60% arbeitet, hat er ein ideales Arbeits- und Betreuungsmodell institutionalisiert. Trotz seiner Managementfunktion arbeitet er nur 80% und übernimmt einen Tag in der Woche die Kinderbetreuung. Seine Beteiligung an der Kinderbetreuung und die gesunde Balance zwischen Arbeit und Familie stellen für ihn zentrale Werte im Leben dar.

Der Stellenwert der Familie gewinnt aus dem Blickwinkel seiner Lebensgeschichte nochmals an Bedeutung. Seine erste, kinderlose Ehe war nach fünf Jahren für ihn überraschend auseinandergebrochen, weil seine Frau die Beziehung abrupt beendet hatte. Seine Aussichten auf eine glückliche Familie wurden damals „zerstört“, was er später für sich aufarbeiten konnte. Richtet er jetzt den Blick auf die heutige Geschäftsleitung der Institution, so sieht er, dass alle Geschäftsleitungsmitglieder Männer sind, welche ein 150%-Engagement leisten und auf familiäre Ziele und Beziehungen wenig Rücksicht nehmen. In der Kultur dieser Geschäftsleitung wäre der Druck zur Präsenz und permanenten Leistung so groß, dass der Klient seine wichtigen, familiären Lebensziele aufgeben oder drastisch einschränken müsste.

Im Coachingprozess besprechen wir zum Schluss weitere, berufliche Optionen. Dabei bestätigt sich nochmals, dass die heutige Führungsposition für ihn viel Kraft hat. Die Stelle lässt eine Weiterentwicklung in Richtung Changemanagement und Beratung zu, und mit dem Klienten werden verschiedene Weiterbildungsmöglichkeiten besprochen. Neben seiner rationalen Seite als Betriebswirtschaftler möchte er verstärkt seine emotionalen und intuitiven Persönlichkeitsanteile weiterentwickeln.

Ein Kennzeichen dieses Beratungsprozesses ist das hohe Vertrauen des Managers in seinen Lebensfluss. Es entspricht seiner Erfahrung, dass immer wieder neue, interessante Türen für ihn aufgehen. Das wird auch in Zukunft so sein. Entsprechend versteht er das Stellenangebot in die Geschäftsleitung nicht als „die Chance des Lebens“, die es jetzt zu packen gilt. Er erlaubt sich, das Stellenangebot genau zu betrachten und zu prüfen. Dabei realisiert er, dass die Stelle in vieler Hinsicht seinen Lebenszielen nicht entspricht. In dieser Lebenseinstellung kommt eine spirituelle Haltung zum Ausdruck. Er vertraut darauf, dass sich zum richtigen Zeitpunkt neue und passende Chancen ergeben werden.

Schon vor dem Coaching erkennt der Klient von sich aus, dass ihn die neuen Aufgaben als Leiter Services zu wenig faszinieren. Seine Leidenschaft liegt weiterhin im Bereich der „weichen“ Unternehmensfaktoren, und die Weiterentwicklung sieht er für sich im Changemanagement und in Beratungsaufgaben. Der momentane Verzicht auf den nächsten Karrieresprung heißt nicht, dass der Klient „stehen bleibt“. Diese Angst beschäftigt ihn zu Beginn des Coachings sehr. Er hat jetzt die Chance, neue Wissensgebiete in seiner Arbeit zu integrieren, die ihm entsprechen, und sich gleichzeitig als Person weiterzuentwickeln. Der Klient ist und bleibt in seinem Möglichkeitsraum. In dem Sinne brauchte sein Entscheid nur von außen betrachtet Mut, innerlich war er folgerichtig.

Aus Sicht des Beraters bleibt im Coaching die Frage offen, weshalb es dem Klienten momentan schwerfällt, für sich berufliche Szenarien oder sogar eine berufliche Vision zu entwickeln. Der Blick nach vorne – in die Zukunft – ist nur bedingt möglich. Hinweise aus dem Ahnensystem gibt es. Die Großmutter starb nach dem Krieg mit 34 Jahren in Deutschland an Erschöpfung, woraufhin die Mutter zu Pflegeeltern in die Schweiz kam. Der Großvater, ihr Mann, verschied in einem Gefangenenlager. Beide Großeltern führten also ein Leben, in dem eine Ausrichtung auf die Zukunft nicht möglich war. Der Klient steigt jedoch auf diese Themen nicht ein. Vielleicht spielen hier andere Hintergründe eine Rolle, vielleicht liegt die Aufmerksamkeit des Managers zu Recht gar nicht im organisationalen System. Sein Fokus liegt auf der sich neu bildenden Familie und seiner Vaterrolle.

Während sich das berufliche Visionsfenster also nur ein Stück weit öffnete, wurden die familiären Ziele und Lebensaufgaben für den Klienten verdeutlicht und bestärkt. Sein Wunsch, Familie wirklich zu leben, ist sehr groß und aus seiner Geschichte mehr als verständlich. Mit der Geburt des zweiten Kindes und der bestehenden familiären Arbeitsteilung mit seiner Frau macht es viel Sinn, der Familie und den damit verbundenen Zielen genügend Raum und Zeit einzuräumen. Der Manager hat für sich die Bedeutung der Familie erkannt und erachtet diese Aufgabe als sehr wichtig. Für Jürg Willi (2007), Psychiater und Autor, wird das Leben nicht am Ausmaß an Erfolgen gemessen, sondern am Gelingen der wichtigen Beziehungen. Organisationen und Managementkulturen haben sich hier zu öffnen, um verschiedene Lebensentwürfe und somit eine größere Breite menschlicher Ressourcen einbinden zu können.

Drei Jahre später bekomme ich von ihm einen Anruf. Der Sprung in eine Geschäftsleitung ist erfolgt, in einer Funktion und in einem Setting, das ihm sehr zusagt.

8.4. Ein Exkurs: Die Bedeutung von Partnerschaft und Familie

Gerade das letzte Beratungsbeispiel hat eindrücklich auf die wichtigen Verbindungen zwischen Organisationssystem und familiären Gegenwartssystem aufmerksam gemacht. Für den Manager war der Verzicht auf eine Geschäftsleitungsfunktion richtig, solange sie quasi ein Arbeitspensum von 60 Wochenstunden voraussetzt und somit familiäre Lebensaufgaben verdrängt. Gerade in der Beratung von Frauen respektive Müttern stellen sich Fragen zur Vereinbarkeit von Beruf und Familie in allen Lebensphasen. Um diesem Thema respektive den Verknüpfungen zwischen diesen beiden Systemen das notwendige Gewicht zu geben, habe ich mich entschieden, zwei Beispiele aus der vorgegebenen Struktur herauszulösen und diese an den Schluss zu stellen. Ich habe jedoch nicht die Absicht, dieses Thema abschließend zu behandeln, sondern möchte dazu auf die vielfältige Spezialliteratur verweisen.

20. Praxisbeispiel: „Beruf und Partnerschaft“

An einer Universität führe ich in einem Führungsseminar die Aufstellungsmethode ein. Eine Studentin bringt cin Anliegen ein. Sie möchte mehr Raum für ihre Freizeit gewinnen. Nebst ihrem Studium und ihrer 20%-Arbeitsstelle zur Finanzierung des Studiums kommt ihre Freizeit immer wieder zu kurz. Als persönliche Vision möchte sie nach dem Studium eine interessante und anspruchsvolle Stelle finden.

In der nachfolgenden Aufstellung zeigen sich drei überraschende Dynamiken:

- Die Vision ist für alle Teilnehmenden überraschend wichtig. Sie will gesehen werden und die Stellvertreterin der Vision gibt während des Aufstellungs- und Beratungsprozesses immer wieder wichtige Impulse.
- Wir erkennen, dass das Studium die „Brücke“ zur Vision ist. Das Studium möchte die notwendige Aufmerksamkeit bekommen und bald beendet werden. Der Verlockung zu einer Erweiterung der Arbeitsstelle ist zu widerstehen. Anfragen, ob die Studentin zu neuen Aufgaben und entsprechender Mehrarbeit bereit wäre, zeigen ihr zwar ihre Bedeutung auf und sind finanziell interessant, lenken sie jedoch vom Studium ab. Ihr Arbeitseinsatz ist grundsätzlich auf die vereinbarten 20 Prozent einer Vollzeitstelle zu beschränken.
- Die Vision hat jedoch nicht nur das Studium im Blickfeld, sondern auch die Studentin und die „Freizeit“. Beides ist der Vision sehr wichtig. Zugleich fehlt der

Stellvertreterin der Studentin „etwas“ an ihrer rechten Seite. Ich stelle der Studentin nicht das Studium an die Seite, an der etwas fehlt, sondern die „Freizeit“. Für die Studentin ist dies sehr stimmig, sie fühlt sich gestärkt. Obwohl mir sofort klar wird, dass an dieser Position die „Freizeit“ kaum allein die „Freizeit“, sondern mit großer Wahrscheinlichkeit auch ein Freund steht, bleibe ich zum Schutz der Studentin bewusst mehrdeutig. Zur Freizeit sage ich, dass sie ja auch mehr als nur die Freizeit sein könnte. Die Stellvertreterin der Studentin und der Stellvertreter der „Freizeit“ strahlen sich an. Wir beenden die Aufstellung.

Während die Studierenden im Außenkreis, welche alle zum ersten Mal eine Aufstellung mitverfolgen, diese als etwas „fade“ und unspektakulär empfinden, sind die Stellvertretungspersonen von der Aufstellung angetan und irgendwie berührt. Zum Schutze der Studentin entscheide ich mich auch in der kurzen Nachbesprechung, die Dynamik in der Aufstellung nicht offen anzusprechen.

Am nächsten Seminartag habe ich in der Mittagspause die Gelegenheit, mit der Studentin unter vier Augen ein Nachgespräch zu führen. Die Studentin kann für sich die tiefere Dimension der „Freizeit“ nicht erfassen. Die angebotene Deutung macht ihr jedoch Sinn und sie ist sehr dankbar für diesen Beratungsimpuls. Eine Freundschaft und Partnerschaft einzugehen, sei für sie tatsächlich ein sehr schwieriges Thema. Für sie wäre es viel leichter, sich auf das Studium und den beruflichen Erfolg zu fokussieren. Die Aufstellung mache ihr jetzt jedoch Mut, sich eigenen Ängsten zu stellen und dem Thema der Partnerschaft den notwendigen Raum zu geben. Im Lösungsbild habe sich dies für sie sehr leicht und gut angefühlt.

In diesem Aufstellungsbeispiel überraschen die Bedeutung und die Rolle der persönlichen Vision. Bei einer Studentin, die erst in zwei bis drei Jahren ihren Masterabschluss erreichen wird, sind eigentlich die mittel- und längerfristigen Ziele gesetzt. Über die persönliche Vision müsste sie erst gegen Ende des Studiums aktiv nachdenken. Aber wie auch in anderen Aufstellungen übernimmt hier die persönliche Vision die „Regie“ und gibt ihre Wünsche und Vorstellungen klar bekannt. Wie in anderen Beispielen blitzt auch hier die Vorstellung vom „Ruf“ respektive der „Berufung“ im Leben auf. Es scheint so, als möchte sie von Anfang an auf unser Leben positiven Einfluss nehmen.

Was die persönliche Vision von der Studentin „einfordert“, ist aus betriebswirtschaftlicher Sicht zum einen Teil logisch und zum anderen Teil überraschend. Logisch ist, dass der Abschluss des Studiums nicht aufgrund von attraktiven Nebenjobs und Verdienstmöglichkeiten verzögert werden darf. Eine Fokussierung auf das langfristige Ziel ist richtig. Überraschend ist jedoch die Forderung, eine Partnerschaft einzugehen. In den heutigen Managementwelten wird von Management- und Führungspersonen oft mehr oder weniger direkt eine klare Fokussierung auf den Beruf gefordert. Familie und Familienaufgaben stehen demgegenüber in Konkurrenz. Sie absorbieren Zeit und unternehmerische Ressourcen. Von Studierenden wird heute in ihren

Biografien zunehmend eine Geradlinigkeit – oder Einseitigkeit? – gewünscht, die sich in besonderen Leistungen im Studium wie auch in Nebenjobs zeigen soll. Nach einem systemischen Verständnis und vielen Beratungs- und Aufstellungserfahrungen ist diese einseitige Priorisierung, wie in den Theoriekapiteln zuvor dargelegt, unverständlich und kontraproduktiv. Die Studentin erkennt, dass sie für das Eingehen einer Partnerschaft eigene Ängste und Verletzungen zu lösen hat. Als Person bedeutet dies für sie einen persönlichen Entwicklungsschritt und einen wichtigen Reifeprozess. Nebst dem Lösen von eigenen Blockaden wird sie ihre Beziehungsfähigkeit und -kompetenz markant erhöhen können. Später wird sie diese als Führungs- und Sozialkompetenz in ihre beruflichen Herausforderungen einbringen können.

Das Beispiel weist aber noch auf eine weitere Dynamik hin, der ich immer wieder begegne. Für die Studentin könnte es im ersten Moment einfacher und erfolgversprechender sein, sich ganz auf ihre beruflichen Ziele auszurichten. Damit kann sie die anspruchsvolle und emotionale Auseinandersetzung mit den eigenen Beziehungsthemen vermeiden. Analog begegne ich auch immer wieder Führungspersonen, die ihren existenziellen Lebensthemen auszuweichen versuchen. Das erfahrene Leid und der Schmerz in der aktuellen Beziehung oder im Herkunftssystem scheinen sehr groß zu sein. Dies aufzugreifen hat vielleicht etwas Unfassbares und Unkontrollierbares. Der Beruf – insbesondere eine rationale Funktion im Finanz- oder IT-Bereich – gibt dagegen einen scheinbar sicheren Halt und eine klare Struktur. Erfolge führen zu Bestätigungen und Selbstvertrauen. Auch Ulsamer (2009: 164) schreibt von einer ähnlichen Beobachtung. Eine innere Spannung kann im Inneren verborgen bleiben und ausgehalten werden, wenn sie in der Arbeit durch permanente Höchstleistungen ausgelebt werden kann. Eine solche Lebensstrategie führt jedoch selten zum Glück: Der Preis für die unterdrückten Gefühle und Entwicklungspotenziale ist hoch, und die Gefahr sehr groß, dass die ignorierten Lebensthemen später in nicht mehr überhörbarer Form an die Türe klopfen.

21. Praxisbeispiel: „Der Entscheid"

Eine Primarlehrerin kommt in eine Kurzzeitberatung, da sie seit Wochen einen Berufsentscheid nicht treffen kann. Sie arbeitet zu 50% als Primarlehrerin und hat daneben erste Aufträge in der Organisationsentwicklung, nachdem sie dort eine qualifizierte Weiterbildung abgeschlossen hat. Seit ihre beiden Kinder das Gymnasium besuchen, hat sie mehr Zeit und möchte mehr arbeiten. In der Primarschule wurde sie angefragt, ob sie ihr Pensum auf 75% aufstocken könnte. Selbst fände sie es jedoch faszinierender, auf ihre neue Beratungstätigkeit zu setzen. Auf die Frage nach ihrem Anliegen meint sie, dass ein Teil ihrer beruflichen Entscheidung sachlich klar sei, ein anderer Teil aber unklar, ja verschwommen bleibe. Sie frage sich, ob es da einen Bezug zu ihrer Ursprungsfamilie gebe.

Im ersten Teil der Kurzzeitberatung schälen wir ihre grundsätzlichen Entscheidungsoptionen heraus:

- *Option Primarlehrerin:* Sie erhöht ihr Pensum auf 75% und stellt (vorerst) ihre Beratungstätigkeit zurück.
- *Option Primarlehrerin & Beraterin:* Sie bleibt zu 50% Primarlehrerin und baut gezielt ihre eigene Beratungstätigkeit aus.
- *Option Beraterin:* Sie wagt ganz den Schritt in die selbständige Beratung.

Zu meiner eigenen Überraschung realisiere ich, dass sie nicht nur die Vor- und Nachteile der einzelnen Optionen bereits präzis analysiert und aufgeschrieben hat, sondern sich innerlich bereits für die Option Primarlehrerin entschieden hat. Das scheint der Teil der Entscheidung zu sein, der für sie klar ist. Mich selbst macht es jedoch unsicher, dass sie zuvor auf die „Wunderfrage“[11] die Option Primarlehrerin & Beraterin skizzierte und auf die Frage nach der längerfristigen Vision die Option Beraterin nannte. Auf die Frage, ob ihr Mann eine Entscheidungsoption bevorzuge, meint sie, dass ihr Mann ihren beruflichen Weg generell unterstütze und somit mit allen Varianten einverstanden sei. Er wünsche sich einzig, dass sie auch genügend Zeit für die Familie habe.

Da die Klientin im Anliegen selbst auf den unklaren Teil und die mögliche Verbindung zu Ursprungsthemen hinwies, versuche ich mit Fragen, diese Systemdynamiken und mögliche Verbindungen zu erfassen. Auffallend ist, dass sie einen Zwillingsbruder hat, dem es im Leben schlecht geht und der resigniert hat. Zudem tauchen sowohl auf der Seite des Vaters wie auf der Seite der Mutter viele systemisch schwierige Themen auf. Die Großeltern mütterlicherseits erlebten als Deutsche den 2. Weltkrieg. Eine direkte Verbindung zwischen diesen Themen und dem anstehenden Berufsentscheid der Klientin kann ich jedoch nicht erkennen.

Aufgrund der gleichzeitigen Klarheit und Unklarheit möchte ich als Berater den Überblick gewinnen und schlage ihr vor, sowohl das Ursprungssystem als auch die berufliche Entscheidungssituation mit ihrer gegenwärtigen Familie aufzustellen.

Beide Aufstellungsbilder weisen auf bedeutende Hintergrunddynamiken hin. Da die Klientin kommuniziert, dass ihr beim Aufstellen mit den Figuren kalt geworden sei (kalte Hände, kalter Rücken), beginne ich sofort im Herkunftssystem zu arbeiten.

[11] Die Wunderfrage ist in der lösungsorientierten Beratung eine bekannte Frage nach der optimalen Zukunft der Klienten und lautet etwa wie folgt: „Angenommen, heute Nacht geschieht ein Wunder und das Problem ist gelöst. An was werden Sie es merken? Was werden Sie dann tun?“ (de Shazer: 1997).

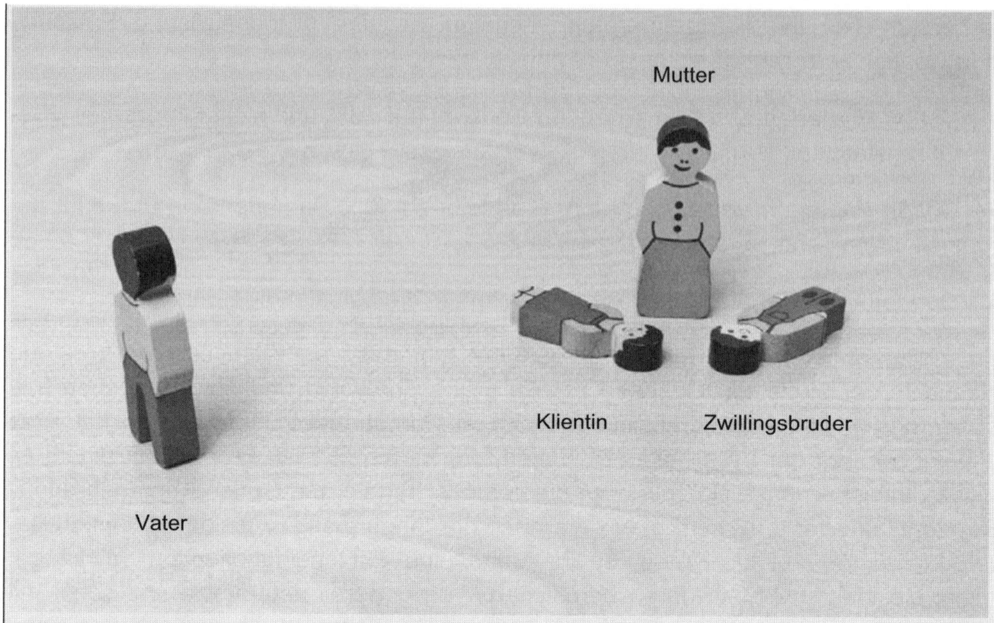

Abbildung 29: *Anfangsbild Herkunftsfamilie*

Im Herkunftssystem (Abbildung Nr. 29) fällt sofort auf, dass die Klientin sich und ihren Zwillingsbruder vor die Mutter hingelegt hat. Beim Aufstellen mit Figuren passiert dies äußerst selten und ist für mich ein Indiz für einen gewissen Sog in den Tod. Unbewusst scheint die Klientin seelisch mit Toten verbunden zu sein. Ihre körperlichen Reaktionen, die vorher beschriebene Kälte, bestärken diese Hypothese. Im Gespräch und weiteren Beratungsprozess zeigt sich, dass der Großvater im Krieg häufig mit dem Tod und Toten konfrontiert wurde. Die Klientin fühlt sich innerlich mit den Opfern verbunden. Im Lösungsprozess ist es wichtig, dass der Großvater selber am Schicksal der Toten Anteil nimmt und sich anstelle der Enkelin und des Enkels zu ihnen hinlegt. Die Zwillingskinder sind frei, ihr eigenes Leben zu leben. Ihr Blick geht weg von den Toten in ihre Zukunft. Dieser Prozess berührt die Klientin zutiefst.

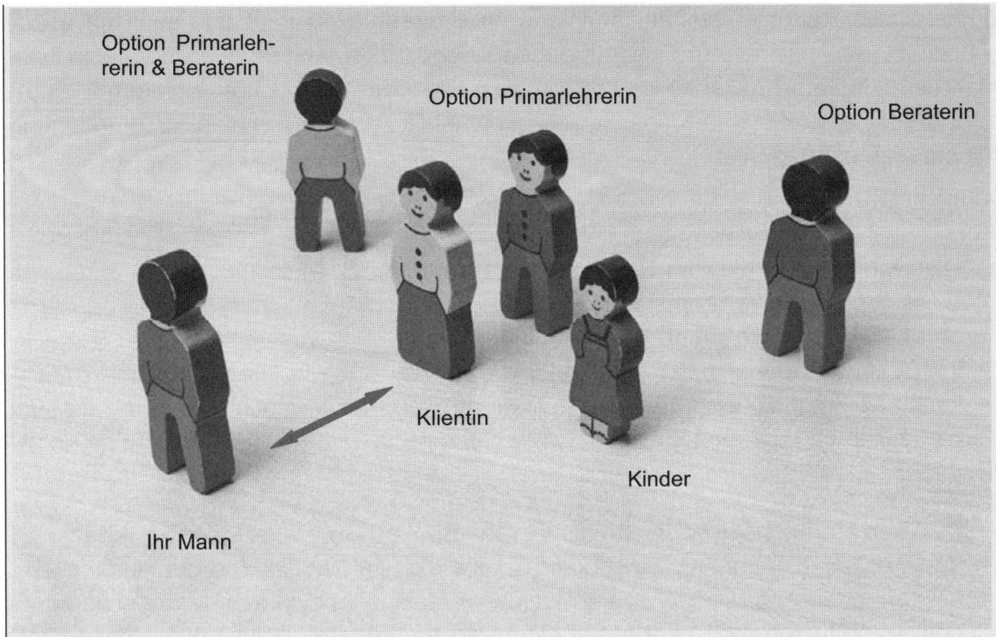

Abbildung 30: *Aktuelle Entscheidungssituation*

Im Aufstellungsbild zur aktuellen Entscheidungssituation (Abbildung Nr. 30) fällt die Aufstellung der Klientin ihrem Mann gegenüber auf, welche auf einen bedeutenden Paarkonflikt hinweist. Die Option Primarlehrerin stärkt in diesem Konflikt der Klientin den Rücken. Die Option Primarlehrerin & Beraterin wird nicht gesehen, obwohl dazu im Gespräch die Faszination der Klientin spürbar war. Als ich die Klientin auf diese Hypothesen anspreche, erzählt sie mir sofort, dass ihr Mann, der in einer angesehenen Position arbeitet, zu viel Alkohol trinke. Ihre Partnerschaft sei tatsächlich nicht mehr gut. Auch wenn wir nur kurz auf das Herkunftssystem des Mannes eingehen, wird rasch ersichtlich, dass auch hier viele schwierige Schicksale die Nachkommen belasten. Wie seine Frau müsste auch er für sich einen persönlichen Entwicklungsprozess anstreben.

Mit dem Erkennen der versteckten Hintergrunddynamik im Ursprungs- und Gegenwartssystem kann jetzt die Entscheidungssituation aus einer ganz neuen Perspektive betrachtet werden. Die berufliche Entscheidung wurde bislang unbewusst vom Paarkonflikt bestimmt. Mit einer 75%-Anstellung als Primarlehrerin wird die Klientin finanziell unabhängiger von ihrem Mann und könnte einer Trennung gelassener entgegensehen. Demgegenüber stellt die Option Primarlehrerin & Beraterin in diesem Kontext vielleicht ein zu hohes Risiko dar. Es wird jetzt nachvollziehbar, weshalb sich die Klientin innerlich bereits für die Aufstockung der Arbeitsstunden als Primarlehrerin entschieden hat.

Falls in einer Entscheidungssituation so zentrale Hintergrunddynamiken erkennbar werden, ist es wichtig, sich nicht sofort für eine berufliche Variante zu entscheiden.

Zuerst muss Raum entstehen, den inneren Prozess emotional und seelisch abzuschließen, aber die neuen Zusammenhänge und Erkenntnisse auch über den Verstand zu integrieren. Die Ausgangslage zum Entscheid hat sich grundlegend verändert, und eine solche Beratungssequenz löst vielleicht nochmals eine Suchbewegung mit neuen Optionen aus.

Zum Abschluss der Beratung besprechen wir zwei Lösungsstrategien:

- Die eigene Belastung im Herkunftssystem hat die Klientin für sich zu lösen, da diese ihr sowohl in der Partnerschaft wie im Organisationssystem Lebenskraft und Lebensenergie raubt. Für die Klientin ist ein wichtiger, persönlicher Entwicklungsschritt angesagt, der sie mittelfristig gerade auch in ihren beruflichen Tätigkeiten maßgeblich stärken wird. Sowohl als Lehrerin wie auch Beraterin wird sich die Qualität ihrer Arbeit erhöhen, wenn sie zentrale Lebensthemen nicht mehr belasten.

- Der Berufsentscheid ist nochmals zu überdenken und vom Paarkonflikt so weit wie möglich zu trennen. Die Stärke, die sie sich im Konflikt von der Aufstockung als Primarlehrerin erhofft, ist vermutlich weniger finanziell, sondern als persönliche Kraft aufzubauen (siehe 1. Lösungsstrategie). Selbst im Falle einer Scheidung würde ihr Mann so viel verdienen, dass sie beide gut leben können. Die Klientin müsste die Partnerschaftsthemen für sich angehen.

Betrachten wir allein den beruflichen Entscheid, so scheint die Option Primarlehrerin & Beraterin sehr attraktiv zu sein. Diese Option kann kurzfristig, aber auch erst in einer späteren Phase realisiert werden.

Dieses Beratungsbeispiel zeigt erneut eindrücklich auf, wie im Fall einer diffusen, beruflichen Entscheidungssituation die zentralen, handlungsbestimmenden Dynamiken in Herkunftsfamilie, Gegenwartsfamilie und Organisationssystem miteinander verwoben sind. Diese Verbindungen sind zu erkennen und zu verstehen, um qualifizierte Entscheide und Handlungsmaßnahmen treffen zu können. Das Entscheiden respektive Entscheiden-Können in unsicheren, vieldeutigen Situationen wird heute oft als eine der wichtigsten Managementfunktionen betrachtet. Unentschiedenheit oder sogar Nicht-Entscheiden-Können wird als Unsicherheit und Führungsmangel erachtet. Der „Macher“ gilt hier oft als Vorbild.

In einer systemischen, erweiterten Betrachtungsweise ist dieses Nicht-Entscheiden-Können jedoch oft sinnvoll und weist auf eine zentrale, verdeckte Dynamik hin. Unentschiedenheit oder ungute Gefühle sind als Signale im Entscheidungsprozess ernst zu nehmen. Sie fordern uns heraus oder bieten uns die Chance, mögliche Zusammenhänge mit anderen Systemen zu erforschen und diese in der kommenden Entscheidung zu berücksichtigen. Einmal mehr fordert uns ein Beispiel auf, in größeren und systemübergreifenden Zusammenhängen zu denken und zu handeln.

Die extreme inhaltliche Ambivalenz der Klientin beim Entscheid kam im Vorgespräch klar zum Ausdruck. Einerseits faszinierte sie die Beratungstätigkeit, andererseits entschied sie sich bereits für die Aufstockung des Pensums als Primarlehrerin. Dass dahinter ein Paarkonflikt steht, hätte ich als Berater nie erwartet. Dazu gab es aus dem Vorgespräch keine Anzeichen. Erweitern wir jedoch so die Entscheidungssituation, macht die Aufstockung als Primarlehrerin plötzlich Sinn. Sie garantiert eine größtmögliche Eigenständigkeit. Da ihr Mann jedoch sehr gut verdient und eine sichere Stelle hat, ist zur Entscheidung eine Trennung zwischen Beruf und Paarentscheid zu empfehlen.

In dieser Entscheidungssituation wurde die spirituelle Dimension nicht berücksichtigt. Diese hätte den Rahmen einer zweistündigen Beratungssequenz definitiv gesprengt. Aber es bleibt die wichtige Frage im Raum, was die Berufung der Klientin ist und ob die Option Primarlehrerin & Beraterin ihrem organisationalen Lebensauftrag nahekommt und entsprechend viel Energie aufweist. In diesem Beratungsbeispiel gab es für mich als Berater viele Zeichen, dass ihr mittel- und längerfristiger Weg in der Beratung liegen könnte. Ihre Weiterbildung und ihre spontane Begeisterung weisen darauf hin.

8.5. Fazit

Die Beispiele in Kapitel 8 zeigen, wie vielfältig und einzigartig Managementpersonen heute herausgefordert werden. Kaum eine Situation kann mit einer anderen direkt verglichen werden, zu spezifisch und individuell ist die Dynamik. So kann es sein, dass ein Manager besonders für das Umsetzen von Visionen einzustehen, für klare Strukturen und Führung, eine menschliche Unternehmenskultur und für menschliche Führungsbeziehungen zu sorgen hat. Dazu braucht er die unterschiedlichsten Kompetenzen und viel Persönlichkeitskompetenz.

Als Manager ist es wichtig, der persönlichen Weiterentwicklung genügend Raum zu geben. Hobbys, neue Interessen und Leidenschaft sind zu pflegen, denn sie fördern oft neue Qualitäten und bringen uns mit der eigenen Berufung in Verbindung. Ebenso sind persönliche Entwicklungsthemen, auf die Managementpersonen in Organisationen stoßen, aufzugreifen und für sich zu integrieren. Sie tragen zur persönlichen Reife bei. Anspruchsvolle Managementaufgaben erwarten das Beste von uns.

Auch „High-Performer" brauchen Raum und Zeit zum Erreichen weiterer Lebensziele und einer gesunden Work-Life-Balance. Eine Familie und Partnerschaft ist für viele Menschen sehr wichtig und eine wundervolle Bereicherung und Ressource. Im Rahmen gelebter Liebe ermöglichen sie für alle Koevolutionsprozesse.

In dieser Phase kommt die Managementperson und ihre Führung im Idealfall zur Reife: Individuelle Stärken und besondere (Führungs-)Fähigkeiten kommen voll zum

Tragen. Führungspersonen sind authentisch, können sich in ihrer ganzen Vielfalt einbringen und regen viele Wachstums- und Entwicklungsprozesse in Organisationen an. Sie übernehmen die gesellschaftlich notwendige Verantwortung für Unternehmen und Konzerne.

9. Persönliche Visionen umsetzen

Mit den theoretischen Modellen und den zahlreichen Praxisbeispielen ist ein systemischer Ansatz entstanden, der – ausgehend von einem neuen Verständnis von Führung und Beratung – nicht nur die spezifischen Dynamiken in einer Organisation zu verstehen und zu gestalten versucht, sondern ebenso die Wirkungen der einzelnen involvierten Personen mitberücksichtigt. Führungskräfte und Mitarbeitende übernehmen verschiedenste Aufgaben und Rollen in Organisationen, sie bringen sich aber auch als ganze Menschen ein, mit ihrer Seele und spirituellen Einbindung. Wenn wir auf Führung und Organisationen Einfluss nehmen möchten, so müssen wir dazu die damit verbundenen Menschen ganzheitlich und in ihrer lebenslangen Entwicklung verstehen. Nur so erkennen wir den wahren Wert und das Potential des Menschen in Organisationen.

Diese umfassende Sicht wird heute von den meisten theoretischen Ansätzen nicht wirklich geteilt und in der Praxis der Führungs- und Organisationsentwicklung nicht umgesetzt. Noch immer wird der Mensch im Kern als Funktionsträger, als Teil einer großen Maschine und als „Nutzenmaximierer" betrachtet. Heute verfügen wir jedoch über ein viel differenzierteres Wissen über den Menschen, seine Entwicklungspotentiale und seine oft zahlreichen latent vorhandenen Ressourcen. Wie bereits in Kapitel 1.2 beschrieben, teile ich die Überzeugung von systemischen Beratern wie Senge und Scharmer, dass tiefgreifende, innovative Veränderungsprozesse sich nicht an der Vergangenheit, sondern an einer sich im Entstehen begriffenen Zukunft auszurichten haben. Wir befinden uns in einer Phase des gesellschaftlichen Auf- und Umbruchs. In vielen Lebensbereichen, auch in unserer Beziehung zur Natur, werden neue Antworten auf die Fragen nach der Bedeutung und dem Wert unserer natürlichen, aber auch „inneren" Ressourcen gefunden und eröffnen somit neue Perspektiven und ermöglichen innovative Geschäftsmodelle. Dies setzt voraus, dass wir unsere (Management-)Sichtweisen erweitern, in größeren Zusammenhängen denken und lernen, die vorhandene organisationale, ja auch spirituelle Kompetenz zu nutzen.

Das „Erkennen" der Zukunft, das dazu notwendige Lernen und das Gestalten des Neuen kann nur durch und über den Menschen erfolgen. Organisationen allein sind nicht innovativ. Visionäre und wandlungsfähige Organisationen haben sich somit die Frage zu stellen, wie sie ihren Führungskräften und Mitarbeitenden in ihrer Entwicklung als ganze Menschen, als Wesen mit wertvollen Erfahrungen und Visionen, mit tiefer Spiritualität und auch als Väter und Mütter, gerecht werden können, um so ihr ganzes Potential zu mobilisieren. Erfolgreiche Organisationen benötigen Menschen,

- die sich – äußerlich und innerlich – für eine attraktive und innovative Zukunft des Unternehmens einbringen und alle ihre Fähigkeiten zur Verfügung stellen.

- die bereits eigene Visionen realisiert und sich auf persönliche Lern- und Entwicklungsprozesse eingelassen haben. Diese bringen die wertvolle Erfahrung und das Vertrauen mit, dass solche Wandlungsprozesse in Zukunft auch auf einer kollektiven Ebene möglich sind.
- die bereit sind, sich bei Bedarf auch auf weitere persönliche Entwicklungsprozesse einzulassen, um in ihrer Aufgabe weiterzukommen und ihre hohe Präsenz und Aufmerksamkeit in der Organisation zu steigern.

Die zukünftige, tiefgreifende Entwicklung von Organisationen kann nur mit einer entsprechenden menschlichen Entwicklung einhergehen. Oder wie es Senge et al. (2004: 5) ausdrücken: „Der Wandel, an dem wir in der Zukunft teilhaben werden, wird [sowohl] zutiefst persönlich als auch ganz systemisch sein." Ein Paradigmenwechsel steht an, in dem der Mensch und seine tieferen Bewusstseinsebenen im Fokus des organisationalen Wandels stehen.

Dazu müssen wir neue Wege gehen und Neues ausprobieren. Und dazu sind Auseinandersetzung, Dialog und Lernbereitschaft vonnöten. Denn unser Erkennen und Handeln basieren auch auf neuen Zugängen, Erkenntnissen und Methoden. Dabei verfügen wir alle noch über wenig Praxiserfahrung. Es ist an der Zeit, über diese schwierig zu kommunizierenden, persönlichen Erfahrungen öffentlich zu sprechen, um individuelles wie gemeinsames Lernen zu ermöglichen und die erwünschten Entwicklungen in der Führung, in Organisationen und in der Beratung in Gang zu setzen.

Zum Abschluss des Buches ist es mir deshalb ein großes Anliegen, Sie als Führungsperson auf Ihrem Weg und in Ihrer Führungstätigkeit möglichst konkret zu unterstützen. Ich möchte dies tun, indem ich Ihnen aufzeige,

- wie Sie als Führungskraft Ihre persönlichen Visionen erkennen und erfolgreich umsetzen können (Kapitel 9),
- wie Sie Teams und Organisationen menschlich führen können (Kapitel 10),
- wie Sie in Teams für Höchstleistungen sorgen und Entwicklungen ermöglichen können (Kapitel 11).

Ein kurzer Blick auf die zukünftige Personal- und Managemententwicklung rundet das Bild ab (Kapitel 12).

Wie in der folgenden Abbildung 31 dargestellt, können Sie bei diesen Führungsaufgaben ein Stück weit – unabhängig von der Entwicklung und Kultur Ihrer Organisation – als selbständiger Akteur auftreten. Ich möchte Sie als Führungskraft und Leser stärken, befähigen und ermutigen, Ihre Handlungsspielräume voll auszunutzen und Ihren Beitrag für Organisationen wie Gesellschaft zu leisten. Ich bin immer mehr der Ansicht, dass innovative und entwicklungsorientierte Organisationen nicht nur auf einer organisationalen Ebene verwirklicht und etabliert werden können, sondern dass deren Entwicklung ebenso auf der individuellen Ebene zu verfolgen ist. Im Zentrum der Grafik steht entsprechend die Führungsperson als Mensch.

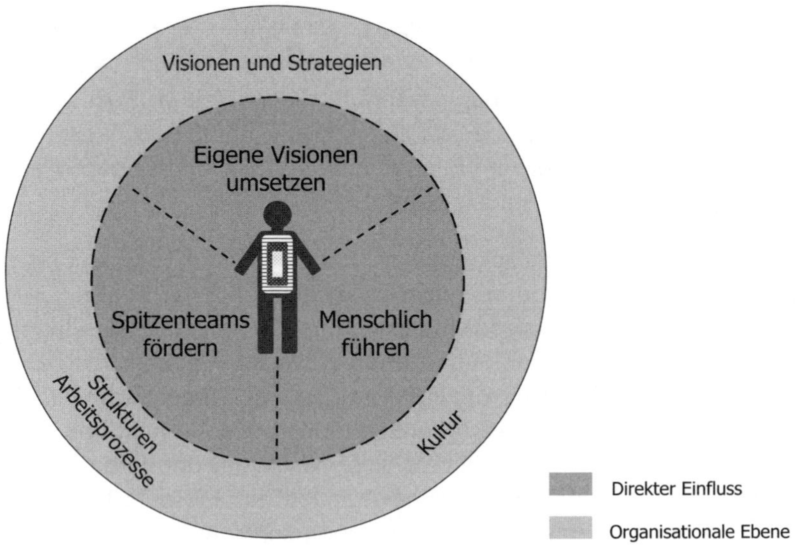

Abbildung 31: *Führen aus eigener Kraft*

Falls Sie die Möglichkeit haben, auf Ihre Organisation als Ganzes Einfluss zu nehmen, so bitte ich Sie, das zu tun. Da ich dazu nur wenige Handlungsempfehlungen gebe, möchte ich Sie auf drei Bücher hinweisen, die für mich weiterführend sind. Anselm Grün (2006) hat in seinem Buch „Menschen führen – Leben wecken" auf den Grundlagen Benedikts von Nursia nicht nur über Führung geschrieben, sondern auch über die Bedeutung von Visionen und die Inhalte einer menschlichen Kultur. Heike Bruch und Bernd Vogel (2005) zeigen im Buch „Organisationale Energie" auf, wie über verschiedene Visionen – „winning the princess" oder „killing the dragon" – das ganze Potential eines Unternehmens optimal ausgerichtet und voll ausgeschöpft werden kann. Otto Scharmer (2009) hat mit der „Theorie U" ein soziales Modell und eine Technik entwickelt, die es Gesellschaft, Organisationen und Menschen erlaubt, sich mit der höchstmöglichen Zukunft zu verbinden und daraus zu handeln.

9.1 Persönliche Visionen

Ich bin überzeugt, dass das wirklich Neue nur in den Organisationen entstehen kann, in denen viele Führungspersonen und Mitarbeitende dieses auch für sich persönlich gefunden haben. Sie fühlen sich dadurch mit ihrer Leidenschaft und ihrer Berufung verbunden. Sie möchten wirklich etwas verändern und erschaffen: neue Angebote, neue Herstellungsprozesse, neue Geschäftsmodelle und neue Kulturen und Formen des Führens. Solchen Menschen zu begegnen ist nicht nur beeindruckend, sondern auch ein Geschenk. Dazu zwei Beispiele:

- Der Snowboardverkäufer, der mir das Gefühl vermittelt, dass er sich alle Zeit nimmt, um für mich das perfekte Brett für den kommenden Winter zu finden. Ich und mein Bedürfnis standen während dieser Zeit im Fokus. Dass er an diesem Samstag im Dezember auf diese Art bestimmt noch weitere 20 bis 30 Boards verkaufte, gab er mir nie zu verstehen. Seine Faszination vom Snowboarden strahlte er dabei immer aus.

- Das Konzernleitungsmitglied, das mir in einer kurzen Begegnung den Eindruck vermittelt, als würde es selbst direkt als Verkäufer in einer „seiner“ vielen Filialen stehen. Ich spüre seine Empathie für die Mitarbeitenden und seine Sorgen, dass aufgrund der Stärke des Schweizer Franken und des Umsatzrückganges moderate Entlassungen in Zukunft möglicherweise notwendig werden. Auch wenn er mehrere Tausend Mitarbeitende führt und hierarchisch von der Basis weit weg ist, fühlt er sich mit diesen und ihren Themen stark verbunden und erachtet es als seine Aufgabe, für alle gute Lösungen zu finden. Gewinn- und Rentabilitätsüberlegungen scheinen in diesem Moment keine Rolle zu spielen.

Wenn Menschen diese Begeisterung in sich spüren, sind sie auf ihrem Weg. Sie zeigen in ihrem Handeln eine hohe Verbindlichkeit auf und sind bereit, für ihre Sache Probleme zu meistern und Neues zu lernen. Ihre Reise wird so zu einem Lebensweg. Das bekannteste aktuelle Beispiel dazu dürfte wohl Steve Jobs sein. In „iLeadership“ beschreiben Eliot und Simon (2011) sein Feuer, ja fast schon seine Besessenheit, mit seinen Produkt-Visionen und deren Perfektionierung die Welt zu verändern.

Natürlich betreffen Visionen und Strategien meist ganze Organisationen oder Konzerne. In der Visions- und Strategieentwicklung wird deshalb oft großer Wert auf partizipative Prozesse gelegt. Ohne dies in Frage zu stellen, denn gerade für die Präzisierung und Umsetzung von Strategien ist dies äußerst wertvoll, frage ich mich aber zusehends: Wo und wie entstand die „Uridee“, die „Substanz“ dieser Absichten? Aus meiner Erfahrung kann diese in großen Strategieworkshops entstehen, aber ebenso von einzelnen Personen oder kleinen Teams in die Welt gesetzt werden. Der gemeinsame Weg ist zumindest für die Konkretisierung und kreative Umsetzung von Visionen entscheidend. Im Kapitel 10.2 werde ich darauf noch differenzierter eingehen. Dieser vorweggenommene Impuls unterstreicht aber nochmals die Bedeutung der Frage nach den eigenen Visionen.

Bei der Entwicklung einer persönlichen Vision und deren Realisierung gibt es für mich eine spirituelle Dimension. In der Arbeit mit Führungspersonen und Organisationen muss dies jedoch nicht direkt angesprochen werden. Begeisterung, Sinn und

Verantwortung in der Tätigkeit Einzelner oder ganzer Organisationen genügen aus meiner Erfahrung bereits schon, um unbewusst an diese tieferen Ebenen des Wissens und der Unterstützung angeschlossen zu sein. Wenn wir uns jedoch dieser spirituellen Dimension bewusst sind, können wir direkt mit ihr arbeiten. Gerade bei Zukunftsfragen versuche ich immer mehr, mit spirituellen Elementen diese Energie aktiv zu mobilisieren. So lasse ich in der Einzelarbeit, bei entsprechender Offenheit des Klienten, nebst der Vision und möglichen Angeboten auch die ganz individuell erfahrene, spirituelle Kraft dazustellen, zum Beispiel als „spirituelle Führung", als spezifischer Engel, Heiliger oder Krafttier.

Auch in Organisations- und Seminarsettings werde ich mutiger und benenne es als „spirituelle Kraft". Diese Stellvertretungsperson darf sich als freies Element jederzeit im Raum bewegen und sich einbringen, wann immer sie es für wichtig und richtig hält. Ohne direkt aufzustellen, können beispielsweise Präsentationen von Gruppenarbeiten mit dem Hinzustellen einer „spirituellen Kraft" an Wert und Substanz gewinnen. Claude Rosselet (2010: 100) geht hier den gleichen Weg und ist in der Anwendung taktisch noch gewiefter. Als freies Element lässt er den „Spirit of the Organization" aufstellen und lässt bewusst offen, ob man im „Spirit" eine Art Quelle organisationaler oder eben spiritueller Intelligenz sehen möchte – oder sogar beides zusammen.

Im Verlaufe meiner Coachingtätigkeit habe ich ein Modell zur Umsetzung von persönlichen Visionen entwickelt (Abbildung Nr. 32). Dabei haben mich nicht nur meine eigenen Erfahrungen inspiriert, sondern auch das Buch von Hillmann (1998) und die U-Theorie von Scharmer (2009).

In der Arbeit mit Visionen geht es um zwei zentrale Kernprozesse: das Erkennen von substanziellen, sinnvollen Visionen und um deren Umsetzung. Während Führungskräfte sich oft das Erkennen nicht zutrauen, sind aus meiner Erfahrung das Handeln – das in Bewegung kommen – und das Realisieren mindestens ebenso wichtig. Visionen können ihre Wirkung nur entfalten, wenn sie umgesetzt werden. Im Modell zur Umsetzung persönlicher Visionen unterscheide ich sieben Schritte:

1. Persönliche Visionen erkennen
2. Ziele setzen und Energie fokussieren
3. Ressourcen und Kraft bewusst einsetzen
4. Sich-Einlassen und erste Schritte tun
5. Realisieren und in echtem Kontakt sein
6. Persönliche Entwicklung
7. Die spirituelle Kraft im Führungsalltag nutzen

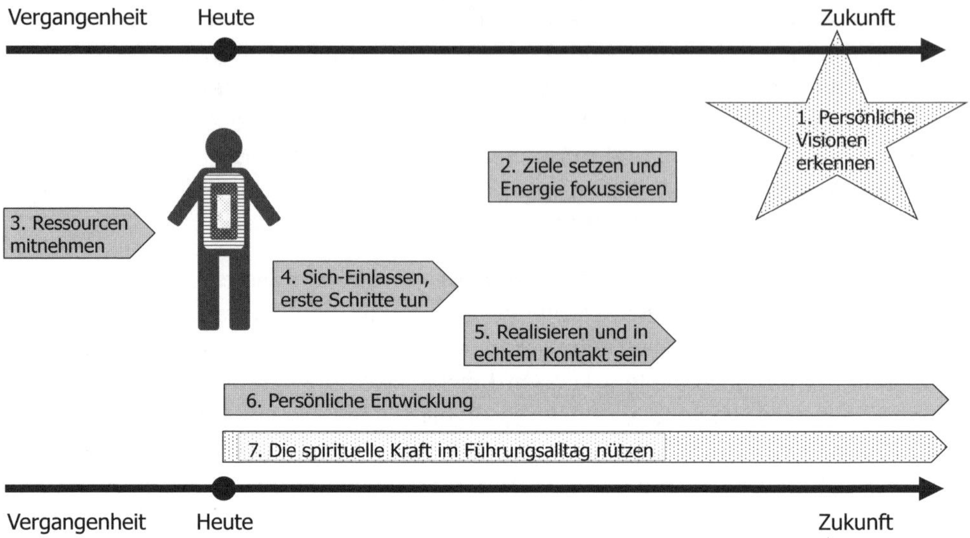

Abbildung 32: *Persönliche Visionen umsetzen*

Das Modell in Abbildung 32 gibt einen Überblick der einzelnen Schritte und zeigt auf, welche Schritte im Einzelnen zum erfolgreichen Realisieren einer Vision notwendig sind. Es zeigt auch die gegenseitigen Verbindungen auf und hilft zu verstehen, wer wo auf seinem eigenen Weg gerade steht. Das Modell darf jedoch nur bedingt als Handlungs-Leitfaden verstanden werden, nach welchem die einzelnen Schritte sukzessive zu absolvieren wären. Die Visionsarbeit ist kein linearer, mechanischer Prozess, sondern sie ist lebendig, intuitiv und das Ganze umfassend.

9.2. Die persönliche Vision erkennen (Berufung)

Das Erkennen der persönlichen Visionen ist eine erste Herausforderung. Auch wenn dies durch ein fokussiertes, strukturiertes Vorgehen mit präzisen Fragen begünstigt wird, ist ein systematisches Herleiten über den Verstand nur bedingt möglich. Eine Berufung ist in vielen Fällen mehr mit dem Herzen zu fühlen, als Leidenschaft oder „Herzblut", oder innerlich zu „spüren" respektive in Bildern zu „sehen". Es ist tieferes Wissen, mit dem ich mich zu verbinden versuche. Somit braucht es zur Visionsarbeit nicht nur rationale Methoden, sondern vor allem auch intuitive, die den Zugang zur Seele und zu wissenden Feldern ermöglichen.

Zum Erkennen von Visionen orientiere ich mich primär an drei Indikatoren:

- Bereits erkannte, allenfalls „verschüttete“ Visionen
- Leidenschaft und Energie
- Inneres Wissen

In der Arbeit mit Klienten begegne ich Führungskräften, die bereits genau wissen, welche Visionen für sie wichtig sind und aus welchen sie Kraft und Energie schöpfen. Das ist natürlich der einfachste Fall. Die Beratung fokussiert dann auf die Umsetzung, manchmal auch auf die Reaktivierung ihrer Vision. Immer wieder begegne ich auch Menschen, bei denen das Wissen im Verlaufe des Lebens verdrängt oder verschüttet wurde. Als Jugendlicher hatte man nicht den Mut, sich gegen bestimmte Werte und zu enge Vorgaben der Eltern zu wehren, oder es fehlte zur Realisation die finanzielle Unterstützung. Erkennen wir „verschüttete“ Visionen, so können wir diese Erinnerungen wieder aufleben lassen. Falls die Faszination – der Ruf – noch immer spürbar ist, so ist in der Zwischenzeit der Weg dorthin oft frei.

Welche Möglichkeit haben wir, wenn ein Wunsch nach Veränderung besteht, aber die eigenen Visionen noch nicht erkannt wurden?

Wichtige Kennzeichen von Berufungswegen sind für mich Freude, Begeisterung und Lebendigkeit, aber auch das Meistern von besonderen Herausforderungen. Die Freude und Leidenschaft entstehen dabei nicht, weil der Berufung zu folgen ein einfacher, unterhaltsamer Weg ist, sondern weil wir innerlich spüren, dass es unser Weg ist. Dieses Wissen, auf unserem Weg zu sein und unsere Lebensziele zu erfüllen, inspiriert und fasziniert uns, macht uns glücklich. Wir haben viel Energie, wir fühlen uns lebendig. Entsprechend werden zum Erkennen von Visionen oft Fragen gestellt, wie:

- Auf welche beruflichen Erfolge und Erfahrungen bin ich besonders stolz?
- Was sind für mich Glücksmomente in meiner Arbeit?
- Was sind die Highlights in meinem Arbeitsalltag? Was fasziniert mich? Wann kommt Freude auf?

Im Kern stützt sich die Visionsarbeit auf das innere Wissen. Dabei geht es um das Erkennen, was unsere Seele will respektive was durch uns ins Leben und in die Welt kommen möchte. Im Gespräch mit Kolleginnen und Kollegen, auf einer Wanderung, beim Tagebuchschreiben, Meditieren oder in einer Aufstellung bekomme ich plötzlich Zugang zu einem klaren und faszinierenden Bild. Ich bin immer wieder überrascht, wie präzise sich Visionen bei einzelnen Personen zeigen können. Es ist, als öffnete sich uns ein Visionsfenster, das uns unseren Weg mehr oder weniger weit erkennen lässt. Wer schon solche Bilder gesehen hat oder diese innere Bewegung spürt, will oder muss ihnen fast folgen. Eine echte Wahlfreiheit besteht kaum noch (Hellinger 2005: 27). Für Senge et al. (2004: 223) ist dies ein großes Paradox: Einerseits spüren wir unsere Bestimmung und müssen ihr folgen, andererseits fühlen wir uns freier und glücklicher als je zuvor im Leben. Bei diesen Gefühlen von Freiheit geht es jedoch weniger um die äußere, sondern primär um eine innere Freiheit, die beim Verfolgen der Vision auftritt.

Zum Anknüpfen an das innere Wissen und die seelische Bewegung möchte ich Ihnen zwei Zugänge aufzeigen. Eine leicht anzuwendende, wertvolle Übung zum Erkennen der Berufung beschreibt Scharmer (2009: 404). Es geht im Kern um zwei einfache Schritte, die sowohl analytisch wie auch meditativ mehrfach durchlaufen werden können.

Praxistipp 1: Bausteine des inspirierenden Ganzen

- Welches sind in meinem Leben und in meiner Arbeit Situationen, Praktiken und Aktivitäten, die mich am meisten mit meinen Quellen von Energie und Inspiration verbinden?
- Betrachten Sie diese Aktivitäten und Situationen als kleine Samen und Bausteine für die Zukunft: Wie könnte eine mögliche Zukunft aussehen, in der diese kleinen Samen und Bausteine wachsen, sich verbinden und ein inspirierendes Ganzes werden, das mit meinen besten Energien in Einklang steht?

Da ich zur Verstärkung des intuitiven Wissens selbst gerne mit Bildern oder Aufstellungen arbeite, möchte ich Ihnen eine Aufstellungsform vorstellen, die Sie für sich oder zu zweit durchführen können.

Praxistipp 2: Visionswege selber aufstellen

- Kristallisieren Sie für sich die Frage heraus, die Sie in Bezug auf die Visionsarbeit aktuell am intensivsten beschäftigt.
- Wählen Sie aus dem Modell „Persönliche Visionen umsetzen“ (Abbildung Nr. 32) oder passend zu Ihrer Frage zwei oder drei Systemelemente aus, die Sie für die Beantwortung Ihrer Frage als die wichtigsten erachten. Bezeichnen Sie diese mit den für Sie richtigen Worten, zum Beispiel das „Übernehmen einer geschäftsführenden Funktion“ oder die „Lancierung des Projektes X oder Produktes Y“.

- Nehmen Sie für sich selbst und die zwei oder drei Systemelemente je ein leeres DIN-A4-Blatt und beschriften Sie dieses entsprechend. Mit einem Pfeil halten Sie die Blickrichtung fest.[12]

- Stellen Sie mit diesen „Bodenankern“ spontan Ihr inneres Bild auf. Aus einer Außenposition reflektieren Sie, was Ihnen dabei auffällt.

- Sie können sich auf Ihre Position hinstellen und beobachten, ob Sie Emotionen, Körpergefühle, einen Bewegungsimpuls oder einen spontanen Satz erhalten. Wohin richtet sich Ihre Aufmerksamkeit und zu welchen Elementen haben Sie welche Beziehung?

- In der Außenposition können Sie Ihre Wahrnehmungen reflektieren und aufschreiben.

- Sie können sich jetzt stellvertretend in das Systemelement stellen, das Sie innerlich am meisten anzieht. Beobachten Sie wieder, ob Emotionen, Körpergefühle, ein Bewegungsimpuls oder Satz auftauchen. Falls so etwas entsteht, können Sie aus dieser Position auch etwas zu sich selbst respektive Ihrem „Bodenanker“ sagen.

- Aus einer Außenposition können Sie jederzeit Positionen verändern und deren Wirkung beobachten, allenfalls sich nochmals stellvertretend in ein Element hineinstellen.

Über das Hineinspüren, Erkennen, Aussprechen und Verändern von Positionen und Beziehungen ergibt sich zum Schluss für Sie idealerweise ein stimmiges Lösungsbild. Das muss jedoch nicht so sein. Sie können die Aufstellung mittendrin beenden und die Ihnen wichtigen Erfahrungen und Erkenntnisse aufschreiben. Erfahrungsgemäß lösen diese in Ihnen weiterführende Such- und Lösungsprozesse aus, die Sie auf Ihrem Visionsweg weiterbringen.

Falls Sie zu zweit sind, haben Sie die Möglichkeit, sich für sich selber hinzustellen, während die andere Person Stellvertretungsrollen übernimmt, die aus Ihrer Wahrnehmung heraus wichtig sind. So kann diese Person beispielsweise für die persönliche Vision, ein Ziel, einen ersten Schritt oder die persönliche Entwicklung stehen.

Egal, mit welcher Erkenntnisform wir arbeiten, Visionsfenster öffnen sich leider nicht in jedem Fall. Aus meiner Erfahrung passiert dies oft, wenn noch bedeutende, persönliche Themen Führungskräfte blockieren. Zukunftsenergien lassen sich dann

[12] Ich empfehle Ihnen bewusst, dass Sie sich selbst und zusätzlich zwei oder drei Systemelemente aufstellen. Die Aufstellung behält einen überschaubaren Rahmen und in den meisten Fällen bleiben Sie im Organisationssystem. Stellen Sie jedoch nur sich und ein Element (z. B. Ihre Vision) auf, so besteht die Möglichkeit, dass Sie – als sogenannte Symptomaufstellung – zur Lösung in Ihre Herkunftsfamilie wechseln müssten. Aufgrund der eigenen Betroffenheit wären das Erkennen und Lösen von persönlichen, meist sehr emotionalen Verbindungen sehr anspruchsvoll.

kaum mobilisieren, die persönlichen Visionen bleiben diffus, ja nebulös. Diese Erfahrung ist natürlich unangenehm, jedoch ebenfalls sehr hilfreich. Sie zeigt, dass vor dem Freilegen der Vision noch ein wichtiger, persönlicher Entwicklungsschritt ansteht. Als Führungsperson müssen wir zuerst an unsere Kraft gelangen.

Beim Arbeiten mit Visionen ist es wichtig zu wissen, dass Visionsfenster immer nur einen begrenzten Blick in die Zukunft freigeben. Selbst in den Momenten, in denen wir eigene Visionen erkennen können und entsprechend sehr berührt, erfreut und dankbar sind, bleibt unsere Erkenntnis immer begrenzt. Visionsfenster, so offen sie uns erscheinen, zeigen uns nur einen Teil der wünschenswerten Zukunft, ein erstes Wegstück. Hellinger (2005: 40) schreibt über seine Erfahrung, dass ihm die Wahrheit entgegenkomme. Doch sie zeigt sich nur stückweise, nie ganz. Intellektuell ist dies zwar zu bedauern, emotional und seelisch macht es jedoch Sinn. Bereits ein positiver, etwas überraschender Ausschnitt beschäftigt uns innerlich oft so intensiv, dass wir mehr davon weder aushalten noch aktiv aufnehmen und verdauen könnten. Auf unserem Weg zur Vision haben wir jetzt zunächst die ersten Schritte zu tun, bis sich die Vision und unser Weg weiter konkretisieren.

Beim Erkennen von Visionen begegnen wir vor allem zwei Herausforderungen: der Gefahr von Illusionen und von Abwegen. Der Begriff Vision geht auf den lateinischen Ausdruck „Visio“ zurück und bezeichnet das Sehen, den Anblick, die Erscheinung, aber auch das Trugbild. Eine Gefahr bei der Arbeit mit Visionen besteht darin, dass wir uns Illusionen, dem „Verklärten“, hingeben. Ich begegne immer wieder Menschen, die sich deswegen vor der Visionsarbeit fürchten. Sie haben Angst, sich einer Illusion hinzugeben. Aus meiner Erfahrung gehören jedoch verklärte Bilder einfach zur Visionsarbeit dazu. Wenn sie frühzeitig erkannt werden, verursachen sie wenig Schaden. Vielmehr beinhalten auch sie die Chance zum persönlichen Wachstum.

Aus der Aufstellungs- und Beratungsarbeit habe ich gelernt, dass uns illusionäre Visionen als zu abgehoben, zu groß, zu mächtig oder zu diffus entgegenkommen. Oft wird dies bereits in einem Gespräch offensichtlich. Eine Vision ist in einem solchen Fall überlagert, d. h., sie ist nicht nur eine Vision, sondern sie macht zugleich noch auf ein anderes zentrales Lebensthema aufmerksam. Hinter illusionären Visionen stoßen wir auf Identifizierungen und gravierende Ereignisse aus dem familiären Herkunftssystem. Wer also realisiert, dass seine Visionen abgehoben wirken oder er schon beim ersten Schritt zur Realisierung auf große Hindernisse stößt, hat selbstkritisch zu überprüfen, ob nicht zuerst noch eigene Themen zu erkennen und zu lösen sind. Die Illusion wird dadurch nur noch zur Vision, sie klärt sich. Auch wenn sie jetzt kleiner und angemessener erscheint, entsteht dafür der Umsetzungsschub, der zuvor gefehlt hat.

Eine andere, aus meiner Sicht noch häufiger auftretende Gefahr besteht darin, dass wir uns im Verlaufe der Karriere und des Lebens immer mehr von den ursprünglichen Lebensplänen und -zielen entfernen. Unser Fokus richtet sich auf äußere Ziele wie Geld und gesellschaftliche Anerkennung. Gleichzeitig passen wir uns immer mehr dem Zwang an, bestimmte Ziele, Arbeits- und Lebensweisen in Organisationen unreflektiert übernehmen zu müssen. So können sich selbst Führungspersonen aus dem oberen Management fremdbestimmt fühlen. Es fehlt ihnen der Mut, sich zumindest ein Stück weit zu befreien. Willi (2007: 159) beschreibt, wie Führungskräfte so immer mehr eigene Konturen verlieren und sich in eine Sackgasse hineinmanövrieren, die später zu einer Midlife-Crisis oder Lebenskrise führt. Eine Kehrtwende im Leben kostet dann viel Arbeit und Kraft.

9.3. Ziele setzen und Energie fokussieren

Visionen sind Leitsterne, an denen wir uns lange Zeit orientieren können. Sie erzeugen in uns eine kreative Spannung und eine Begeisterung, welche erhebliche Potentiale freisetzen. Wir schauen oft zu ihnen hinauf, aber ihre Realisierung scheint noch weit weg. Umso wichtiger ist es, dass wir auf Visionswegen klare (Etappen-)Ziele setzen. Mit ihnen entstehen im Organisationsalltag eine klare Ausrichtung und Verbindlichkeit. Aufgaben können klar definiert und angegangen werden.

Beim Setzen von Zielen ist es entscheidend, dass wir uns mit Blick auf die Vision auf das Wesentliche beschränken. Wir definieren nur die Ziele, die für unseren Weg absolut wichtig erscheinen. Mit dieser Priorisierung, die oft auch Mut zum Verzicht verlangt, entsteht eine klare Fokussierung. Wir richten sowohl unsere Aktivitäten als auch unsere ganze Aufmerksamkeit und Energie auf die Ziele aus. Wir entgehen somit der Gefahr, uns in unreflektiertem Aktivismus oder auf Nebenschauplätzen zu verlieren (Bruch & Vogel 2005: 150). Für Managementpersonen, die zeitlich sehr eingespannt sind, ist beim Setzen von Zielen darauf zu achten, dass nicht nur berufliche Ziele formuliert werden. Damit auch familiäre, persönliche, ja vielleicht auch spirituelle Ziele genügend Attraktivität, Gewicht und Raum erhalten, sind auch sie präzise zu definieren oder zumindest sollte man sich ihre Realisierung aktiv vorstellen.

Zusammen mit dem Setzen von Zielen ist dafür zu sorgen, dass auch die entsprechenden Ressourcen zu deren Erreichung zur Verfügung stehen. Dabei geht es oft gar nicht so sehr um finanzielle Mittel als vielmehr um optimale Arbeitsbedingungen.

Als Führungsperson tragen Sie die Verantwortung dafür, dass Sie qualitativ hochstehende zeitliche Freiräume für die Ziele und Aufgaben schaffen, auf die es besonders ankommt. Dabei kann man sich auf Tages-, Wochen- oder Jahresperioden beziehen. So können Sie sich jeden Morgen fragen: „Welches sind die ein, zwei wichtigsten Dinge, die ich heute erledigen möchte? Wie nutze ich die besten Zeiten des Tages dafür?“ Die Frage im Hintergrund lautet aber auch: „Was ignoriere ich und wo akzeptiere ich eine verzögerte Erledigung einer Aufgabe?“ (Scharmer 2009: 419). Gerade in der Jahresplanung ergeben sich jene Spielräume, die wir für uns und unsere Ziele optimal nutzen können.

9.4. Verfügbare Ressourcen bewusst nutzen

Beim Fokussieren auf Visionen besteht die Gefahr, dass wir uns einseitig auf die Zukunft ausrichten. Wir haben den Eindruck, dass wir uns von unserer Vergangenheit und unserem Wissen verabschieden müssten. Ich erachte es hier als besondere Herausforderung zu realisieren, wann wirklich ein radikaler Wandel notwendig ist und wann das Alte und das Neue nebeneinander gelebt werden kann respektive auf welche Art das Alte ins Neue hineinfließen kann. Aus meiner Erfahrung braucht es selten einen klaren Neustart, oft finden wir überraschende Lösungen, wie zumindest in einer Anfangsphase beides – Alt und Neu – gepflegt werden kann. Planen wir bewusst eine völlig neue berufliche Ausrichtung, so haben wir uns darüber klarzuwerden, wie viel neues Wissen und wie viele neue Erfahrungen wir zur Professionalisierung benötigen.

Aber nicht nur Wissen und Erfahrung sind wichtige Ressourcen, sondern auch wir als Person. Visionäre Wege stellen hohe Ansprüche an uns. Es ist wichtig, gut für uns selbst, unsere Ressourcen und Energie zu sorgen. Eine inspirierende Tätigkeit und das Führen eines Spitzenteams (Kapitel 11) sind Ressourcen in der Arbeit, die uns viel innere Zufriedenheit und Energie vermitteln. Dazu kommen persönliche Ressourcen, zu denen der Zugang individuell ist. Jede Person entwickelt ihren persönlichen „Kräfte-Mix". Dabei können Kraftquellen, die uns vertraut sind, schnell und leicht aktiviert werden. Bei den anderen Ressourcen stellt sich die Frage, welche wir gerne nutzen möchten und was uns bislang daran gehindert hat, dies zu tun.

Ohne Anspruch auf Vollständigkeit möchte ich auf einige Ressourcen hinweisen, die sowohl in der Literatur wie auch in der Praxis meiner Beratungen eine wichtige Rolle spielen:

1. Partnerschaft und Familie
2. Natur
3. Kraft aus der Herkunftsfamilie
4. Heimat
5. Spirituelle Kraft

Auf den Wert und die Bedeutung von Partnerschaft und Familie sowie Spiritualität habe ich schon vielfach hingewiesen. Auf den Nutzen der spirituellen Kraft im Führungsalltag werde ich in Kapitel 9.8 noch detailliert eingehen. Bezüglich der Natur ist es interessant, dass immer mehr Menschen beginnen, die Schönheit und die Kraft der Natur für sich zu entdecken. Die Natur hat nicht nur eine beruhigende Wirkung, sie öffnet und inspiriert uns und bringt uns mit unserer Seele in Verbindung. Auch die Herkunftsfamilie enthält im Idealfall sehr viele Ressourcen, die gepflegt und mobilisiert werden können. Mit dem dritten Praxistipp lade ich Sie ein, diese Ressourcen noch mehr zu stärken. Die Bedeutung der Heimat wird heute in der westlichen Kultur oft unterschätzt. Wer jedoch in die Heimatregion reist und sich mit ihr befasst, kann aus Begegnungen, Landschaften, Bildern, Eindrücken und ihrem Brauchtum Kraft und Energie tanken, die auch im herausfordernden Organisationsalltag aktiviert und eingesetzt werden können. Die Heimat unserer Vorfahren, die während Generationen dort gelebt haben, bezeichnen Assländer & Grün (2010) als die geografisch-sozialen Wurzeln.

Praxistipp 3: Ressourcen aus der Herkunftsfamilie

Auf welche Ressourcen aus der Herkunftsfamilie kann ich zurückgreifen?

- Gibt es in meiner Familie für mich vorbildhafte, kraftvolle Männer- oder Frauenfiguren? Kann ich mich innerlich mit ihnen verbinden und ihre stärkende Kraft im Führungsalltag wahrnehmen (als Mann grundsätzlich mit Männern, als Frau grundsätzlich mit Frauen)?
- Welche besonderen Ressourcen gehören zu meiner Herkunftsfamilie? Gibt es beispielsweise Unternehmertum oder eine Tradition bestimmter Berufe? Verfügen wir über spezifische, kreative, künstlerische Talente oder andere wertvolle Charaktereigenschaften? Verfügt meine Familie über besondere Errungenschaften? Kann ich diese Schätze für mich ebenfalls – vielleicht in neuer Form – nutzen?
- Welches waren die Berufs- und Karrierewünsche meiner Eltern, Großeltern und Urgroßeltern? Wie weit konnten sie diese realisieren? Verfolge oder verfolgte ich – bewusst oder unbewusst – die gleichen Wünsche und Berufsausbildungen? Stärkt mich oder schwächt mich dies?

Alle diese Kraftquellen stehen uns selbstverständlich nicht nur in der Visionsarbeit zur Verfügung, sondern auch beim Führen. Zur täglichen Aktivierung der Kraft bieten sich Symbole an, die Sie beispielsweise im Büro aufstellen oder aufhängen können und die sie bewusst oder unbewusst immer wieder daran erinnern. Dies kann zum Beispiel ein Stein von einer Wanderung, ein wertvolles Erbstück oder ein Foto eines Vorfahren sein.

9.5. Sich-Einlassen und erste Schritte tun

Beim Realisieren von Visionen treffe ich oft auf die Vorstellung, dass das Erkennen der eigenen Berufung der entscheidende Moment ist. Falls die Ausrichtung nicht klar ist, scheitert der Weg. Mindestens so wichtig ist jedoch, dass wir unseren Visionen entsprechend zu handeln beginnen. Wir brauchen die Bereitschaft, den Mut und das Vertrauen, uns auf unseren Weg zu machen und die ersten Schritte zu tun.

Ein erster Schritt ist oft gar nicht so groß, er hat aber eine große Wirkung. So können wir uns – im Hinblick auf die Vision und die Ziele – entscheiden, eine neue Aufgabe oder Projekt zu übernehmen, eine innovative Idee zu verfolgen, eine neue Technik aufzugreifen, eine Weiterbildung zu starten oder uns bewusst von alten Aufträgen und Funktionen zu verabschieden, um Raum für das Neue zu schaffen. Erst mit dem Handeln zeigt sich, ob eine Vision oder ein Ziel umsetzbar sein könnte oder ob wir möglicherweise wesentliche Zusammenhänge übersehen haben, die bereits zu Beginn wesentliche Lern- und Erkenntnisprozesse erfordern. Mit den ersten Schritten können wir für uns auch überprüfen, ob das anvisierte Ziel oder die dahinterliegende Berufung weiterhin viel Kraft hat und sich noch als richtig anfühlt: „Ist meine innere Faszination noch immer groß genug, steigert sie sich noch oder flacht sie ab und geht so schnell verloren?"

Das Sich-in-Bewegung-Setzen und das Handeln nach Zielen weisen auch ein qualitatives Element auf. Wir müssen nicht nur zielorientiert anpacken, sondern wir lassen uns auf eine neue Aufgabe und auf neue Menschen und Kunden ein. Damit entsteht innerlich eine tiefere Verbundenheit mit der Arbeit und der beabsichtigten Entwicklung. Wir sind bereit, in die Arbeit einzutauchen und für die Idee alles zu geben. „Alles" heißt hier nicht, sich Arbeitspensum von 150 % aufzubürden, sondern einen tieferen Bezug zur Arbeit zu entwickeln, emotional und seelisch präsent zu sein. So werden wir – spirituell betrachtet – Teil eines wissenden Feldes und sind an tiefere Quellen der Erkenntnis angeschlossen (Scharmer 2009: 417).

In diesem Buch beschreibe ich zahlreiche Beispiele, die zeigen, dass wir mit dem Antreten einer Führungs- oder Managementaufgabe nicht nur neue Funktionen übernehmen, sondern uns voll und ganz darauf einzulassen haben. Wir bekennen uns so zur Führungsaufgabe und öffnen uns für neue Chancen und Begegnungen, die sich daraus ergeben, genauso wie für eine weitere persönliche Entwicklung und Professionalisierung.

Oft braucht es Mut, einen ersten Schritt zu tun. Wir betreten Neuland. Der Weg ist uns nicht vertraut. Der Entscheid zum Loslaufen ist nicht rational, sondern intuitiv und emotional. Hörten wir allein auf den Verstand, würden wir uns für bekanntere, besser zu überblickende und somit sichere Wege entscheiden. Scharmer schreibt dazu treffend: „Wann immer das Universum dir die Chance zum Realisieren deiner Zukunftsabsichten bietet, spring! Antworte zuerst mit ‚Ja', und versuche erst im zweiten Schritt herauszufinden, wie du die Sache tatsächlich auf die Schiene bringst" (2009: 387). Damit folgen wir unserem Zukunftsgefühl und nicht unseren oft rückwärtsgerichteten, rationalen Abwägungen.

Wenn uns der Mut zu den ersten Schritten jedoch fehlt, wird die Gefahr groß, dass wir als Führungspersonen in der Vergangenheit verharren, passiv werden und mit der Zeit unsere Vision innerlich aufgeben. Wir verlieren unser Feuer, unsere Energie, unsere intrinsische Motivation und lassen uns zunehmend vom Geschäft und Leben treiben.

Zum Beginnen gehört aber auch das Loslassen des Alten, Vertrauten, sonst erhält das Neue zu wenig Raum. Weil ich aber – wie bereits erwähnt – einem radikalen Wandel eher skeptisch gegenüberstehe, sind mir auch beim Loslassen die kleinen, objektiv betrachtet gar nicht so bedeutenden, emotional jedoch aufwühlenden Schritte besonders wichtig. So sind zum Beispiel liebgewonnene operative Aufgaben plötzlich zu delegieren oder auf andere berufliche Chancen ist zu verzichten. Substanzieller wird es, wenn man einsieht, dass ein begonnenes großes Projekt stagniert und der Entscheid ansteht, es aufzugeben oder sogar auf eine Führungsaufgabe zu verzichten. Der damit verbundene Verlust an Status und Anerkennung kann – zumindest kurzfristig – schmerzlich sein.

9.6. Realisieren und in echtem Kontakt sein

Das Realisieren und erfolgreiche Umsetzen von neuen Ideen ist das Herzstück in der Visionsarbeit. Zu Gunsten von Kunden, der Organisation oder der Gesellschaft möchten wir etwas bewirken, in die Welt bringen und damit Erfolg haben. Dazu übernehmen wir den Aufbau eines neuen Geschäftsfeldes, die Führung und Verantwortung für ein strategisches Projekt, die Entwicklung eines neuen Produktes oder einer neuen Methode. Diese Aufgaben können über Jahre dauern und wir können dabei auf viele Projekt- und Managementmethoden zurückgreifen. Ich möchte hier nur ein paar Aspekte herausstellen, die mir dabei wichtig sind.

Damit wir Visionen und innovative Ideen realisieren können, haben wir ihnen immer wieder bewusst viel Raum und Aufmerksamkeit zu geben. So empfehle ich, sich täglich mit ihnen zu verbinden und genügend Zeit in sie zu investieren. Damit mobilisieren wir aktiv die Zukunftsenergie und Unterstützung auf allen Ebenen.

Die Umsetzung von neuen Ideen und Projekten verläuft nie geradlinig. Das Verfolgen von Visionen erfordert manchmal mehr Zeit und Lernbereitschaft, als wir uns vorgestellt haben, es ermöglicht aber auch viele „Flow"-Erlebnisse und unerwartete Manifestationen neuer Möglichkeiten. Wir haben diese Chancen aufzugreifen, auch wenn sie gemäß Projektplanung noch nicht anstehen. So kann es sein, dass wir bereits eine Geschäftsliegenschaft beziehen oder eine Fabrikhalle kaufen, bevor ein Vorprojekt beendet oder ein Produktionsentscheid getroffen ist. Oder wir bekommen plötzlich von kompetentester Seite Unterstützung, womit wir nie gerechnet haben. Dies sind wertvolle Signale, dass wir mit einem Projekt auf dem richtigen Weg sind.

Nebst diesen größeren Schritten vorwärts sind in Umsetzungsphasen auch das Identifizieren von schwachen Signalen und das Aufgreifen neuer Impulse wichtig. Dazu sollten wir uns jeweils abends ein paar Minuten Zeit nehmen und auf den Tag und sein Resümee zurückblicken:

Praxistipp 4: Unerwartete Chancen und Lerngelegenheiten aufgreifen

- Welcher Person oder welcher Thematik bin ich heute begegnet, die für mich in einer Sache und/oder emotional wichtig war?
- Welche für mich wichtigen Botschaften oder Erkenntnisse kann ich aus dieser Begegnung gewinnen?
- Dank dieser Reflexion schärfe ich meine Achtsamkeit dafür, was mir täglich aus meinem Arbeits- und Lebensumfeld entgegenkommt.

Zu Visionswegen gehören – leider oder glücklicherweise – auch Zweifel. Auf dem Weg, Neues zu erreichen, helfen sie uns, nicht zu selbstsicher zu werden. Sie verlangen, dass wir uns immer wieder kritisch mit unseren Ideen auseinandersetzen und uns so für noch anstehende Lernprozesse öffnen. Gerade in innovativen Projekten dürfen wir nicht bei der ersten Ausformung einer Idee stecken bleiben, wir müssen von der Haltung beseelt sein, etwas wirklich Neues zu schaffen und es immer weiter zu verbessern.

Beim Realisieren ist es wichtig, dass wir nicht nur mit der Idee, der Sache und einem wissenden und unterstützenden Feld verbunden sind, sondern ebenso mit den uns umgebenden Menschen. In echtem Kontakt mit Kunden, Mitarbeitenden und Vorgesetzten werden wir herausgefordert, aber auch inspiriert, befruchtet und beflügelt. In einem Gespräch spüren wir manchmal ganz genau, wenn wir plötzlich auf eine tiefere Ebene unseres Bewusstseins wechseln. In solchen Momenten eröffnen sich beiden Gesprächspartnern wertvolle Hinweise und neue Möglichkeiten zur Umsetzung.

9.7. Persönliche Entwicklung

Persönliche Entwicklung gehört zur Visionsarbeit. Sie ist ein Teil dieses „Gesamtpaketes", respektive dieses Weges, denn innovative Ideen möchten verwirklicht werden und fordern das Beste von uns. Sie verlangen „alles" und zwar nicht nur fachliches Eintauchen in die Arbeit, sondern auch das Einbringen unserer ganzen Person. Wenn wir durch Weiterentwicklung an Kraft gewinnen, können sich unsere Visionen noch besser entfalten.

Wer sich also auf den Weg macht, eigene Visionen und die damit verbundenen Ziele zu verfolgen, wird mit großer Wahrscheinlichkeit früher oder später auf eigene Entwicklungsthemen stoßen. Selbst bei Top-Managern, berühmten Autoren oder anerkannten Forscherpersönlichkeiten, die alle über viele Ressourcen und Kompetenzen verfügen, kann plötzlich noch ein spezifischer Entwicklungsschritt eingefordert werden. Dazu ist eine Offenheit zur Selbstkonfrontation und zum permanenten Lernen entscheidend. Denn der Moment, in dem wir eigenen Themen begegnen, ist oft mit der Erfahrung von Frustration, Enttäuschung, Angst oder Wut gekoppelt. So hat die Geschäftsleitung beispielsweise gerade ein Projekt „zerrissen", ein wichtiger Kunde ist abgesprungen oder ein Konflikt hat uns zutiefst getroffen und emotional aufgewühlt. In solchen Situationen ist Ehrlichkeit mit sich selbst vonnöten sowie das Wissen, dass uns hier ein eigener Entwicklungsschritt weiterbringen kann. Wie die vielen Beispiele gezeigt haben, lohnt sich die Arbeit an uns selbst. Sie führt uns zu einer starken Persönlichkeit und erlaubt uns, unsere Berufung und unseren eigenen Weg immer deutlicher zu erkennen. Auch Senge et al. (2004: 247) schreiben als Organisationsberater: „I think if we can find our place, we will find our purpose."

Die größte Herausforderung für die persönliche Entwicklung von Führungskräften – sowohl auf Visionswegen als auch in der Führung selbst – liegt darin, sich ihren Themen selber zu stellen, wann immer diese ihnen begegnen. Deshalb dürfen sie den unangenehmen Aufgaben nicht ausweichen und auch nicht versuchen, sich davor zu schützen. Gründe dazu gibt es viele. Einzelne Führungspersonen wissen innerlich genau, dass sie existenzielle Lebensthemen ansehen und lösen müssten und dies vermutlich wichtige Veränderungen in Beruf oder Partnerschaft nach sich ziehen könnte. Andere erachten ihre Entwicklungsthemen als „nicht lösbar" und haben innerlich bereits resigniert. Oft haben sie schon schwierige Erfahrungen mit psychologisch-psychiatrischer Unterstützung gemacht und diese nicht als hilfreich und stärkend erlebt. Manchmal sind Manager auch so stark in eine Macher- und Heldenrolle hineingewachsen, dass sie ihre sensible, zu entwickelnde, manchmal verletzte Seite gar nicht mehr zeigen oder gar nicht mehr wahrnehmen können.

Zudem wird aus Sicht von Managern und Führungspersonen die persönliche Entwicklung oft in einem „dummen" Zeitpunkt eingefordert: in der Hochleistungsphase, in der „Rushhour" des Lebens. Sie stehen mitten im Aufbau der neuen Strategie, im Turnaround, im Changeprozess oder in der Fusion. Hinzu kommen die Familie und vielleicht noch der Bau eines neuen Hauses. Für die persönliche Entwicklung bleiben im ersten Moment weder Zeit noch Geld. Aber systemisch wie spirituell betrachtet sind die Themen gerade jetzt „reif": Sie zeigen sich, sie klopfen an die Türe und wollen aufgegriffen werden. Wagen Sie es und lassen Sie sich darauf ein, so gewinnen Sie sehr schnell an Profil und Authentizität! Dies kommt Ihnen sowohl in der Arbeit wie auch in der Familie zugute.

9.8. Die spirituelle Kraft im Führungsalltag nutzen

Bei der Einführung der spirituellen Systemebene des Menschen habe ich bereits darauf hingewiesen, dass die spirituelle Kraft uns immer wohlgesonnen ist und weiß, weshalb wir hier in unserem Leben sind. Sie kann und darf auch in den Führungsalltag – insbesondere in der Arbeit mit Visionen – integriert und dort genutzt werden. Sie möchte ja durch uns konkret zum Ausdruck kommen und wirklich Innovatives schaffen.

In einem Interviewprojekt mit 150 Wissenschaftlern, Unternehmern und Experten zum Thema Innovation und Führung fiel Scharmer (2009: 406) auf, dass viele der Interviewpartner, die ihn am meisten beeindruckt hatten, bewusst täglich einen Raum der Stille suchten und eine spirituelle Verbindung herstellten. Was der Einzelne genau tat, war sehr unterschiedlich. Die einen meditierten, andere beteten, manche suchten die Stille der Natur oder machten Qi-Gong- oder Yoga-Übungen. Oft wurden verschiedene Elemente kombiniert. „Das Grundprinzip jedoch ist aber immer das gleiche: dass man an einem Punkt im Laufe des Tages für sich selbst einen Ort der tiefen Reflexion und Stille schafft, der einem hilft, sich mit dem zu verbinden, was für einen selbst am wichtigsten ist."

Praxistipp 5: Das innere Wissen entstehen lassen

Als Übungsform schlägt uns Scharmer vor, früh aufzustehen und uns einen Ort der Stille zu suchen, der uns angenehm ist. Dann lassen wir das innere Wissen entstehen:

- Wir verwenden ein Ritual, eine von uns entwickelte Form, die uns mit unserer Quelle verbindet.
- Wir verbinden uns mit dem, was wir in die Welt bringen wollen. Wir konzentrieren uns auf das größere Ganze, dem wir dienen wollen.
- Wir sind dankbar dafür, dass wir die Möglichkeit haben, das Leben zu führen, das wir haben. Wir fühlen die Verantwortung, die mit diesen Möglichkeiten einhergeht, die Verantwortung, die wir gegenüber anderen haben.
- Wir bitten um Hilfe, damit wir unseren Weg und unsere Richtung finden. Unser Weg nach vorne ist ein Entwicklungsgeschehen, das nur wir entdecken und realisieren können. Das Wesen dieses Werdens ist ein Geschenk, das nur durch uns in die Welt kommen kann. Aber wir können es nicht alleine tun.

Assländer (Newsletter) und Senge et al (2004: 39) betonen, wie wichtig der permanente Wechsel respektive die Verbindung zwischen Zeiten der Stille und Zeiten des Tuns sind. Auf dem Weg nach innen halten wir inne, wir werden ruhig und hören aufmerksam hin. Auf dem Weg nach außen – als Gegenpol – setzen wir um, gestalten und bewirken wir.

In der Stille und in Kontakt mit unserer inneren Führung und Quelle können wir uns mit unserer persönlichen Vision – unseren wichtigsten Zukunftsperspektiven – verbinden und um Antworten auf Fragen bitten, die uns im Moment sehr beschäftigen. In solchen Räumen, ja „heiligen“ Stätten, ist es dann möglich, dass wir

- ganz grundlegende neue Zusammenhänge erkennen können.
- wertvolle Hinweise zu den nächsten Umsetzungsschritten bekommen.

In solchen Momenten entsteht neues Wissen, das oft überraschend ist und uns in vielen Fällen weiterbringt. Gleichzeitig spüren wir, dass wir nicht alleine sind und unser innovatives Handeln unterstützt wird. Wir gewinnen viel Vertrauen in laufende Entwicklungs- oder Changeprozesse.

Wie wir den Zugang zu diesem tieferen Wissens finden, ist individuell verschieden und kann damit nicht genau erklärt werden. Voraussetzung ist, dass wir dazu Raum und Zeit schaffen. Ebenso haben wir dafür zu sorgen, dass unser Energieniveau hoch ist und wir offen sind für das, was sich uns zeigen möchte. Absichtslosigkeit ist eine ganz entscheidende Haltung, die diese Prozesse inhaltlich und in ihrem Ablauf begünstigt. Ob wir etwas erkennen dürfen und wann dies genau geschieht, liegt aber nicht allein bei uns.

Beim Nutzen und Integrieren der spirituellen Kraft stehen wir als Management- und Führungspersonen vor besonderen Herausforderungen. Als Führungskraft ist es noch neu und ungewohnt, aus dieser Verbindung heraus zu handeln, sowohl auf individueller als noch mehr auf kollektiver Ebene. Wir müssen hier ehrlich sein, dass wir im Organisationskontext noch über wenig Erfahrung verfügen.

So ist es erlaubt, viele wichtige Fragen zu stellen:

- Wie gelingt es uns im Führungsalltag, permanent oder immer wieder an das innere und größere Wissen angeschlossen zu sein?
- Wie können wir unser Vertrauen in diese Kraft gewinnen oder stärken?
- Was passiert genau im Moment der Stille und der Erkenntnis? Wie entsteht das Wissen?
- Wie und aufgrund von welchen Hinweisen lassen wir uns als Führungskraft leiten? Welche Qualität stellen wir an die Erkenntnisse und Hinweise, um sie als wichtig und „rein“ einzustufen?
- In welcher Form können wir persönliche und organisationale Erkenntnisse für die organisationale Umsetzung aufgreifen? Was ist dabei zu beachten?
- Wo stoßen wir für uns selbst an Grenzen?

Dies alles sind Fragen, zu denen wir heute im spirituellen Kontext Antworten finden, die jedoch meistens fern von der spezifischen Anwendung und Umsetzung in Organisationen liegen. In unserer Kultur geben wir uns heute in Wissenschafts- und Managementkreisen selten die Erlaubnis, über die Erfahrungen beim Anschließen an Intuition und wissende Felder zu reden. Mit der gesellschaftlichen Öffnung habe ich aber den Eindruck, dass die Zeit zum Dialog, zur Reflexion, zum gemeinsamen Lernen und Weiterentwickeln in Gruppen, die dafür offen sind, reif ist.

10. Menschlich führen

Führen ist in diesem Buch von Anfang an das zentrale Thema. Soziale Systeme brauchen Führung, im hier aufgezeigten Verständnis: menschliches Führen. Zu ihrer direkten Umsetzung im Führungsalltag möchte ich nun die zentrale Idee in meinem neuen Konzept des menschlichen Führens zusammenfassen. Dabei werde ich natürlich Führung nicht "neu erfinden", sondern Kernelemente hervorheben, die aus Sicht der menschlichen Führung zentral sind.

Wer Führung in Organisationen übernimmt, ist sich bewusst, dass er nicht bloss Mitarbeitende, sondern Menschen in ihren vielen Bezügen und ihrer individuellen Entwicklung zu führen hat. Und er weiß auch, dass er nebst seiner spezifischen Führungsaufgabe sich selbst als ganze Person einzubringen und zu überzeugen hat. Führung hat viel mit der eigenen Person und jener der „Geführten“ zu tun. Als Führungsperson übernehmen wir häufig auf eine natürliche, individuelle Weise Führung, je nachdem, was gerade die Aufgabe oder spezifische Situation erfordert.

Eine weitere Dimension des menschlichen Führens ist ihre konsequente Entwicklungsorientierung. Die Erkenntnisse haben aufgezeigt, wie entwicklungs- und lernfähig Menschen und somit auch Führungskräfte und Mitarbeitende sind. Führungskräfte haben dies selber vorzuleben und eine entwicklungsfördernde Führungskultur zu etablieren. Nebst der Fokussierung auf den Menschen und seine Entwicklungsfähigkeit ist ein systemisches Verständnis von Organisationen, ja der Welt, zentral. Systemisch heißt, die ganz spezifischen, einzigartigen Dynamiken in Organisationen (als Systeme) zu entdecken und diese zu beeinflussen. Menschliche Systeme sind lebendig und hoch komplex.

Mit dem Konzept des menschlichen Führens wird dem Menschen als Ganzes mehr Raum und mehr Bedeutung beigemessen. Gleichzeitig zeige ich damit auch einen neuen Weg in der Führungsentwicklung auf. Im Gegensatz zu den klassischen Führungs- und Managementausbildungen geht es nicht mehr primär um den Erwerb von möglichst viel Wissen und optimaler Führungstechniken, es geht mindestens so sehr um das Verständnis von Menschen und der eigenen, persönlichen Weiterentwicklung. Als Führungskräfte werden wir herausgefordert, täglich in komplexen, unerwarteten Situationen aus uns heraus zu handeln, echt und authentisch. Anstelle von antrainiertem Verhalten verlangt die Aufgabe ein eigenes, verantwortungsbewusstes Agieren. Für Führungskräfte ist es dazu wichtig, ihre eigenen vielseitigen Ressourcen mobilisieren zu können. Dabei ist es unbedeutend, wer wie rasch eine Führungsaufgabe übernimmt. Entscheidender ist, dass dies in Abstimmung mit den eigenen Zielen und der persönlichen Entwicklung geschieht.

Das Konzept des menschlichen Führens umfasst fünf Kernelemente:

- Als Person Führung übernehmen
- Eine attraktive Vision entwickeln und realisieren
- Die Mitarbeitenden individuell fördern und unterstützen
- Kundenorientierte Angebote und klare Strukturen definieren
- In die Entwicklung von Systemen vertrauen

Diese fünf Kernaufgaben werde ich im Folgenden beschreiben.

Bildlich sehe ich den Manager als virtuosen Dirigenten. Der virtuose Dirigent gibt sich ganz den Musikstücken hin – mit seiner hohen Professionalität, seinen Emotionen und seiner Seele. Er strebt mit seinem Orchester nach der perfekten, vollkommenen Aufführung. Er führt und möchte mit seinen Musikern und ihren Instrumenten ein "ganzes" Stück wundervoller Musik erschaffen. Dazu will er aus jedem Musiker, seinem Instrument und seinem Part das Beste hervorlocken. Er erkennt ihren Beitrag, ihre Eigenheiten, ihr Potenzial und unterstützt ihre individuelle Entwicklung. Im Konzert versucht er – nun in Kontakt mit dem Publikum – gemeinsam mit seinem Orchester in immer höhere musikalische Sphären aufzusteigen. Und über die folgenden Aufführungen hinaus hat er immer die langfristige Weiterentwicklung des Orchesters im Auge. Vielseitige, persönliche und ergebnisorientierte Führungsqualitäten kommen hier zum Ausdruck.

Beim Konzept des menschlichen Führens greife ich auf verschiedenste Forschungsergebnisse und Führungsmodelle zurück. Am meisten inspiriert haben mich meine eigenen Aufstellungs- und Beratungserfahrungen. Dazu zähle ich weiter auch die Bücher von Ulsamer (1999, 2009) sowie von Assländer & Grün (2006). Einen initialen Impuls gab mir das Führungsforschungsprojekt „Führung im Spiegel“. Darin wurden 26 Deutschschweizer Führungspersönlichkeiten gefragt, was für sie Führung bedeute. Im Fokus der sich daraus ergebenden fünf führungsrelevanten Themen stand dabei das Thema „Sich selber sein“ (Authentizität). So meinte ein Interviewpartner: „Führung ist etwas, das sehr persönlich geprägt sein muss. All diese Lehrgänge und Schulungen – dies ist Führung und das ist Führung – das ist per se im Ansatz schon falsch. Führung muss von der Person von innen nach außen getragen werden, es muss authentisch sein (Müller & Endrissat 2006: 11).“ Authentizität wird also in der aktuellen Schweizer Führungslandschaft von Führungspersonen selbst sehr hoch gewichtet.

Ebenfalls befruchtend waren für mich transformationale Führungsansätze (Bruch & Vogel, 2005). Sie betonen den Einfluss der Führungspersonen, indem diese als Vorbild wirken und hohe moralische Standards setzen. Über eine fesselnde Zukunftsvision erzeugen sie Motivation, beachten und fördern Mitarbeiter individuell.

Dem Konzept des menschlichen Führens vermutlich am nächsten kommen die integralen Führungsansätze (Hans Wielens & Martin Wielens 2006:15). Integral bedeutet in diesem Kontext „vollständig, ausbalanciert". Es geht um eine ganzheitliche Sicht, die alle relevanten Elemente wie Körper, Geist, Seele, Gott und Spiritualität vereinigt. Von Führungskräften werden Authentizität und Integrität sowie ein systemisches Entwicklungsverständnis verlangt.

10.1. Führung als Person übernehmen

Im Führen wird man nicht nur tagtäglich durch vielfältigste und immer wieder neue Aufgaben herausgefordert, sondern man hat auch als Person die Führung zu übernehmen. So hat man Ziele und die eigene Meinung zu vertreten, schwierige Entscheide selber zu treffen, Mitarbeitende zu ermutigen und Leistung einzufordern sowie kommende Entwicklungen vorauszuahnen. Führung ist so Ausdruck eines Menschen als Ganzes. Im Führen werden die persönliche Ausstrahlung, die besonderen Potenziale wie auch die persönlichen Grenzen sichtbar. Führungspersonen werden sich zudem bewusst, wie stark sie als Person die Strategie, Struktur oder Kultur in ihrem Bereich beeinflussen können.

Führen darf, ja muss in diesem Sinne persönlich geprägt sein. Das Originäre einer Person muss eingebracht werden. Wenn Führungskräfte ihre ganz spezifischen Qualitäten und Fähigkeiten zum Tragen bringen können, ist dies für alle von großem Nutzen. So überzeugen einzelne Führungspersonen durch ihr unternehmerisches Denken, ihre analytischen und intellektuellen Fähigkeiten, ihre emotionale Kompetenz, ihre Vertrauens- und Liebenswürdigkeit oder ihren intuitiven Zugang zur Entscheidungsfindung. Persönliche Potenziale sind ein Geschenk und beim Führen bewusst zu mobilisieren. Als Berater kann man immer wieder mit Erstaunen feststellen, wie Führungskräfte mit unterschiedlichsten Qualifikationen sehr erfolgreich führen.

Die Aufforderung nach vermehrter Individualität und Authentizität im Führen wird so verständlich. Führungskräfte sind authentisch, wenn sie sich immer mehr selbst erkennen, sich in ihrer natürlichen Art einbringen und sich treu bleiben. Sie bewahren so ihre persönlichen Überzeugungen und ihre Integrität. Sie haben aufgehört, sich nach den Erwartungen ihrer Umwelt zu orientieren und Rollen zu spielen (Assländer & Grün 2006: 76). Wenn wir uns beim Führen auf uns selbst als Person fokussieren, können wir unseren Zugang zu den verschiedenen Dimensionen unserer Persönlichkeit aktivieren und verstärken. Gemäß dem Modell zur menschlichen Entwicklung in Organisationen umfassen diese unsere

- unternehmerische Absicht,
- Beziehungsorientierung und Emotionen,
- innere Kraft,
- intuitive und spirituelle Seite.

Zur unternehmerischen Dimension (siehe Kapitel 9) möchte ich nur kurz in Erinnerung rufen, wie wichtig es für Führungskräfte ist, dass sie mit ihrem Team oder Bereich etwas erreichen möchten. Sie stehen ein für eine Vision, eine Sache und identifizieren sich selbst damit oder sie stellen sich zumindest in den Dienst der Aufgaben eines Teams und der Kundenwünsche. Auf die damit verbundenen einzelnen Aufgaben gehe ich in den nachfolgenden Unterkapiteln ausführlich ein.

Führen fällt viel leichter, wenn man sich auf echte und intensive Beziehungen mit anderen Menschen einlassen kann und sich für Gefühle öffnet. Die Fähigkeit, auf Menschen unterschiedlicher Art und verschiedenem sozialem Status zuzugehen und eine tragfähige, ehrliche Beziehung herzustellen, ist für H. & M. Wielens (2006: 45) eine fundamental wichtige Eigenschaft erfolgreicher Führungskräfte. Führungspersonen brauchen dazu eine positive und in Liebe zugewandte Haltung zu den Menschen. Im direkten, persönlichen und vertrauensvollen Kontakt können Manager realisieren, was einen Teamleiter, einen Mitarbeiter oder einen Kunden effektiv beschäftigt und wie diese wirksam zu unterstützen wären. In Gesprächen, in denen beide Seiten ihre Anliegen, Themen und Gefühle ehrlich einbringen können, entsteht das Wertvolle, das Weiterführende. Wir werden in unserem Inneren, in unserer Seele berührt und durch die Begegnung verändert.

Damit diese Qualität in einer Beziehung entsteht, haben wir uns bewusst auch Zeit für andere zu nehmen. Unsere bewusste Aufmerksamkeit liegt nicht nur im schnellen Durcharbeiten der Tagesordnungspunkte, sondern ebenso in der Kontaktaufnahme und im Erfassen der momentanen Befindlichkeit des Gegenübers. Für das Eingehen von echten Beziehungen ist das Sich-Öffnen für eigene Gefühle und Gefühle des anderen entscheidend. Im Kontakt mit anderen Menschen sind es gerade die Emotionen wie beispielsweise Freude, Begeisterung oder Verzweiflung, die diese anstecken und zum "Mitschwingen" anregen. Wir lassen den anderen an dem, was uns bewegt, teilhaben. Dies setzt als Führungskraft voraus, dass man selbst einen klaren Zugang zu seinen Gefühlen entwickeln kann. Man lässt dazu seine Angst vor Gefühlen los und wird aufmerksam, in welchen Situationen welche Gefühle auftreten. Sie ermöglichen uns den Zugang zu uns und den tieferen Stufen des Bewusstseins, in denen bedeutende Erfahrungen oft nur noch schwierig durch Sprache auszudrücken sind. Wir finden so einen tieferen und umfassenderen Zugang zu uns selbst, zu anderen Menschen und Mitarbeitenden und zu komplexen, lebenden Systemen.

Mit dem Zulassen und Verstehen der eigenen Emotionen können wir im Laufe der Zeit auch immer genauer unterscheiden, welche Gefühle wirklich zur Führung und Arbeit gehören und welche Gefühle zusätzlich aus anderen Systemen hineinfließen. Gerade in herausfordernden Führungssituationen kann man somit sorgfältig zwischen den angemessenen Gefühlen und Gefühlen aus anderen, existenziellen Lebenserfahrungen unterscheiden. Man bleibt so handlungsfähiger und kann seine Gefühle transparent einbringen. Man zeigt seine Freude und Begeisterung, was Energie liefert und Höchstleistungen ermöglicht. Man drückt aber auch seine Enttäuschung und Verärgerung, vielleicht auch seine eigene Verletzlichkeit aus, was oft vielfältige

Veränderungsprozesse auslöst. Als Führungsperson werden wir auf diese Weise als authentisch erlebt und beeinflussen dadurch wirksam auch unsere Mitarbeitenden.

Das Führen mit Emotionen setzt nicht nur den Umgang mit eigenen, sondern auch mit fremden Gefühlen voraus. Wie bei sich selbst kann man lernen, achtsam und differenziert Emotionen seiner Mitarbeitenden zu erkennen, innerlich zu verstehen und einzuordnen und so in geeigneter Form aufzugreifen. Selbst in schwierigsten Führungssituationen – zum Beispiel beim Äußern oder Entgegennehmen von Kritik oder dem Entlassen von Mitarbeitenden – bleibt man bei sich und mit dem Gegenüber verbundenen und kann einfühlsam auf überraschende Reaktionen und starke Gefühlsäußerungen eingehen.

Praxistipp 6: Mit Fragen Beziehungen schaffen und Wertvolles erkennen

Führung verlangt oft, dass man sein Wissen einbringt und seine Überzeugungen vertritt. Zusätzlich empfiehlt es sich jedoch, bei jedem Gespräch mindestens drei Fragen zu stellen. Diese können Sie im Voraus vorbereiten und aufschreiben, bis das Fragestellen zur Gewohnheit wird. Nebst einladenden Fragen zur Gesprächseröffnung, wie beispielsweise „Was führt Sie zu mir?“ oder „Was ist Ihr Anliegen?“, können Sie viele Fragen zur Informationsbeschaffung stellen. Dazu ist es besonders wertvoll, immer wieder vertiefende Fragen zur Dynamik und zu möglichen Lösungen anzubringen.

- Wie meinen Sie das?
- Wie erklären Sie sich diese Dynamik?
- Worum geht es wirklich?
- Was wäre aus Ihrer Sicht zu tun?
- Welche Lösung wäre genial?

Fragen schaffen Beziehung und führen oft zu überraschenden Erkenntnissen. Sie sind auch eine spirituelle Übung: Beim Fragen nimmt man sich und seine Ansichten zurück und wendet sich dem anderen zu. Man öffnet sich und nimmt etwas auf (Assländer & Grün 2006: 48; Mussmann & Zbinden 2003: 37).

Führen hat viel mit Stärke zu tun, mit innerer Kraft. Im Führungsalltag zeigt sich dies bei allen Aufgaben. Im Falle eines Kritik- oder Konfliktgesprächs ist dies offensichtlich. So braucht es innere Kraft, Kritik auf den Punkt zu bringen und einem Mitarbeitenden gegenüber klar zu äußern. Bereits das Riskieren eines Konflikts, auf diesen einzugehen, ihn auszutragen und zu lösen, braucht viel Stärke. Aber selbst eine weniger emotionale Führungsaufgabe wie das Delegieren ist nicht nur eine Frage der

Technik, sondern auch der persönlichen Kraft. So hat man auch unattraktive, unangenehme Aufgaben zu delegieren und eine professionelle Umsetzung einzufordern.

Auch hier ist es sehr individuell und oft mit der eigenen Lebens- und Familiengeschichte verbunden, welche Führungsaufgaben leicht- und welche schwerfallen. Dabei realisieren Mitarbeitende sehr schnell, welches Führungshandeln mit eigener Größe verbunden und welches nur angelernt oder antrainiert ist, weil die Unsicherheit oder das Unwohlsein des Vorgesetzten durchdringt.

Der Zugang zu seinen persönlichen Ressourcen ist somit für jede Führungskraft wichtig. Ich habe bereits in Kapitel 9.3 dargelegt, wie dazu Kraft aus dem familiären System, der Spiritualität oder der Natur gewonnen wird.

Zur inneren Kraft als Führungsperson tritt die intuitive und spirituelle Dimension des Menschen noch hinzu. In Kapitel 9.7 habe ich beschrieben, wie wir uns täglich mit unserer Seele und spirituellen Kraft verbinden können und wie mit dem Hinhören auf die innere Führung neues Wissen entstehen kann. Ergänzend dazu möchte ich nur noch hervorheben, dass ein "Ja“ zur Führungsaufgabe unserem Weg zu entsprechen hat. Das Übernehmen von Führung und von verantwortungsvollen Managementaufgaben haben wir gut auf uns und auf die Entwicklung unserer Seele abzustimmen. Alleinigen Karriereüberlegungen, dem Wunsch nach höherem Status oder finanziellen Verlockungen haben wir zu widerstehen.

Wie beim Umsetzen von eigenen Visionen werden wir auch beim Führen immer wieder ganz konkret mit eigenen Schwächen und noch nicht gelösten, existenziellen Lebensthemen konfrontiert. Die theoretischen Ausführungen und Beispiele haben gezeigt, wie häufig Führungspersonen unbewusst Werte, Verhalten und Lebensthemen von früheren Generationen übernehmen, die jetzt keinen Sinn mehr machen. Statt sie beim Führen weiter zu re-inszenieren, müssen sie jetzt erkannt und gelöst werden. Führung und Führungserfolg bedingen die Bereitschaft, ständig zu lernen und die eigene Persönlichkeit weiterzuentwickeln.

Persönliche Entwicklungsschritte sind selten eine reine Freude. Sie erfordern oft den Mut und die Bereitschaft, uns nochmals auf unangenehme Emotionen, schwierige Erfahrungen und vielleicht alte Verletzungen einzulassen. Wir holen die vergessenen, aber unverdauten Gefühle hervor, um sie im sicheren Rahmen nochmals zuzulassen, zu verstehen und sie nach Möglichkeit abzuschließen. Wie bereits in Kapitel 9.6 beschrieben braucht es zur persönlichen Entwicklung eine Haltung der Selbstkonfrontation. Meine Beobachtung ist, dass persönliche Defizite und Führungsschwächen zwischen 35 und 45 Jahren mit Nonstop-Leistungen gut überdeckt werden können. Der Mehrwert für die Organisation ist noch eindeutig positiv. Der Preis für diese Leistungsstrategie wird jedoch oft später bezahlt, wenn die innere Kraft für eine intensive 60-Stunden-Woche nicht mehr wirklich vorhanden ist und die existenziellen Lebensthemen noch mehr sichtbar werden und viel Energie entziehen. Der Mehrwert für die Organisationen ist nicht mehr offensichtlich und Führungskräfte verlieren im Rahmen von Reorganisationen und Assessments ihre hochrangige Position. Der persönliche Fall ist manchmal sehr tief.

Demgegenüber begegne ich immer wieder Führungspersonen, die eigene Schwächen oder Themen in dem Moment, in dem sie sie selber erkennen können, vor dem eigenen Team ansprechen und offenlegen. Dies erzeugt ein hohes Vertrauen im Team und ermutigt die Teammitglieder, eigene Entwicklungsprozesse ebenfalls zuzulassen. Die Entwicklung der Organisation wird so enorm beschleunigt.

Die persönliche Entwicklung führt immer mehr zur inneren und äußeren Reife. Wir werden zur starken autonomen Persönlichkeit und können immer anspruchsvollere Aufgaben übernehmen. Manager und Führungskräfte werden in diesem Verständnis auch nicht zu Helden („the best in all of us"), sondern zu Menschen, die ebenfalls für ihre eigene, persönliche Weiterentwicklung zu sorgen haben. Aufgrund ihrer Aufgabe dürfen jedoch die Anforderungen an die Selbstentwicklung von Führungskräften – wie auch von Beratern oder Therapeuten – hoch angesetzt werden. Sie führen andere Menschen und tragen eine hohe menschliche wie organisationale Verantwortung.

10.2. Eine attraktive Vision entwickeln und umsetzen

Beim Führen ist es für Manager und Führungskräfte eine zentrale Aufgabe, eine kraftvolle und lebendige Vision zu entwickeln, die sie mit ihrem Team, Bereich oder ihrer Organisation verfolgen. Für Bruch & Vogel (2005: 122) ist der zentrale Hebel des Top-Managements, Sinn zu stiften und ein Bild einer möglichen Zukunft zu zeichnen, für das es sich als Unternehmensmitglied lohnt, sich außerordentlich einzusetzen. In der Praxis werden die Chancen einer mobilisierenden und energievollen Vision heute – gerade in nur rational denkenden Managerkreisen – oft noch nicht gesehen und nicht genützt.

Eine kraftvolle Vision vermittelt einem Menschen ein sinnvolles und wertvolles Bild der Zukunft, einen Leitstern oder ein „Big Picture". Diese Visionen sind erfüllt von „Spirit" und lösen Begeisterung, Tatkraft und Energie aus (Mussmann & Zbinden 2003: 69; Bruch & Vogel 2005: 125). Es ist auf der organisationalen Ebene wichtig, dass ein klarer unternehmerischer Beweggrund, ein „Case of Action" den Visionsentwicklungsprozess anstößt. Zudem empfiehlt es sich, nicht nur die anerkannten, rationalen Visions- und Strategiemethoden wie zum Beispiel eine Umwelt- und Unternehmensanalyse einzusetzen, sondern auch nicht-rationale, kreative, inspirierende und schöpferische Methoden zu verwenden. Dazu gehören für mich zum Beispiel alle gestalterischen und bildnerischen Methoden oder auch Aufstellungs- und Großgruppenformate. Wie auf individueller Ebene beschrieben (Kapitel 9.2), werden echte Visionen zu Beginn oft mehr erspürt, gefühlt und über positive Emotionen erlebt. Dazu braucht es ein Wechselspiel von tiefer gehenden und analytischen Methoden. Bedeutende Visionen können so erkannt und präzisiert werden.

Kraftvolle Visionen von Organisationen sind aber nicht nur an die betreffende Organisation gebunden, sondern oft auch an Führungskräfte. Bruch & Vogel (2005: 124) beschreiben, wie Zukunftsmöglichkeiten in vielen Organisationen zunächst an einzelne Personen gekoppelt sind. Führungspersonen verfügen beim Entwickeln von Visionen in vielen Organisationen über einen beachtlichen schöpferischen Freiraum. Die wichtigste und gleichzeitig schwierigste Aufgabe von Führungskräften ist daher, die eigene anfangs für andere relativ abstrakte Vision greifbar zu machen, zu beschreiben und damit so weit wie möglich zu konkretisieren. Dabei ist das aktive Miteinbeziehen anderer Führungspersonen und Mitarbeitender wichtig und wertvoll und erhöht die Qualität des Resultats.

Aus systemischer Sicht ist bedeutsam, dass Visionen verschiedenen Systemebenen gerecht werden müssen. Auf organisationaler Ebene richten Visionen alle Mitarbeitenden auf eine wünschenswerte, ideale Zukunft aus und vermitteln ein Gefühl von Identität und Zusammengehörigkeit. Die Mitarbeitenden werden mobilisiert und aktiviert. Auf der nächsten Ebene positioniert sich eine Organisation mit der Vision und entsprechenden Strategie im Markt. Die Beachtung der Marktdynamiken und Konkurrenz ist für den Erfolg sehr wichtig. Darüber hinaus darf die gesellschaftliche Dimension von Visionen nicht übersehen werden. Wirkungsvolle Unternehmensvisionen fördern auch die gesellschaftliche Entwicklung, sie erzeugen einen gesellschaftlichen Mehrwert. Auch wenn es nur eine Hypothese ist, können meiner Ansicht nach Unternehmensvisionen oder Teilvisionen auch eine spirituelle Dimension aufweisen. Dies ist für mich dann der Fall, wenn eine Vision die gesellschaftliche, organisationale und menschliche Weiterentwicklung fördert. Solche Visionen werden von einer spirituellen Kraft gespeist und werden so zu einer Art „spirituellen Quelle" eines organisationalen Systems. Wie beim Menschen unterstützt die spirituelle Kraft die Vision und erlaubt, die damit verbundenen Ziele besser zu erreichen.

Beim Arbeiten mit Visionen ist es wichtig, dass sie sowohl die „richtige" oder eine sinnvolle Richtung aufzeigen als auch entsprechendes Handeln auslösen. Faszinierende Innovationen, die Erschließung neuer Märkte oder die Realisierung bedeutender Projekte können in Organisationen beispielsweise erhebliche Handlungspotentiale von Mitarbeitenden freisetzen. Wenn Visionen als ein weitreichender Schritt weg vom Status quo formuliert werden, Sinn und eine emotionale Begeisterung erzeugen, führt dies meist zu Initiativen und Aktivitäten von Mitarbeitenden und ganzen Abteilungen. Das Mobilisieren der Führungskräfte und Mitarbeitenden durch eine attraktive Zukunftschance baut vor allem darauf auf, eine positive emotionale Anspannung und Begeisterung zu erreichen und die Mitarbeitenden zum aktiven Mitdenken und zu intensiver Aktivität zu bewegen. Die Strategie stützt sich darauf, dass Menschen ein außergewöhnliches Engagement an den Tag legen, wenn sie das Gefühl haben, an der Verwirklichung eines Traums oder einfach einer faszinierenden Sache zu arbeiten (Bruch & Vogel 2005: 123). Die Motivation, die Ansprüche und die Ziele der Mitarbeitenden werden dadurch auf ein höheres Niveau gehoben.

Damit Visionen im Alltag wirksam werden, haben Sie als Führungskraft darauf zu achten, dass die Mitarbeitenden die Vision als konkretes Bild der Zukunft vor sich haben. Visualisierungen und Symbole helfen nicht nur als Konkretisierung, sondern auch in der Umsetzung: Sie verstärken das Zukunftsbild, erinnern alle Beteiligten an die Inhalte und halten so die Vision im Organisationsalltag am Leben. Die Vision sollte zudem so einfach sein, dass sie in wenigen Sätzen erklärt werden kann, eingängig, klar und überzeugend ist. Eine Konkretisierung allein über Zielvorgaben, Budgets und Projekte reicht nicht aus. Eine Vision, die bewegt und mobilisiert, spricht den Verstand und das Gefühl gleichermaßen an.

Ein weiteres Kriterium für die Wirksamkeit einer Vision im Organisationsalltag ist, dass sie für jeden Bereich so konkret ist, dass die Mitarbeitenden ihren persönlichen Beitrag zur Umsetzung der Vision erkennen können. Dabei geht es nicht nur um ein oberflächliches Motivieren, sondern um ein Erkennen, dass jeder Mensch im Leben Sinn sucht und sein Tun von Sinn erfüllt werden will (siehe auch Willi 2007). Wenn also jeder Mitarbeitende seine wichtigsten Aufgaben erkennt und diese von anderen und der Organisation gesehen und wertgeschätzt werden, löst diese Aufwertung der Arbeit eine aktivierende Wirkung aus. Das Praxisbeispiel Nr. 13 hat gezeigt, wie in einem Großgruppensetting visionäre Energie gemeinsam mobilisiert und konkretisiert werden kann. Aber auch durch Artikel in einer Mitarbeiterzeitschrift oder durch Würdigung bei internen Anlässen können Beiträge von Personen und Teams sichtbar gemacht und anerkannt werden. Zur Vision, den Zielen und der Arbeit entsteht somit eine tiefe, innere Verpflichtung.

Starke Visionen lösen phasenweise Zweifel und Ängste aus. Die Stimmung kann durchaus zwischen Begeisterung und Beklemmung hin und her wechseln. Zu Beginn und während des Weges ist es oft noch sehr ungewiss, was genau wie erreicht wird (Mussmann & Zbinden 2003: 70). Auch Bruch & Vogel (2005: 127) betonen, dass in vielen Fällen beim Verfolgen von Visionen Rückschläge oder lange Durststrecken zu erwarten sind. In diesen Situationen sind die von allen Beteiligten wahrgenommene Integrität und das Durchhaltevermögen des Top-Managements entscheidend für die anhaltende Wirkung von Visionen.

10.3. Individuelle Förderung und Unterstützung der Mitarbeitenden

Wenn Sie als Manager oder Führungskraft für Ihren Bereich eine Vision entwickelt haben, die Sie überzeugt und die sowohl das Unternehmen wie auch die Gesellschaft weiterbringt, wünschen Sie sich Mitarbeitende, die sich zugunsten dieser Vision „voll“ – mit ihrer ganzen Kraft – einsetzen. Dabei sind Sie sich bewusst, dass Sie diese Motivation über das Setzen von Zielen, das Messen von Leistung und eine entsprechende Honorierung nur beschränkt erreichen können. Wir sehen die Mitarbeitenden – wie uns selbst – als Menschen, die ihr hohes, einzigartiges Potential in das Unternehmen einbringen, aber auch durch persönliche Themen und Blockaden behindert werden können. Als Führungskraft verschiebt sich somit unser Interessenfokus: Wir möchten unsere Mitarbeitenden beim permanenten Lernen und Wachsen unterstützen, so dass sie Höchstleistungen erbringen können.

Das Führen von Mitarbeitenden bekommt somit eine stark individuelle Komponente, ist stark entwicklungsorientiert und setzt viel Wertschätzung und Liebe gegenüber Mitarbeitenden und Mitmenschen voraus. Das Einbeziehen der seelischen und spirituellen Dimension in der Führung von Mitarbeitenden stellt für viele Führungskräfte Neuland dar. Obwohl bereits für Benedikt von Nursia vor über 1500 Jahren Führen hiess, Seelen zu leiten. Damit meinte er, dass wir auf das Innere von Menschen zu achten haben und sie dabei unterstützen, ihr ursprüngliches und einmaliges Bild verwirklichen zu können, das Gott sich von ihnen gemacht hat (Grün 2006: 87). Menschen zu führen heißt in dem Sinne Leben zu wecken, den Menschen zu dienen (Grün 2006: 18). Als virtuoser Dirigent verhelfen wir den Mitarbeitenden dazu, ihre Instrumente zum Klingen zu bringen, ihre Töne und Melodie zu finden und ihre Beziehung zur Musik leben zu dürfen. Wie in den transformationalen Führungsansätzen werden die Mitarbeitenden nicht als homogene, identisch zu behandelnde Gruppe verstanden, sondern in ihrer Individualität gesehen. Drei Aspekte sind dabei wichtig:

- die inspirierende Tätigkeit,
- das gesamte Potential mobilisieren,
- die individuelle Förderung.

Als Führungskraft ist es eine wichtige Führungsaufgabe, dafür zu sorgen, dass Mitarbeitende Tätigkeiten ausüben, die – soweit wie möglich – auch ihrer Berufung respektive ihrem Möglichkeitsraum entsprechen. Ist eine solche Übereinstimmung möglich, sind Mitarbeitende sehr engagiert und bringen ihr „Herzblut“ ein. In der Arbeit und den entsprechenden Produkten ist spürbar mehr Energie. Die Kunden realisieren dies – bewusst oder unbewusst – sofort, was dem Unternehmen als Erfolg zugutekommt.

Bevor Sie wichtige Mitarbeiterentscheide treffen oder ein Mitarbeitergespräch führen, können Sie versuchen, das höchste Zukunftspotenzial eines Mitarbeitenden wahrzunehmen. Sie können dieses dann zusammen mit dem Gesprächspartner besprechen. In vielen Fällen entsteht eine Einigkeit darin, welches die besonderen Fähigkeiten eines Mitarbeitenden sind und in welche Richtung die berufliche Weiterentwicklung gehen sollte. Es liegt dann an Ihnen, passende Umsetzungsmöglichkeiten anzubieten. Selbst in einem Team mit vielen vorgegebenen Aufgaben findet man Gestaltungsspielräume: Man kann Spezialaufgaben übertragen, Projekte initiieren oder besondere Kompetenzen mit Aufgaben und gezielter Weiterbildung fördern. Falls jedoch ein großer Teil der Aufgaben einem Mitarbeitenden nicht entspricht, sind rasch eine Neuorientierung und ein interner oder externer Wechsel anzustreben. Dazu braucht es von beiden Seiten die notwendige Ehrlichkeit. Das „Hineinzwängen“ in eine bestimmte Aufgabe macht keinen Sinn. Der Mitarbeitende würde mit der Zeit seine Motivation und Energie verlieren. Als Führungskraft müssen wir Aufgaben soweit wie möglich und organisational vertretbar nach den Menschen, die in einem Team oder in einem Bereich arbeiten, ausrichten und nicht umgekehrt. Wir schaffen so Raum für Freude, Kreativität, Innovation und Energie.

Wie beim Sich-selber-Führen ist es auch beim Führen von Mitarbeitenden wichtig, dass man ihnen auf allen Ebenen des menschlichen Seins begegnet (siehe Abbildung Nr. 18), das heißt im organisationalen System, im gegenwärtigen Familiensystem, im familiären Herkunftssystem und im spirituellen System. Man sieht sie

- mit ihren Zielen, Aufgaben und Leistungen (organisationales System).
- als Menschen, mit denen man gerne in Beziehung ist und deren Nähe man zulässt (familiäres Gegenwartssystem).[13].
- mit ihrer inneren Kraft, ihrem Potenzial und Hintergrund (familiäres Herkunftssystem).
- mit einer Seele und spirituellen Verbindung (spirituelles System).

Als Führungsperson heißt das, dass wir mit Mitarbeitenden in echtem Kontakt sind und die tiefere Ebene ansprechen können. Gemäß dem systemischen Perspektivenwechsel empfehle ich Führungskräften, immer wieder einmal die Position eines Mitarbeitenden einzunehmen und sich in seine Situation hineinzuversetzen. Man findet so einen Zugang zu ihrem Handeln, ihren Äußerungen, Gefühlen und Anliegen. Als Führungsperson ist es besonders wichtig, dass wir auch negative Äußerungen und Gefühle von Mitarbeitenden nicht im Keim ersticken, sondern jene liebevoll ermutigen, sie zuzulassen und auszudrücken. Sie können so den Mitarbeitenden darin unterstützen zu verstehen, woher sie kommen und worum es in Wirklichkeit geht. Geht es um Führungs- und Organisationsthemen, können Sie sofort rasch und adäquat handeln, geht es mehr um persönliche Themen des Mitarbeiters, können Sie ihm helfen, sie anzugehen.

So wie man als Führungsperson individuelle Fähigkeiten, eigene Wege und persönliche Leistung fördert, verlangt man von Mitarbeitenden bei Bedarf auch Entwicklung. Wenn vereinbarte Ziele und Leistungen nicht erbracht werden und fachliche wie persönliche Entwicklungsthemen offensichtlich werden, ist es eine Führungsaufgabe, die Mitarbeitenden darauf anzusprechen.

Das Einfordern von Entwicklung erlebe ich in vielen Organisationen als problematisch. Einem Teil der Führungskräfte fehlt der Mut, ein kritisches Feedback zu geben, aus Angst, jemanden zu verletzen oder einen Konflikt anzuzetteln. Entsprechend schonen sie ihre Mitarbeitenden. Ein anderer Teil der Führungskräfte brüstet sich damit, jemandem knallhart die Meinung gesagt zu haben. Gerade in Managementkreisen ertönt dieser Ruf nach Härte in der Führung häufig. Dabei wird übersehen, dass ein „knallhartes“ Feedback selten eine Heldentat ist, sondern vom Gegenüber

---

[13] Auf der familiären Systemebene geht es um das qualitative Gestalten und Gelingen wichtiger Beziehungen.

als Angriff erlebt wird, der verletzt, Angst macht und letztlich schwächt. Der Betroffene verschließt sich zu Recht, eine effektive Entwicklung wird selten ausgelöst. Härte in der Führung ist zudem immer auch Ausdruck von eigenen Problemen, beispielsweise innerer Konflikte, erlebter Ohnmacht, mangelnder Beziehungsfähigkeit oder einer unbewussten Täter- oder Opferdynamik. Härte in der Führung ist für mich durch liebevolle Klarheit zu ersetzen. Spricht also eine Führungsperson einen Mitarbeitenden auf ein Entwicklungsthema – gerade ein Persönlichkeitsthema – an und fordert eine Auseinandersetzung damit ein, so hat dies immer aus einer wertschätzenden, empathischen Haltung heraus zu erfolgen. Der Mitarbeitende kann sich dann in dieser für ihn schwierigen Situation öffnen und die Kritik innerlich aufnehmen. In diesem schwierigen Moment muss der Mitarbeitende sich vom Vorgesetzten mit all seinen Gefühlen geachtet und verstanden fühlen. Das Herzliche, das Offene, das Zutrauen und die Sicherheit muss er von seinem Vorgesetzten spüren können. Dies stärkt ihn und macht ihm Mut, das Entwicklungsthema anzupacken.

Als Führungsperson empfehle ich Ihnen in solchen Situationen also ungewöhnlich „weich", ja liebevoll zu sein, aber auch ungewöhnlich klar. Bei mangelnder Leistung, bei fehlender Integration ins Team oder bei sichtbaren Blockaden ist es Ihre Aufgabe, einen Mitarbeitenden darauf anzusprechen, ihn mit seinem Thema zu konfrontieren und von ihm die notwendige Entwicklung verbindlich einzufordern. Dabei spielt die Hierarchiestufe keine Rolle. Wenn der CEO eines Konzerns realisiert, dass es einem Konzernleitungsmitglied schwerfällt, in Präsentationen und Sitzungen Menschen anzusehen, so hat er dies in einem bilateralen Gespräch aufzugreifen. Wie ich im Modell der integrativen Führungs- und Managemententwicklung aufgezeigt habe, ist Führungs- und Persönlichkeitsentwicklung eine lebenslange Aufgabe.

Beim ersten Schritt, einen Mitarbeitenden darin zu unterstützen, seine persönlichen Entwicklungsthemen zu erkennen, braucht es Ihren Mut und Ihre Klarheit, die sichtbaren und spürbaren Dynamiken anzusprechen. Im zweiten Schritt geben Sie Ihrem Mitarbeiter die Chance, sein Thema aufzuarbeiten und zu integrieren. Nebst der dafür notwendigen Zeit und professioneller Unterstützung sind Mitarbeitende in dieser Phase auf Ihren fachlichen und emotionalen Support angewiesen. Der dritte Schritt, die eigene Entwicklung, liegt jetzt primär in den Händen des Mitarbeitenden. Es ist nun in seiner Verantwortung, dass die vereinbarten Entwicklungsziele erreicht werden.

Entwicklungsorientierte, lernende Organisationen können dabei Vorgesetzte wie auch Mitarbeitende kulturell und strukturell unterstützen. In diesen Organisationen wird die Erkenntnis zur Selbstverständlichkeit, dass wir alle eigene Entwicklungsthemen in unser organisationales Handeln hineintragen und damit die Leistung und unser Potenzial beeinflussen. Im Dienst der Kunden und der Entwicklung einer Organisation als Ganzes hat ein Unternehmen zu Recht die Erwartung, dass Führungsperson und Mitarbeitende ihre dabei sichtbar werdenden Blockaden lösen, aber auch ihre Potentiale voll ausschöpfen. Zu dieser menschlichen, entwicklungsorientierten Kultur sind auch fördernde Rahmenbedingungen vonnöten. Persönliche Entwicklungsprozesse brauchen dabei aber nicht nur eine gewisse Zeit, sondern oft auch zusätzlich eine professionelle externe Unterstützung (siehe Kapitel 12).

Assländer & Grün (2006: 94) schreiben, dass sie an den guten Kern in jedem Menschen glauben. „Denn wenn ein Mensch schwierig ist, ist es nie aus Lust, sondern immer aus Verzweiflung oder aus irgendwelchen Gründen, die in seiner Lebensgeschichte liegen.“ Falls ein Mitarbeiter jedoch nicht bereit ist, eigene Entwicklungsthemen anzuerkennen und diese anzugehen, oder die Fördermaßnahmen scheinbar zu wenig wirken, haben Organisationen wie Sie als Vorgesetzter klare Grenzen zu setzen. So dürfen Sie es beispielsweise nicht zulassen, dass jemand immer wieder seine Aggressivität (Täterenergie) oder sein kindliches Überfordertsein ins Arbeitssystem hineinträgt. Und niemand darf sich permanent in die Aufgaben anderer einmischen, weil er gewohnt ist, zu viel Verantwortung zu übernehmen.

Den Preis für die fehlende Entwicklung zahlen selten Sie als Vorgesetzter, sondern oft die Kunden oder andere Mitarbeitende. Mit Blick auf die Organisation und die Kunden haben Sie einer solchen Person Grenzen zu setzen und sich wertschätzend von ihr zu trennen. Es ist nicht die Aufgabe einer Organisation, langfristig Mitarbeitende mitzutragen, die ihrer eigenen Entwicklung ausweichen. Eine dynamische, innovative und wertschätzende Führungskultur darf nicht permanent durch persönliche Themen von Mitarbeitenden oder Führungskräften behindert werden. Als Vorgesetzter haben Sie nicht nur die Rolle als Coach, sondern Sie tragen auch die Verantwortung für die Leistung und Kultur Ihres Bereiches.

Praxistipp 7: Gespräche mit Mitarbeitenden

Mitarbeitergespräche, ob offiziell angesetzt oder spontan initiiert, bieten einen wertvollen Rahmen zu echtem Kontakt und zum Erkennen und Finden neuer Lösungsstrategien.

- Bringen Sie Ihre Freude und Begeisterung zum Ausdruck, was immer Ihnen positiv in der Arbeit oder an der Person auffällt. Dies stärkt Ihre Mitarbeitenden und ermutigt sie auf ihrem Weg.
- Haben Sie den Mut, auf schwierige, organisationale wie persönliche Dynamiken hinzuweisen. Mit ehrlichem "Hinsehen" werden Such- und Lösungsprozesse ausgelöst.
- Bringen Sie als Vorgesetzter auch Themen ein, die Sie als Führungsperson momentan intensiv beschäftigen. Dies ermöglicht einem Mitarbeitenden, sich auf Ihre Themen einzulassen und Ihnen vielleicht wertvolle Impulse zu geben. Und selbst wenn Sie sich einmal von der schwachen Seite zeigen, schafft dies auf der Beziehungsebene viel Vertrauen.

In der direkten persönlichen Begegnung entsteht viel und selbst "heiße" Themen können frühzeitig und leichter angesprochen werden. In diesem Sinne schätze ich die tagtäglichen, auch kurzen Begegnungen, in denen Positives hervorgehoben oder auf Weiterführendes und Schwieriges hingewiesen wird.

10.4. Kundenorientierte Angebote und klare Strukturen definieren

Wer eine Führungsaufgabe übernimmt, kann nicht nur zu den Mitarbeitenden sehen, sondern hat auch die Kunden und effiziente Strukturen im Blick zu haben. In Abstimmung mit der Vision und Strategie des Bereichs sind Angebote zu definieren, die optimal auf Kundenbedürfnisse ausgerichtet sind und ihnen dienen. Analog sind auch die Strukturen und Arbeitsprozesse auszurichten. Auch wenn ich mich nicht als Strukturexperte verstehe, möchte ich aus der Sicht von menschlicher Führung doch ein paar mir wichtige Überlegungen anbringen.

Während beim Führen von Mitarbeitenden auf das Individuelle, Einzigartige und In-Beziehung-Sein geachtet wird, ist es bei Strukturen gerade umgekehrt. Strukturen haben einen für alle verbindlichen, effizienten Rahmen zu setzen, innerhalb dessen Teams oder Mitarbeitende zu Gunsten von Kunden einen größtmöglichen Handlungsspielraum und eine hohe Verantwortung bekommen. Als Führungsperson wird man in dieser Aufgabe ganz anders gefordert: Es zählt nicht mehr primär das Empathische, Liebevolle und Unterstützende, sondern das Analytische, optimal Geplante und Klare. Als erfolgreicher Dirigent habe ich somit ganz andere Kompetenzen einzubringen.

Ein klar definierter, organisationaler Rahmen mit verbindlichen Strukturen, Arbeitsprozessen und Standards ist für Organisationen und alle ihre Mitglieder hilfreich. Bei Führungsstrukturen ist darauf zu achten, dass sie möglichst klar sind und die Führungspersonen nicht überfordern. So ist es aus meiner Erfahrung selten möglich, dass man dazu mehr als zehn bis zwölf Personen wirksam führen kann, denn Führung bedingt Kontakt und Auseinandersetzung. Umfasst eine Führungsspanne über 20 Personen oder hat eine Expansion plötzlich zu viel mehr direkt Unterstellten geführt, braucht es oft eine entlastende, strukturelle Lösung. Auch in Konzernen, die mit dem Ziel des Empowerment extrem flache Hierarchien institutionalisieren, bilden sich schnell informelle Führungssysteme heraus, die viel Energie und Aufmerksamkeit binden können. Analog dazu ist die Funktionsweise einer Geschäftsleitung eingeschränkt, wenn sie beispielsweise elf Mitglieder umfasst. Aus den Erkenntnissen der Gruppendynamik wissen wir, dass Gruppengrößen von über acht Personen eine intensive Kommunikation erschweren.

Aber nicht nur Führungsstrukturen, auch Arbeit und Arbeitsprozesse sind gut zu strukturieren. So sehr man sich von unternehmerischen Ideen leiten lässt, reicht es aus meiner Erfahrung nicht, damit einfach ein Projekt zu starten. Eine sorgfältige Zieldefinition und ein professionelles Projektmanagement mit im Voraus definierten Projektphasen und Meilensteine sind für den Erfolg unerlässlich.

Führungspersonen haben also in ihrer strukturierenden Aufgabe für Klarheit, Verbindlichkeit und Effizienz zu sorgen. Diffuse Ziele oder verdeckte Machtansprüche dürfen nicht darin münden, dass Mitarbeitende Strukturen, Arbeitsprozesse oder Vorgaben in ihrem Interesse unterschiedlich interpretieren. Falls dies auftritt, braucht es Klärung und damit Führung. Innerhalb bewusst gesetzter Leitplanken können Teams oder Mitarbeitende dann eine möglichst hohe Selbstverantwortung übernehmen und ihre Kompetenzen und Ideen einbringen. Diese Freiheit und Selbstbestimmung erlauben es ihnen, mit Kunden in eine echte Beziehung zu treten und Impulse des Marktes aufzunehmen. Mitarbeitende können ihre unternehmerischen Qualitäten zum Tragen bringen und Teams haben auch die Möglichkeit, Arbeitsprozesse bei Bedarf anzupassen und zu optimieren. Gemäß Bruch & Vogel (2005: 226) greifen erfolgreiche Unternehmen tendenziell wieder mehr auf dezentral verteilte Verantwortung und starke Führung in den Unternehmensbereichen zurück.

10.5. Der Entwicklung von Systemen vertrauen

Der heutige Managementalltag ist zu häufig von einer Vielzahl von Aufgaben, Termin- und Zeitdruck, Überraschungen und Hektik geprägt. In diesem Sog geht der Blick für das Ganze zunehmend verloren. Als „Busy Manager“ und „Macher“ ist man mitten im Geschehen und permanent unterwegs, Impulse zu setzen und Umsetzung zu „pushen“. Für eine Führungsperson ist es aber wichtig, sich dieser Hektik immer wieder zu entziehen und die Aufmerksamkeit auf die Entwicklung der zuständigen Teams und der Organisation als Ganzes zu richten. Dazu können wir uns wichtige Beobachtungsfragen stellen:

- Welche Dynamiken prägen zurzeit unseren Bereich und die Organisation als Ganzes?
- Welche positiven Entwicklungen laufen fast von alleine?
- Worin liegen die besonderen Herausforderungen?

Dieser Blick auf das Ganze entspricht dem systemischen Organisationsverständnis, das nicht nur die enorme Komplexität und Dynamik betont, sondern auch die Einzigartigkeit von Organisationen mit ihrer aktuellen Entwicklung herausstreicht. Diese Gesamtentwicklung gilt es zu erfassen, um auf sie Einfluss nehmen zu können.

Wenn wir so als Führungskraft unsere Aufmerksamkeit auf unser System als Ganzes richten, können wir die selbstorganisierenden Kräfte wahrnehmen. Plötzlich erkennen wir, wie ein Team oder ein Mitarbeiter sich mit viel Engagement für ein Projekt oder einen Kunden einsetzt. Oder wir realisieren, wie sich unser Vorgesetzter doch für eine neue Idee begeistert und sich dafür in der Konzernleitung stark macht. Solche sich selbstorganisierenden Dynamiken zeigen uns, dass wir auf dem richtigen Weg sind. Sie stehen für Leichtigkeit. Unsere Aufgabe als Führungsperson besteht nur noch darin, sie wertzuschätzen und sie in ihrer vollen Entfaltung zu unterstützen. Ebenso empfiehlt es sich, Gruppierungen und Netzwerke zu stärken, die aus unserer Sicht zum Pulsieren und zur Innovation im Bereich beitragen. Wenn sich umgekehrt in unserem Bereich Probleme oder Konflikte abzeichnen, können wir frühzeitig intervenieren, bevor sich Dynamiken oder Positionen verfestigt haben.

Diese bewusste und gezielte Einflussnahme auf die Gesamtentwicklung von Organisationen gewinnt an Substanz, wenn Manager fähig sind, aus einer tieferen Verbundenheit heraus die Entwicklung ihrer Organisation und der Gesellschaft zu verstehen. Analog schreibt Scharmer (2009: 238): „Je mehr ein System durch Hyperkomplexität bestimmt ist, desto notwendiger ist es, die Fähigkeit auszubilden, aus den tieferen Feldern der sozialen Emergenz heraus zu handeln.“ Wir haben also zu lernen, eine im Entstehen begriffene Zukunft wahrzunehmen und aus ihr zu handeln. Dazu bedarf es der Intelligenz des offenen Denkens, eines offenen Herzens und offenen Willens. Ein Blick auf das Ganze fällt uns mit der Erfahrung der Verbundenheit von allen mit allem viel leichter. Ein Gesamtbild oder ein Gefühl entsteht – wie es die spirituellen Traditionen lehren – mit dem Hinhören und Hinsehen. Dabei können wir es nicht nur in der Stille und in der Meditation erfassen, sondern auch ganz plötzlich im Führungsalltag, zum Beispiel im Rahmen eines Workshops, einer Teamsitzung oder einer vertrauensvollen Begegnung.

11. Entstehung und Qualitäten von Hochleistungsteams

In vielen Organisationen und von vielen Führungskräften werden die Bedeutung und der Wert von Teams zu wenig erkannt. Zwar wird im Organisationsalltag gerne von Teams, insbesondere Hochleistungsteams, gesprochen, aber es besteht kaum eine Vorstellung davon, was ein solches ausmacht und wie ein solches zu entwickeln wäre. Gerade im Profitbereich trifft man heute auf die Überzeugung, dass sich im Rahmen von Reorganisationen neu zusammengesetzte Teams einfach zusammenzuraufen haben und diese ihre Leistung dank guter Führung bald wieder erbringen werden. Zudem erfahren viele Teams aufgrund des Kostendrucks wenig Wertschätzung, ihr besonderes Potenzial wird nicht gesehen.

Aus der Theorie wissen wir bereits, was ein gutes Team auszeichnet: Es handelt sich um eine kleine Anzahl von Personen, die sich alle für eine gemeinsame Sache respektive ein gemeinsames Ziel einsetzen. Verfolgt ein Team eine bedeutende Vision und attraktive Ziele, erkennen die Mitarbeitenden in ihrer Arbeit einen hohen Sinn und Wert. Sie identifizieren sich mit den Produkten oder Dienstleistungen und bringen ihre unterschiedlichsten Fähigkeiten mit viel Engagement ein. Ein gemeinsames Commitment und ein Wir-Gefühl entstehen (Bruch & Vogel 2005).

Neben diesen bekannten Eigenschaften braucht es für Katzenbach & Smith (1993: 127) noch ein weiteres zentrales Element, um den Sprung vom erfolgreichen Team zum Hochleistungsteam zu schaffen. Die Mitglieder eines Hochleistungsteams setzen sich nicht nur für die gemeinsamen Ziele ein, sondern ebenso stark für die persönliche Entwicklung und den Erfolg ihrer Mitstreiterinnen und Mitstreiter. Solche Teams übertreffen damit die gewohnten Erwartungen und Leistungen deutlich. Ein Hochleistungsteam richtet sich also sowohl auf Ziel und Output als auch auf die Fortschritte der einzelnen Teammitglieder aus. Wollen wir – in welcher Funktion auch immer – also auf Teams gestaltend Einfluss nehmen, so haben wir nicht nur für einen wichtigen Auftrag und leistungsfördernde Teamdynamik zu sorgen, sondern auch für die gute Position und die Entwicklung jedes einzelnen Teammitglieds. Teams sind – bildlich gesprochen – ein lebendiger Organismus, der von einem attraktiven Ziel wie mit einem Band zusammengehalten wird, indem alle einzelnen Zellen pulsierend, lebendig und eng miteinander verbunden sind. In diesem Kapitel möchte ich der Frage vertieft nachgehen, wie Teams zu Orten der Innovation und der persönlichen Entwicklung werden.

Blicke ich auf meine Erfahrung als Berater zurück, so fällt mir auf, in wie vielen Fällen die Entwicklung von Teams mit jener der einzelnen Mitglieder einhergeht. Beide Dynamiken sind eng miteinander verknüpft und bieten sowohl auf der Teamebene als auch individuell große Wachstumschancen. Ausgelöst werden die Entwicklungsprozesse oft durch eine größere Veränderung: Ein Führungsteam entscheidet sich für eine neue strategische Ausrichtung, eine Teamleitung wechselt oder ein Team wird wegen neuer Aufgaben erheblich vergrößert.

Ergänzend zum Praxisbeispiel Nr. 18 in Kapitel 8.2 möchte ich einen weiteren Fall aufgreifen. Im Rahmen eines Workshops mit einer Geschäftsleitung zeigte sich ein akuter Führungskonflikt sehr deutlich. Ein Geschäftsleitungsmitglied, das die Leitung des neuen Strategieprojektes innehatte, wollte den „Karren" heroisch alleine ziehen und involvierte die anderen aufgrund seines Machtanspruchs nur am Rande. Ein anderes Geschäftsleitungsmitglied, dessen Bereich davon am meisten betroffen war, wehrte sich jedoch nicht offiziell, sondern zog sich immer mehr zurück und begann das Projekt und die Geschäftsleitung auf subtile Art zu behindern. Der Geschäftsführer hatte in dieser sehr schwierigen Phase aber nie den Mut, die laufende Dynamik anzusprechen, zu durchbrechen und selber klar Führung zu übernehmen. Er hätte den Alleingang des Projektleiters nie akzeptieren dürfen und das andere Geschäftsleitungsmitglied auf sein destruktives Verhalten ansprechen müssen. Mit dem Aufdecken und Erkennen dieser Kerndynamik stellten sich jetzt auf Führungs- und Teamebene plötzlich viele Fragen und es standen mehrere Lösungsmöglichkeiten im Raum.

Wieso übernahm ein Geschäftsleitungsmitglied viel zu viel Verantwortung und hatte das Gefühl, es müsse den Karren, d. h. die Organisation, alleine aus dem Dreck ziehen? Wieso hielt sich das andere Geschäftsleitungsmitglied in dieser Konkurrenzsituation einfach zurück und begann, das Projekt zu behindern? Warum fehlte dem Geschäftsführer das Format, diese Dynamik zu klären, obwohl ihm diese zumindest ansatzweise bekannt war? Bei der Beantwortung dieser Fragen stößt man bei allen drei Personen auf ihre eigene Lebensgeschichte und ihr unterschiedliches, persönliches Entwicklungspotential. Gelingt es hier in einem Team, nicht nur die Konfliktdynamik auf der organisationalen Ebene anzusprechen, sondern auch ein Stück weit die involvierten persönlichen Themen offenzulegen, so steigt nicht nur das gegenseitige Verständnis für das schwierige Verhalten der Beteiligten, sondern die Teammitglieder beginnen, sich auch im persönlichen Wachstums- und Veränderungsprozess gegenseitig zu unterstützen. Gleichzeitig wird die zukünftige Führung breiter und wirksamer abgestützt, das Vertrauen untereinander steigt.

Leider ist es in den heutigen Organisationskulturen wie schon mehrmals erwähnt oft noch ein Tabu, persönliche Entwicklungsthemen anzusprechen, selbst wenn diese für viele offensichtlich sind. Damit werden aber enorme Chancen verpasst. Wie bei der zuvor vertretenen, veränderten Sicht auf die Führung müsste auch hier bei Teams ein kultureller Wandel einsetzen: Es wird zur Selbstverständlichkeit, dass man sich in Teams nicht nur in seiner Funktion, sondern auch als Person einbringt und sich somit im Team auch eigene Entwicklungsthemen zeigen können. Jedem Leiter oder Mitglied eines Teams empfehle ich deshalb, heikle Team-Themen beim Auftreten frühzeitig offenzulegen und in einem wertschätzenden und geschützten Rahmen auch persönliche Entwicklungsthemen anzusprechen.

Mein Eindruck ist, dass immer mehr Führungskräfte und Mitarbeitende – gerade in intellektuellen Kreisen – sich und ihr Umfeld viel bewusster wahrnehmen, eine zunehmend höhere Sensibilität mitbringen und innerlich wissen, dass Lösungen lediglich auf der Teamebene nicht ausreichen. Gerade Teams mit einem hohen „Teamspirit“ und enger, intensiver Zusammenarbeit vertragen es längerfristig nicht, wenn blockierende Themen ausgeblendet werden und persönliche Dynamiken nicht angesprochen werden können. Das Team spürt genau, dass etwas nicht stimmt und seine Performance behindert. Es möchte dies verstehen und lösen. Dies ist ein Moment, in dem wir einem Team und einzelnen Mitgliedern Lernen und Entwicklung zutrauen müssen. Teams sind für mich ein Ort der Entwicklung, sowohl für die Organisation als auch für die beteiligten Menschen.

Teams sind aber nicht nur Orte der Entwicklung, sondern auch Orte der Gemeinschaft in Organisationen. Gerade in Teams, die gestärkt durch gemeinsame Entwicklungsprozesse gegangen sind, die pulsieren und eine hohe Leistung erbringen, auf die alle stolz sind, entstehen eine enge Verbindung und ein hohes Vertrauen. Aus den Ausführungen in Kapitel 3 wissen wir, wie wichtig für Menschen das Gelingen von Beziehungen ist. Als Beziehungsmenschen ist es für uns bereichernd, gerade in Teams Anerkennung, Wertschätzung und Zuneigung zu finden und zu geben.

Die menschliche Nähe und Sicherheit ermöglichen auch, dass Teammitglieder sich emotional immer mehr öffnen und ihre Anliegen, Wünsche, Meinungen und Anregungen direkt und offen kommuniziert werden können. Die Begegnungen im Team sind authentisch und im Kontakt sind wir schnell auf tieferen Erkenntnisebenen, in denen auch die spirituelle Dimension mobilisiert werden kann. Teams werden so Teil von wissenden Feldern. Interessant ist dabei die Beobachtung, dass man durch die intensiven Begegnungen den anderen viel näher kommt und ihr Wohlsein und ihre Entwicklung uns plötzlich ebenso wichtig wird wie unsere eigene. Wir sind auch bereit, zu Gunsten der anderen etwas zurückzutreten und auf persönliche Vorteile zugunsten des Teams zu verzichten. Der Wunsch, als „Community“ zu wachsen und Leistungen zu erbringen, aber auch für jeden Einzelnen zu sorgen, wird noch bedeutender.

Auch wenn es vielleicht etwas banal klingt, aber in Zeiten des Kostendrucks ist der folgende Hinweis doch wichtig: Damit Teams diese soziale und spirituelle Funktion wahrnehmen können, brauchen sie auch „Leerzeiten“, d. h. Zeiten, die nicht direkt produktiv sind. Teams brauchen Raum für soziale Kontakte, für das Anteilnehmen, das gemeinsame Freuen und Ärgern, das Verbundensein. Aber auch das gemeinsame Definieren von Zielen, Aufgaben und Rollen ist sehr wichtig und sollte regelmäßig eingeplant werden, beispielsweise im Rahmen eines alljährlichen Workshops. Entsprechend sind in Organisationen Räume und Zeiten für Begegnungen und Gemeinschaft zu fördern, beispielsweise durch gemeinsame Kaffeepausen, das Feiern von Erfolgen, Team- oder Weihnachtsanlässen.

In solchen Hochleistungsteams ist jetzt plötzlich alles vorstellbar: Die attraktiven Ziele, die vorhandenen Potenziale, die ehrlichen Beziehungen, die vielfältigsten Verbindungen und das Angeschlossensein an wissende Felder sind der Nährboden für Innovation und Höchstleistung. Die Teams lernen immer mehr selber zu entscheiden, in welche Richtung sie ihre Aufmerksamkeit lenken und weitergehen.

Für fundamentale Innovationen benötigen Teams einen besonderen geschützten Entwicklungsraum (Senge et al. 2004: 35), vergleichbar mit einem Kokon, einer Gebärmutter oder einem spezialisierten „Container". Dieser geschützte Raum ist notwendig, um von einer kreativen Idee über ein Vorprojekt zur konkreten Umsetzung zu kommen. Jeder innovative Entwicklungsprozess ist auch immer begleitet von falschen Vorstellungen, Rückschlägen, Irritationen und phasenweiser Hilflosigkeit, die ein intensives Lernen und Suchen nach erweiterten Lösungen in Gang setzen. Organisationen haben deshalb solchen Teams oder Projekten diesen geschützten und freien Raum bewusst anzubieten und zu gewähren, denn etablierte Unternehmen sind gegenüber „Anderem", „allzu Innovativem", „gesellschaftlich noch nicht Anerkanntem" oft feindlich eingestellt. Ihre Kritik und ihre Interventionen würden solche Projekte in der Anfangsphase oft zu Fall bringen. Für Manager und Führungskräfte ist es gut zu wissen, dass sie in dieser Phase ihre Projekte und Projektteams gezielt zu schützen, aber auch zu „umsorgen" haben. Ihr Zuspruch und ihr spürbares Vertrauen in die neuen Ideen und das Projekt beflügeln ein Team derart, dass es über sich selbst hinauswächst und unerwartete Spitzenleistungen erreicht.

Zu Gunsten der Innovation und dank des gegenseitigen Vertrauens sind Hochleistungsteams oft bereit, nebst traditionellen Methoden und Techniken auch neue nichtrationale Wege zu beschreiten. Diesen neuen Techniken ist gemeinsam, dass sie viele Elemente respektive Systemperspektiven miteinbeziehen, sich stark am Prozess orientieren und sich für das Fühlen und Spüren öffnen und an tiefere Erkenntnisebenen anschließen, um ein System und die zentralen Dynamiken als Ganzes zu verstehen. Teams können hier je nach dem Fokus des Interesses und der Unternehmenskultur beispielsweise Dialogformen, lösungsorientierte Fragetechniken, Visualisierungs- und Imaginationsformen, Organisationsaufstellungen und Großgruppenverfahren einsetzen.

Nach Senge et al. (2004: 50) helfen meditative Formen und Techniken, uns von unseren gewohnten, alltäglichen Gedanken und Vorstellungen zu lösen. Wir werden ruhig. In diesem absichtslosen Raum öffnen wir uns für neue Erkenntnisse und Zusammenhänge, die vielleicht gesellschaftlichen Vorstellungen oder anerkannten, wissenschaftlichen Theorien (noch) nicht entsprechen. Diese Impulse ermöglichen und ermutigen uns jedoch, nochmals genau auf die Dynamiken einzugehen und etablierte Sichtweisen und Annahmen zu hinterfragen. Dies ist oft der Anfang respektive Durchbruch von Innovationen. Die Kunst der Innovation besteht vereinfacht im permanenten Verbinden von intellektuellem und spirituellem Wissen. Im regelmäßigen Hin- und Herpendeln zwischen diesen Wissensquellen entsteht Neues. Während hier das Experimentieren und Integrieren auf einer organisationalen Ebene oft noch nicht möglich ist, bieten vertrauensvolle Teams den dazu notwendigen geschützten Rahmen. Diese Erfahrung verstärkt die Überzeugung, dass eine kleine Gruppe „die Welt verändern" kann. Auf jeden Fall trägt ein solches Team den Funken der Innovation in eine Organisation hinein.

Ein interessantes Merkmal von Hochleistungsteams ist, dass sie sich auch durch ein sehr hohes Energieniveau auszeichnen. Was wir als Mitglied eines Teams subjektiv sehr gut spüren können, hat Scharmer (2009: 234) in einem Modell einleuchtend erklärt. In Teams, in denen man sich den gegebenen Normen und Regeln anzupassen hat und sich wenig einbringen kann, ist das Energieniveau niedrig. In Teams, in denen in konfrontativer Form alles gesagt werden darf, was man denkt, ist das Niveau mittelhoch. Dieses erhöht sich weiter, wenn Teammitglieder miteinander in Beziehung treten, sich emotional öffnen und eine gemeinsame Reflexion zulassen. Sehr hoch wird das Energieniveau erst dann, wenn Teams aus einer im Entstehen begriffenen Zukunft heraus handeln und zusammen innovativ und kreativ werden. Die Mitglieder lassen sich zudem auf eine Selbsttransformation ein. Zwischen den Mitgliedern wird eine tiefe Verbundenheit spürbar.

Zum Abschluss des Kapitels möchte ich noch die Frage aufgreifen, welche Faktoren Teams ermöglichen, ein so hohes Leistungs- und Entwicklungsniveau zu erreichen, also sowohl Innovation wie individuelle Wachstumsprozesse zu fördern. Als Berater erfährt man in Workshops regelmäßig, wie sehr in einer Gruppe die Unternehmenskultur, die Offenheit und der gemeinsam gestaltete Veränderungsprozess bestimmen, wie tief man zusammen in Wachstums- und Entwicklungsprozesse eindringen kann. Dabei ist es für ein Team immer von großem Vorteil, wenn schon mehrere Teammitglieder gewohnt sind, selbstreflektierend und aus tieferen Bewusstseinsebenen sich einzubringen. So kommt der zentrale Impuls, das wirkliche Thema aufzudecken oder eine wirksame Lösung zu entwerfen oft von einem dieser Teammitglieder und nicht vom Leiter oder Berater. Angst oder Vorsicht einzelner Teammitglieder hingegen verlangsamen und erschweren einen Entwicklungsprozess. Damit wird nochmals evident, wie wichtig die persönliche Entwicklung und Förderung in Organisationen sind.

Selbstverständlich hat auch die Leitung eines Führungsgremiums, eines Projekt- oder Arbeitsteams einen großen Einfluss auf den Entwicklungsprozess. Sowohl das Team als auch der Berater realisieren recht genau, ob eine Leitungsperson den anstehenden Entwicklungsthemen ausweicht, indem sie beispielsweise stets für die Rückkehr auf eine sachliche Ebene plädiert, oder ob sie zeigt, dass sie vorausgehen will und echte Lösungen sucht, was immer diese an Schwierigkeiten beinhalten und als Folgen nach sich ziehen. Der Leiter eines Teams oder ein starkes Teammitglied können mit ihrer Offenheit und Klarheit einen Entwicklungsprozess anstoßen und einfordern.

Während ich mich in diesem Kapitel auf bestehende Teams in Organisationen fokussiert habe, gelten für mich viele diese Überlegungen auf für Netzwerke. Gelingt es in einem Arbeits- oder Freundeskreis, ähnliche Qualitäten zu etablieren, so entpuppen sich solche Gemeinschaften als Antreiber von inhaltlichen und persönlichen Entwicklungen. Erkenntnisse aus zufälligen Begegnungen, spontane Ideen oder wichtiges Wissen werden anderen Mitgliedern selbstlos zur Verfügung gestellt. Zeit und Aufwand werden nicht gescheut, andere auf ihrem Weg zu unterstützen. Und aus diesem gegenseitigen Anregen, Anstoßen und Wertschätzen entsteht – wie auch immer – ein verbundenes und vernetztes Feld, in dem im Laufe der Zeit alle im Vorangehen stark gefördert werden. Geben und Nehmen gleichen sich aus.

Zusammenfassend lässt sich festhalten, dass Teams für Organisationen in Zukunft immer bedeutsamer werden. Sie sind die lebendigen Bestandteile des Organismus, in denen Wachstum, Innovation und Leistung im Dienste einer Organisation und Gesellschaft stattfinden, aber auch soziale Gemeinschaft erfahren wird. Ein Team, das sich einer Idee verschrieben hat, die verfügbare, organisationale und spirituelle Intelligenz nützt und so ein positives Energiefeld aufbaut, das andere Menschen und neue Möglichkeiten anzieht, kann sehr viel erreichen.

12. Zukünftige Personal- und Managemententwicklung

Werfen wir zum Schluss noch einen kurzen Blick auf die zukünftige Personal- und Managemententwicklung. Ich habe dargelegt, wie sich Führungspersonen und Mitarbeitende mit ihrem vollen Potenzial und auf allen Ebenen des menschlichen Seins für ihre Aufgabe und ihre Organisation einbringen können. Sie sind die pulsierenden Zellen der Innovation, der Kultur und Performance von Organisationen. Für Unternehmen, die sich am nachhaltigen Erfolg ausrichten, gewinnen Führungskräfte und Mitarbeitende sowie langfristige Arbeitsbeziehungen an Wert. Ziel und Aufgabe der zukünftigen Personalentwicklung ist es deshalb, die fachliche und persönliche Entwicklung von Managern, Führungskräften und Mitarbeitenden zu Gunsten der Organisation und Gesellschaft zu fördern.

Dies ist zugegebenermaßen ein hochgestecktes Ziel. Gerade in börsennotierten Konzernen scheint eine kurzfristige Erfolgsorientierung das Managementhandeln immer häufiger zu bestimmen. Hier haben es langfristige, entwicklungsorientierte Konzepte der Personalentwicklung schwer, sich zu legitimieren. Hinzu kommt eine hohe Technologiegläubigkeit in unserer Gesellschaft, welche menschliche Entwicklungsfähigkeiten eher übersieht. Und selbstkritisch ist anzufügen, dass viele Personalentwicklungskonzepte und Maßnahmen allein auf der organisationalen Ebene basieren und so nur bedingt den erhofften Nutzen generieren. Menschen verfügen jedoch über ein großes Entwicklungspotential und viele Kompetenzen. Dies sind gewichtige Gründe, um wesentliche Schritte in Richtung einer entwicklungsorientierten, menschlichen Organisation zu gehen.

12.1. Entwicklungsorientierte Personalpolitik

Für die Verankerung und Förderung einer klaren Entwicklungsorientierung in Organisationen können sich nicht nur Führungspersonen einsetzen. Die Personalentwicklung – im weiteren Sinne das HRM – hat hier einen wichtigen Beitrag zu leisten. Konkret hat sie folgende Aufgaben:

- Das HRM etabliert eine konsequent entwicklungsorientierte HRM-Politik,
- die Mitarbeitenden des HRM nehmen persönlich eine Vorbildfunktion wahr,
- sie haben die Kompetenz und den Mut zum Anstoßen von Entwicklungsprozessen,
- sie informieren über neue Erkenntnisse und Zusammenhänge,
- sie entwickeln innovative, entwicklungsorientierte Angebote.

Nicht nur eine Personalentwicklung, sondern das gesamte HRM hat sich in Zukunft konsequent entwicklungsorientiert zu positionieren. Das HRM definiert entsprechende Konzepte, direkte Angebote und setzt sich dafür ein, dass die notwendigen Ressourcen, insbesondere die finanziellen Mittel, freigegeben werden. Dazu wünsche ich mir, dass das HRM in vielen Organisationen nicht nur mehr Gewicht bekommt, sondern selbst mehr Profil und Eigenständigkeit entwickelt. Das HRM hat zu Gunsten der Organisation und der Mitarbeitenden eine wichtige Aufgabe zu übernehmen und darf sich nicht zu einseitig an den Anliegen und Interessen einer Geschäftsleitung orientieren, sonst läuft es Gefahr, von den Führungskräften und Mitarbeitenden nicht als Partner, sondern als verlängerter Arm der obersten Führung wahrgenommen zu werden. Das nötige Vertrauen fehlt und ein echter Kontakt ist nur noch bedingt möglich.

Eine konsequent entwicklungsorientierte HRM-Politik setzt voraus, dass diese von den Mitarbeitenden des HRM persönlich mitgetragen wird. Personalentwickler und HRM-Business-Partner sind für mich die Experten für persönliche Wandlungs- und Entwicklungsprozesse nicht nur aufgrund ihres Wissens, sondern auch durch ihre eigene Erfahrung. Wer die fachliche und persönliche Entwicklung von anderen einfordert, muss dazu auch über eigene Erfahrung verfügen. Als Begleiter von tiefgreifenden Entwicklungsprozessen wirken sie dann glaubwürdig und authentisch, wenn sie für sich selbst ihre existenziellen Lebens- und Beziehungsthemen aufgearbeitet, integriert und somit offene Entwicklungsprozesse durchlaufen haben. Als Vorbilder gehen sie voraus und werden zum Träger der Entwicklungsenergie in Organisationen.

Neben eigener Erfahrung und dem Erwerb von neuem systemübergreifenden Wissen werden die HRM-Mitarbeitenden in Zukunft noch mehr herausgefordert, im Organisationsalltag kollektive und individuelle Entwicklungsprozesse anzustoßen, zu begleiten, notfalls sogar einzufordern. Ich möchte dazu auf das in Kapitel 6 erläuterte zukünftige Beratungsverständnis hinweisen. Interne Entwickler haben im Vergleich zu externen Beratern einen großen Vorteil: Sie sind ganz nah am Geschehen. Fallen ihnen im direkten Kontakt, in gemeinsamen Arbeitssequenzen oder Workshops Entwicklungsthemen auf, so ist es ihre Aufgabe, diese in geeigneter Form anzusprechen. Zu einem klaren, aber nicht wertenden Feedback gehört in dieser Situation zwar etwas Mut, doch wenn der Vorgesetzte oder Mitarbeitende spürt, dass er in den Personalentwickler volles Vertrauen haben und alles Wichtige besprechen kann, wird dadurch die Tür zu einem Entwicklungsprozess aufgestoßen. Mit der direkten Beratung und dem Finden weiterführender Maßnahmen können solche Hinweise viel bewirken.

Damit die vom HRM konzipierten Entwicklungsangebote auch genutzt werden, ist auf einen „niederschwelligen“ Zugang und eine offene Information über die neuen Erkenntnisse und Zusammenhänge zu achten. Dies kann über kurze Beiträge in Newslettern, Artikel in Fachzeitschriften oder über eine Vortragsreihe mit internen Schnupperworkshops erfolgen. Für einen Entscheid zur persönlichen Entwicklung ist jedoch die direkte Begegnung oft entscheidend.

Bewusst habe ich die Rolle des HRM und seiner Vertreter vor den entsprechenden Angeboten beschrieben. Eine konsequent entwicklungsorientierte Organisation lebt meines Erachtens mindestens so sehr von den sie vertretenden Menschen, wie von den dazu notwendigen Angeboten.

12.2. Innovative, entwicklungsorientierte Angebote

Die zukünftige Personalentwicklung hat Angebote zu konzipieren, die dem Menschen, seiner ganzheitlichen Entwicklung und seinem großen Potenzial gerecht werden. Ich möchte mich hier auf zwei Kernangebote beschränken.

- Coaching und Kurzzeitberatung
- Führungs- und Managemententwicklung

Die zahlreichen Beratungsbeispiele haben gezeigt, wie wertvoll für Manager oder Führungspersonen die Einzelberatung ist. Sie bietet den individuellsten und einen geschützten Entwicklungsraum an. Der Klient hat die Möglichkeit, das einzubringen, was ihn in seiner (Führungs-)Arbeit wirklich beschäftigt und herausfordert. Ausgehend von der organisationalen Dynamik besteht die Möglichkeit, auch Verbindungen zu den Familiensystemen oder spirituelle Dimensionen mit zu berücksichtigen. Das Lernen aus der eigenen Arbeit – auf der organisationalen wie persönlichen Ebene – bringt dem Klienten und der Organisation einen hohen direkten Nutzen. Einzelberatung darf nicht mehr nur als „letzte" Möglichkeit vor einer Entlassung betrachtet werden, sondern ist für die individuelle Führungs- und Managemententwicklung unerlässlich. Immer mehr Organisationen nutzen in den letzten Jahren länger dauernde, zielorientierte und verbindliche Coachings. Ergänzend dazu empfehle ich, ein klar konzipiertes, transparentes Angebot der Kurzzeitberatung einzuführen. Eine Kurzzeitberatung beschränkt sich auf zwei oder drei Beratungssequenzen zu 2 bis 2,5 Stunden und steht einmal pro Jahr allen Führungskräften und Mitarbeitenden offen. Ziel ist es, Führungspersonen und Mitarbeitende frühzeitig und vertrauensvoll bei ihren individuellen Herausforderungen zu unterstützen und so in der jeweiligen Organisation zu einer höheren Führungs- und Arbeitsqualität beizutragen.

Damit die Kurzzeitberatung in Anspruch genommen wird, muss sie einen strikt geschützten Beratungsraum darstellen. Weder ein Mitglied des HRM noch ein Vorgesetzter weiß, wer eine Kurzzeitberatung in Anspruch nimmt und was die besprochenen Inhalte sind. Mit diesem bewusst „niederschwelligen" Angebot interner oder externer Berater können einerseits zentrale Entwicklungsthemen des Klienten frühzeitig erkannt und aufgegriffen werden, andererseits reicht es oft aus, zusammen zentrale Dynamiken und neue Verbindungen zu erkennen. Die damit verbundenen Lösungsstrategien kann der Klient daraufhin autonom umsetzen. Gerade für Manager und Führungspersonen sind selbst vereinbarte Kurzzeitberatungen, bei denen sie sich auch einmal unwissend, überfordert, schwach oder wütend zeigen dürfen, äußerst wertvoll. Sie wissen, dass ihre Offenheit ihrer Karriere nicht schadet, sondern neue Lösungen ermöglicht.

Neben dem geschützten Raum ist auch auf die hohe Beratungsqualität zu achten. Manager und Führungspersonen müssen realisieren, dass ihnen die Berater in ihrer Ausbildung, Erfahrung und als Person ebenbürtig sind. Die Personalentwicklung achtet bei der Auswahl der Berater darauf, dass diese über eine fundierte, breite Ausbildung verfügen und Dynamiken aus verschiedensten Systemen erkennen und verstehen können. Führungspersonen sollten sich selber ein Bild von einem möglichen Berater machen und für sich intuitiv spüren können, zu wem es sie mit ihren Anliegen zieht. Die Kontaktaufnahme erfolgt dann direkt zwischen Klient und Berater. Der Klient übernimmt eine hohe Selbstverantwortung, genauso wie er diese nach der Beratung auch für seine Entscheide und die eigenständige Umsetzung zu übernehmen hat.

Ein so in den Grundzügen konzipiertes Angebot der Kurzzeitberatung sowie an verbindlicheren Zielen orientierte Coachings zeigen auf, wie in Zukunft die selbstverantwortliche, individuelle und ganzheitliche Entwicklung von Führungspersonen und Mitarbeitenden zugunsten der Organisation und der Personen gefördert werden kann. Zugunsten der Organisationen wie Menschen rechtfertigen sich hier große Investitionen.

Blicken wir noch einmal auf die Führungs- und Managemententwicklung. Hier fällt auf, wie in den vielen Programmen das Gewicht auf das Vermitteln von neuem, oft strategischem Wissen und der dazugehörigen Instrumente liegt. Mit vielen Präsentations-Folien und Büchern werden Manager und Führungskräfte auf den „neuesten" Wissensstand gebracht. Die Programme sind perfekt inszeniert, jedes Modul ist an klaren Zielen ausgerichtet und mit sehr guten Referenten besetzt. Trotzdem bleibt bei solchen Veranstaltungen meist auch ein schaler Nachgeschmack. Die Teilnehmenden kommen zwar zu interessanten Inputs und Tools, diese werden der enormen Komplexität der Praxis jedoch oft nicht gerecht. Die Umsetzung wird zusätzlich noch dadurch erschwert, weil gerade persönliche Blockaden diese nur beschränkt zulassen und spezifische Stärken – gemäß Rezept – gar nicht ausgespielt werden können. Viele Programme sind heute zu sehr auf Wissensvermittlung und die Vorstellung von perfekten Management- und Führungssystemen ausgerichtet. Die Führungspersonen werden so in eine zu einseitige Macherrolle gedrängt.

Weiterbildungsprogramme, die sich an der Vision eines Unternehmens mit seinen Menschen und deren Potenzial ausrichten, haben sich somit in mehreren Dimensionen zu öffnen:

- Die primär rationale, intellektuelle Ebene der Programme muss erweitert werden. Sie haben den Menschen in all seinen Dimensionen anzusprechen. Die Kompetenzerweiterung umfasst nicht nur das Fach- und Führungswissen, sondern auch die Beziehungsgestaltung, Emotionalität und Spiritualität. Die Teilnehmenden sind in ihrer ganzheitlichen Entwicklung zu unterstützen.

- Die Haltung der Selbstkonfrontation und Selbstentwicklung ist in den Programmen wie in der entwicklungsorientierten Organisation eine Selbstverständlichkeit. Die persönliche Entwicklung der Teilnehmenden wird in geeigneter Form gefördert. In der Theorie wie in der Anwendung werden nebst den organisationalen immer auch die persönlichen Dynamiken betrachtet und berücksichtigt.
- In den Programmen werden zu klassischen auch neue, innovative Ausbildungsformen und -instrumente eingesetzt, die selbstreflektierendes, emotionales, körper- und persönlichkeitsorientiertes Lernen ermöglichen und fördern. Der Mensch wird so in seinen ganzheitlichen Bezügen und mit seinem vollen Potenzial erreicht.

Solche Ausbildungskonzepte bilden einen Kontrapunkt zu den ein- und zweitägigen Trainingskursen in verschiedenen Organisationen und auch zu den zunehmend akademisch orientierten Weiterbildungsprogrammen an Fachhochschulen. Eine echte Nähe und Beziehung zwischen den Führungspersonen und zwischen ihnen und den Dozenten sowie das damit einhergehende, individuelle Lernen können so nur sehr bedingt stattfinden.

Zukünftige Konzepte setzen auf den Manager als Person. Zu den bekannten fachlichen, führungsspezifischen und sozialen werden auch persönliche und spirituelle Kompetenzen gefördert. Die Herausforderung der zukünftigen Führungsweiterbildungen besteht darin, das was heute gut ist derart zu erweitern, dass Erfahrungen von tiefergehenden Lern- und Bewusstseinsprozessen ermöglicht werden und das persönliche Wachsen gefördert wird. Da natürlich nicht nur Führungspersonen ein enormes Potential in Organisationen hineintragen können, vertrete ich vehement die Meinung, dass auch alle Mitarbeiterinnen und Mitarbeiter auf die hier beschriebene Art in ihrer fachlichen und persönlichen Entwicklung zu fördern sind.

13. Die neuen Wege weitergehen

Mit dem Buch sind wir, liebe Leserin, lieber Leser, ein interessantes Stück Weg zusammen gegangen. Wir haben zusammen neue Pfade betreten und neue, noch wenig erforschte Territorien erkundet. Zum Abschluss möchte ich Sie bestärken, diese eingeschlagene Richtung für sich weiterzuverfolgen und Ihren Weg weiterzugehen. Ich ziehe mich nun als Begleiter zurück. Als begeisterter Orientierungsläufer und Bergwanderer mache ich Sie noch auf drei mir wichtige „Wegmarken" aufmerksam, die ich im Dschungel des Führungsalltags als richtungsweisend erachte.

Begeisterung in der Arbeit

Als Erstes empfehle ich Ihnen, gut auf die Freude und Begeisterung in Ihrer täglichen Arbeit zu achten. Wenn Sie spüren, dass eine Aufgabe Sie fasziniert und auch herausfordert, dann wissen Sie sich auf Ihrem Weg. Nehmen Sie sich dafür die entsprechend Zeit: Verlängern Sie ungeplant ein Meeting, übernehmen Sie eine Projektleitung oder treffen Sie jemanden zum Essen, selbst wenn dies der Vernunft widerspricht. Geben Sie Ihrer Leidenschaft eine Chance! Und reden Sie darüber. Alle, Mitarbeitende und Kunden, schätzen es, wenn bei einem CEO immenser Stolz über die hergestellten Produkte sichtbar wird oder wenn eine Kuratorin an einer Vernissage mit Herzblut über die Bilder, die beteiligten Künstler und „ihre" Ausstellung referiert. Die Freude an der eigenen Arbeit steckt an, sie erzeugt eine positive Energie und lädt andere zum Teilhaben und zur Mitarbeit ein. Führungspersonen empfehle ich, sich auch vom sichtbaren Engagement und der Leidenschaft ihrer Mitarbeitenden führen zu lassen. Zusammen kann man so viel mehr erreichen.

Echte Beziehungen

Freuen Sie sich immer wieder, wenn Sie in vertrauensvollen und gegenseitig inspirierenden Führungsbeziehungen stehen und an Teams teilhaben, die bestens kooperieren. Gute Führung und wertvolle Beziehungen sind für alle ein Geschenk und bringen Sie, Ihre Arbeit und Organisation weiter. So lohnt es sich auch, in Beziehungen zu „investieren". Nehmen Sie sich Zeit dafür und bringen Sie sich ein, und zwar als Mensch, so wie Sie sind, echt und natürlich. Diese pulsierenden, lebendigen, sozialen „Zellen" treiben Organisationen voran. Ich bin überzeugt, dass zukünftige Organisationen viel mehr als heute auf Beziehungen und menschlichen Kulturen gründen werden. Und überall dort, wo Sie diese Führungs- und Beziehungsqualitäten in Ihrem Bereich noch nicht erreicht haben, können Sie als Führungsperson Einfluss nehmen. In Ihrer Art und mit offenem Herz sprechen Sie verdeckte Themen und Dynamiken an und fordern die notwendige Entwicklung ein. Entwicklung, ja sogar Entwicklungssprünge, sind möglich. Davon zeugt dieses Buch.

Verbundenheit und Innovation

Bedeutende Innovationen entstehen weniger über den Verstand als über das innere Erkennen und Erspüren von neuen Zusammenhängen, gesellschaftlichen Entwicklungen und Chancen. Die Welt ist viel vernetzter und verbundener, als wir bislang vermutet haben. Mit dem Erweitern traditioneller Management-Perspektiven ist noch Wesentliches zu entdecken. Dazu rufe ich Sie auf, sich immer wieder Raum zu schaffen, um sich zu verbinden, hinzuhorchen und zu verstehen. Aus dieser Erkenntnis heraus können Sie dann handeln und führen. Setzen Sie neue Impulse und kreative Ideen um. Versuchen Sie, Ihren Fußabdruck zu hinterlassen und Ihre Möglichkeiten auszuschöpfen. Dies macht Freude und Sinn.

Entwicklungsorientierte, nachhaltige Organisationen und unsere Welt wünschen sich von Ihnen als Führungsperson eine hohe Präsenz, persönliche Stärke und bei all Ihren Tätigkeiten und Entscheiden die spürbare Absicht, etwas für Sie Wichtiges zu initiieren und zu bewegen. Ich möchte Sie ermutigen, auf Ihrem Weg weiterzugehen, gesellschaftlich und unternehmerisch wo immer möglich vorauszugehen und in Ihrem Umfeld Wertvolles zu bewirken und Vorbild zu sein.

Der Dank

Über sechs Jahre habe ich intensiv geforscht und am vorliegenden Buch geschrieben. Dies bedeutete für mich viel Rückzug und Einzelarbeit. Und doch, dass dieser Text heute in dieser Qualität vorliegt, verdanke ich einem äußerst qualifizierten und engagierten Team.

An erster Stelle möchte ich Gaby Zbinden, meiner Frau, danken. Sie hat mich auf meinem Weg nicht nur bestärkt, sondern ich konnte mich mit ihr über viele Fragen und neuen Ideen austauschen, einzelne Aspekte sogar mit ihr zusammen aufstellen. Ihre wertvollen Impulse haben mich, meine Arbeit und das Buch bereichert! Mit Dr. Nick Blaser, Psychotherapeut und Buchautor in Basel, verbindet mich eine enge Freundschaft und Arbeitsbeziehung. Unser regelmäßiger Austausch ermöglichte es mir, wichtige Überlegungen und Erkenntnisse mit ihm zusammen weiterzuführen. Dr. Michael Zirkler, Leiter der Arbeits- und Organisationspsychologie an der Zürcher Hochschule für Angewandte Wissenschaften (ZHAW) und Organisationsberater aus Basel, hat über all die Jahre meine Beratungsarbeit unterstützt und gefördert. Seine vielen Hinweise zum Buch habe ich gerne aufgegriffen. Dr. Andrea Berreth, Organisationsberaterin in Berlin, stand mir zum richtigen Zeitpunkt zur Seite. In tagelanger Arbeit las sie die erste Fassung des Textes. Für ihr qualifiziertes Feedback, ihre Bestätigungen, aber auch kritischen Anregungen und ihre vielen Impulse bin ich ihr sehr dankbar.

Ein weiterer, glücklicher „Zufall" war für mich die Unterstützung durch Thomas Brogli, ehemaliger Direktor einer Privatschule und Gymnasiallehrer aus Liestal. In akribischer Arbeit übernahm er ein erstes Lektorat und half mir mit seinem intellektuellen Scharfsinn beim inhaltlichen Feinschliff. Mit Claude Rosselet, Organisationsberater und Buchautor aus Männedorf, verbindet mich die Aufstellungsarbeit. Seit Jahren gehen wir immer wieder ein Stück gemeinsamen Weges. Ich danke ihm für das sorgfältige Lesen der Schlussversion und zwei entscheidenden Hinweisen. Mein letzter Dank gehört Rudolf Karlen, Organisations- und Prozessberater aus Bern. Er war von meiner Beratungsarbeit und den damit verbundenen Ideen begeistert und hat mich sehr ermutigt, mit dem Buchprojekt zu starten.

Literaturverzeichnis

Assländer, Friedrich, Grün, Anselm (2006): Spirituell Führen – mit Benedikt und der Bibel. Münsterschwarzach: Vier-Türme-Verlag.

Baecker, Dirk (2007): Therapie für Erwachsene: Zur Dramaturgie der Strukturaufstellung. In: Groth, Torsten und Stey, Gerhard (Hrsg.): Potentiale der Organisationsaufstellung. Innovative Ideen und Anwendungsbereiche. Heidelberg: Carl-Auer-Systeme Verlag. S. 14 - 31.

Beaumont, Hunter (1999): Das Interview Teil I: Gestalttherapie und die Seele. In: Zeitschrift Gestaltkritik Nr. 2, 1999. Gestalt-Institut Köln: www.gestaltkritik.de.

Beaumont, Hunter (2008): Auf die Seele schauen. Spirituelle Psychotherapie. München, Kösel-Verlag.

Berreth, Andrea (2009): Organisationsaufstellung und Management. Lesearten einer beraterischen Praxis. Heidelberg: Carl-Auer-Systeme Verlag.

Blaser, Klaus (2008): So bin ich – und du bist anders. Achtsam Grenzen setzen in der Partnerschaft. Freiburg im Breisgau, Verlag Herder.

Blaser, Klaus (2009): Gefühle kommen und bleiben. Eine Achtsamkeitsübung für das ganze Leben. Noch unveröffentlicht.

Bruch, Heike, Vogel, Bernd (2005): Organisationale Energie. Wie Sie das Potenzial Ihres Unternehmens ausschöpfen. Wiesbaden: Gabler Verlag.

Burla, Stephan, Alioth, Andreas, Frei, Felix, Müller Werner R. (1994): Die Erfindung von Führung. Vom Mythos der Machbarkeit in der Führungsausbildung. Zürich: Verlag der Fachvereine.

Capra, Fritjof (2002): Verborgene Zusammenhänge. Vernetzt denken und handeln – in Wirtschaft, Politik, Wissenschaft und Gesellschaft. Bern: Scherz Verlag.

Charan, Ram, Drotter, Stephen, Noel, James (2001): The Leadership Pipeline: How to build the Leadership-powered Company. San Francisco: Jossey-Bass.

Choice (2009): Intelligent, schön, erfolgreich – und Single. Der stille Schmerz von Frauen in Führungspositionen. Empirische Untersuchung zur Vereinbarkeit von Karriere und Familie bei weiblichen Führungskräften in der Schweiz in den Jahren 2004 und 2008. www.choice.ch.

Dalai Lama, Van den Muyzenberg, Laurens (2008): Führen, Gestalten, Bewegen. Werte und Weisheit für eine globalisierte Welt. Frankfurt a. M.: Campus Verlag.

De Shazer, Steve (1997): Der Dreh. Überraschende Wendungen und Lösungen in der Kurzzeittherapie. Heidelberg: Carl-Auer-Systeme Verlag.

Eliot, Jay, Simon, William L. (2011): Steve Jobs – iLeadership. Mit Charisma und Coolness an die Spitze. München: Ariston Verlag.

Friedli, Peter (2008): Fallstudie: Zepterübergabe bei der Création Baumann AG in Langenthal. Der innerfamiliäre Wechsel von der dritten zur vierten Generation. Bern: Berner Fachhochschule, Hochschule für Soziale Arbeit.

Grün, Anselm (2006): Menschen führen – Leben wecken. München: Deutscher Taschenbuch Verlag dtv.

Hellinger, Bert (1998): Der Abschied. Nachkommen von Tätern und Opfern stellen ihre Familien. Heidelberg: Carl-Auer-Systeme Verlag.

Hellinger, Bert, ten Hövel, Gabriele (2005): Ein langer Weg. Gespräche über Schicksal, Versöhnung und Glück. Kösel-Verlag GmbH & Co., München.

Hilb, Martin (2009): Integriertes Personal-Management. Ziele – Strategien – Instrumente. Köln: Luchterhand. 19. Auflage.

Hillmann, James (1998): Charakter und Bestimmung. Eine Entdeckungsreise zum individuellen Sinn des Lebens. München: Wilhelm Goldmann Verlag. 2. Auflage.

Katzenbach, Jon R., Douglas, K. Smith (1993): Teams. Der Schlüssel zur Hochleistungsorganisation. Frankfurt a. M.: Redline Wirtschaft bei moderne Industrie 2003.

Königswieser, Roswita, Hillebrand, Martin (2004): Einführung in die systemische Organisationsberatung. Heidelberg: Carl-Auer-Systeme Verlag.

Krezsmeier, Astrid Habiba (2008): Systemische Naturtherapie. Heidelberg: Verlag für systemische Forschung im Carl-Auer Verlag.

Löhr-Heinemann, Brigitte (2005): Erfolg hat eine Mutter. Chancen und Grenzen der Erfolgsprognose bei selbständigen Frauen mit den Mitteln des Genogramms. Heidelberg: Carl-Auer-Systeme Verlag.

Madelung, Eva, Innecken, Barbara (2003): Im Bilde sein. Vom kreativen Umgang mit Aufstellungen in Einzeltherapie, Beratung, Gruppen und Selbsthilfe. Heidelberg: Carl-Auer-Systeme Verlag.

Mahr, Albrecht (1999): Wie Lebende und Tote einander heilen können. In: Praxis der Systemaufstellung, Nr. 1/1999, S. 8 – 14. München: Internationale Arbeitsgemeinschaft (IAG) Systemische Lösungen nach Bert Hellinger e. V.

Morgan, Gareth (1997): Bilder der Organisation. Stuttgart: Klett-Cotta.

Müller, Werner (1988): Führungslandschaft Schweiz. Was beschäftigt die Schweizer Führungskräfte und was heißt für sie Führung? In: Die Unternehmung Nr. 4/1988, S. 246 – 262. Bern: Haupt Verlag.

Müller, Werner, Endrissat, Nada (2006): Was bedeutet Führung in der Schweiz? WWZ-News Nr. 30, Juni 2006. Mitteilungen des Wirtschaftswissenschaftlichen Zentrums der Universität Basel. Vorabdruck.

Mussmann, Carin, Zbinden, Reto (2003): Lösungsorientiert Führen und Beraten. Zürich: Kaufmännischer Verband Zürich.

Owen, Harrison (2001): The Spirit of Leadership. Führen heißt Freiräume schaffen. Heidelberg: Carl-Auer-Systeme Verlag.

Röckelein, Christoph (2009): Pedaktik. Zur Didaktik der Persönlichkeitsbildung als Innovation im Coaching. Berlin: sine causa Verlag.

Rosselet, Claude, Senoner, Georg, Lingg, Henriette K. (2007): Management Constellations. Mit Systemaufstellungen Komplexität managen. Stuttgart : Klett-Cotta.

Rosselet, Claude (2010): An der Quelle organisationaler Intelligenz. In: Praxis der Systemaufstellung Nr. 2 / 2010. S. 100 – 102. Heidelberg: Carl-Auer-Systeme Verlag.

Scharmer, C. Otto (2009): Theorie U. Von der Zukunft her führen. Prescensing als soziale Technik. Heidelberg: Carl-Auer-Systeme Verlag.

Schneider, Jakob Robert (2009): Das Familienstellen. Grundlagen und Vorgehensweisen. Heidelberg: Carl-Auer-Systeme Verlag. 2. Auflage.

Schützenberger, Anne Ancelin (2001): Oh, meine Ahnen! Wie das Leben unserer Vorfahren in uns wiederkehrt. Heidelberg, Carl-Auer-Systeme Verlag.

Senge, Peter, Scharmer, C. Otto, Jaworski, Joseph, Flowers, Betty Sue (2004): Presence. Human Purpose and the Field of the Future. SoL, the Society for organizational learning and currencybooks.

Sparrer, Insa (2009): Systemische Strukturaufstellungen. Theorie und Praxis. 2. Auflage. Heidelberg: Carl-Auer-Systeme Verlag.

Ulsamer, Bertold (1999): Ohne Wurzeln keine Flügel. Die systemische Therapie von Bert Hellinger. München: Goldmann Verlag.

Ulsamer, Bertold (2009): Der Apfel-Faktor. Wie die Familie, aus der wir kommen, beruflichen Erfolg beeinflusst. München: Kösel-Verlag.

Varga von Kibéd, Matthias, Sparrer, Insa (2000): Ganz im Gegenteil. Tetralemmaarbeit und andere Grundformen systemischer Strukturaufstellungen. Heidelberg: Carl-Auer-Systeme Verlag.

Weber, Gunthard (1997): Zweierlei Glück. Die systemische Psychotherapie Bert Hellingers. Heidelberg: Carl-Auer-Systeme Verlag.

Weber Gunthard, Gross, Brigitte (1998): Organisationsaufstellungen. In: Weber, G. (Hrsg.): Praxis des Familien-Stellens. Beiträge zu Systemischen Lösungen nach B. Hellinger. 405 – 420. Heidelberg: Carl-Auer-Systeme Verlag.

Weber, Gunthard (Hrsg.) (2000): Praxis der Organisationsaufstellungen. Grundlagen, Prinzipien, Anwendungsbereiche. Heidelberg, Carl-Auer-Systeme Verlag.

Wielens, Hans, Wielens, Martin (2006): Effektive Führung – ganzheitlich und authentisch. In: Wielens, Hans (Hrsg.): Führen mit Herz und Verstand. Authentisch und integral zu einer neuen Kultur der Unternehmens- und Personalführung. S. 15 – 73. Bielefeld: J. Kamphausen Verlag.

Willi, Jürg (2007): Wendepunkte im Lebenslauf. Persönliche Entwicklung unter veränderten Umständen – die ökologische Sicht der Psychotherapie. Stuttgart, Klett-Cotta.

Witzer, Brigitte (2005): Die Zeit der Helden ist vorbei. Persönlichkeit, Führungskunst und Karriere: Anleitung für ein postheroisches Management. Frankfurt a. M.: Redline Wirtschaft.

Zbinden, Reto (2003): Wirksamkeitsverständnisse in der systemdynamischen Aufstellungsarbeit in und für Organisationen. In: Zirkler, Michael, Müller, Werner R. (Hrsg.): Die Kunst der Organisationsberatung. Praktische Erfahrungen und theoretische Perspektiven. Bern: Haupt Verlag.

Der Autor

Dr. rer. pol. Reto Zbinden, Jahrgang 1964, studierte Wirtschaftswissenschaften an der Universität Basel. Als Assistent am Institut für Organisation, Führung und Personal verfasste er seine Dissertation im Bereich Change Management. Während zehn Jahren engagierte er sich als Personalleiter, Organisations- und Managemententwickler für die Versicherungsgruppe Sympany. Internationale Konzernerfahrung sammelte er als Leiter Management Development und Personalentwicklung bei Nationale Suisse. Zu seinen bisherigen Veröffentlichungen gehört das gemeinsam mit Dr. Carin Mussmann verfasste Buch „Lösungsorientiert Führen und Beraten“ (2003).

Reto Zbinden arbeitet heute als selbständiger Organisationsberater. Er begleitet Managementteams in Strategie- und Change Prozessen und unterstützt viele Führungspersonen in Einzelberatungen. Als Dozent ist er in der Führungs- und Beratungsausbildung an der Kalaidos Fachhochschule, der Nordwestschweizer und der Berner Fachhochschule und an der Universität Zürich tätig. Er wohnt und arbeitet in der Nähe von Basel, ist verheiratet und Vater von vier Kindern.

Sein besonderes Interesse gilt den Praxiserfahrungen und theoretischen Erklärungsansätzen darüber, wie Führungs- und Organisationsprozesse stark von Personen beeinflusst werden. Führungsdynamiken können nur in ihrer Verbindung zu den Führungspersonen als ganzheitliche Menschen umfassend verstanden werden. Mit seinem Buch „Führen aus eigener Kraft“ möchte der Autor seinen Leserinnen und Lesern konkrete Zugänge vermitteln, wie sie sich als Führungskräfte weiter entwickeln und innovative Wege gehen können. Neue Konzepte tragen zu einem menschlicheren Verständnis von Führung und Organisation bei.

Ideen, Anregungen und Kommentare zum Buch sind jederzeit sehr willkommen.

Für weitere Informationen und Feedback: www.retozbinden.ch